いつでもどこでもウェブで買える

高性能ARMにつきものの「Linux」を使うっきゃない…

USB/イーサ/シリアル/HDMI…
全部入り定番ボードでハード制御にトライ！

お手軽ARMコンピュータ
ラズベリー・パイでI/O

Raspberry Piから
BeagleBoard, BeagleBone,
PandaBoardまで！

インターネット越しに
LEDチカチカ！

カメラ動画を見ながら
遠隔操作！

超お手軽
Linuxボード

ネットワーク上から
モニタリング＆操作！

世界のユーザの力で
すぐに始められる！

Linuxならリッチな
ハードを使いこなせる！

イントロダクション1

高嶺の花 高性能ARMではこんなことできます！

①動画処理などの高速演算
録画,再生,表示
HDMIモニタ
カメラ・モジュール
ARMコンピュータ

②ネットワークにつなぐ
ARMコンピュータ
動画データ
写真データ
e-mail Dear X 原稿お待ちしています.
ウェブ・サーバ,Twitterに投稿,メール,ニュースを読み込む

③もちろんワンチップ・マイコンでできることは何でも！
やっぱしここから♡
LEDチカチカ

④開発環境と実行環境が一つで済む
ARMコンピュータ上にプログラム開発環境が用意されているのでバグがあってもすぐ修正！
ARMコンピュータ

おまけ
マイコン経験ゼ０ロの人でも始められる
Linuxいける！
Rubyなどもいける！
クラウドの世界
ハードウェアの世界へようこそ！
ARMコンピュータ

イントロダクション2

Linux や Android が動く高性能ボードが30ドルそこそこ！
手のひらサイズ！ 定番 ARM コンピュータ

羽鳥 元康

定番1
ラズベリー・パイ
Raspberry Pi…フル装備の超お手軽ボード

　ラズベリー・パイ（Raspberry Pi）の魅力は，何と言っても安さです．HDMI経由での画面出力やEthernet接続が可能なのに，$35（Type B, 2013年1月現在）で入手できます．これで，LinuxやAndroid4.0（Ice Cream Sandwich）も動作するとのことで，非常に驚きです．SDメモリーカードだけ準備すれば，Linux/Androidを動作させることが可能です．消費電流は700mAと比較的抑えられています．

　メインCPUのBCM2835（Broadcom社）は，700MHzで動作し，H.264画像圧縮伸張用プロセッサや3Dグラフィックス・エンジンも搭載しています．H.264用プロセッサは，ストリーミング動画の再生が得意です．

　難点は，CPUのコアが若干古く，かつ，BCM2835の情報が少ないことです．コアは，現在主流のARM Cortex-Aシリーズより前にリリースされているARM11を使っており，コアの部分のみをDhrystoneベンチマークで比較すると，後述するARMコンピュータBeagleBoneが搭載しているCortex-A8（720MHz動作）の6割の性能しかありません．そのため，ほかの処理をしながら処理の重い方式のオーディオ・エンコードをすることが難しくなってきます．

　最低限のペリフェラルを制御する資料はありますが，タイミングが記載されているBCM2835データシートが（Broadcom社から）公開されていません．そのため，拡張も少し難しいかもしれません．しかし，まだ登場して年月は経っていないのに，YouTubeへはかなりの動画も投稿されており，ユーザ同士のコミュニティ活動に非常に期待しています．

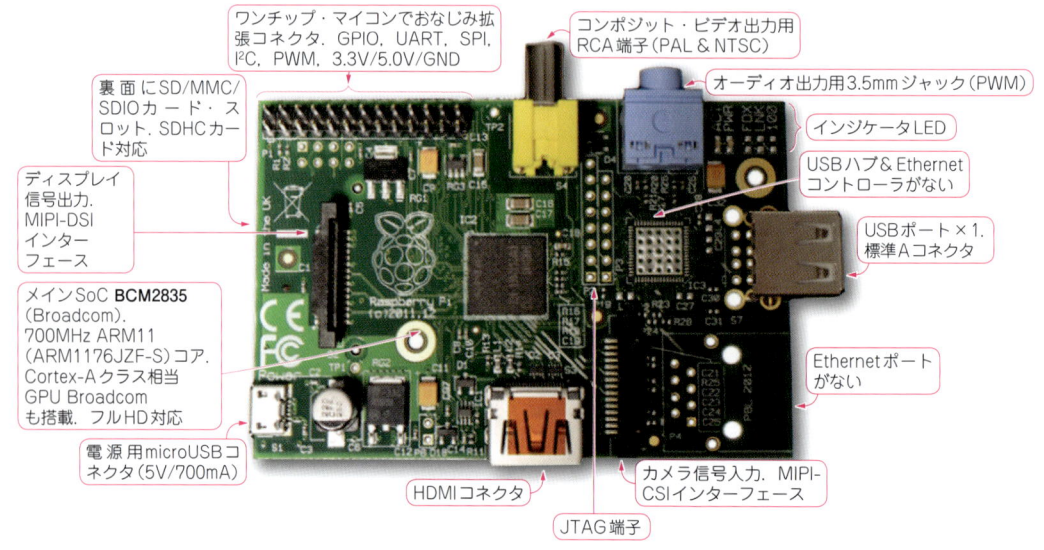

写真2　2013年2月に発売された定番ARMコンピュータの新バージョン「Raspberry Pi Type A」（開発：Raspberry Pi財団，入手元：RSコンポーネンツ）
Model Aはイーサなし，USBコネクタが1個だけ

ディスプレイ信号出力．MIPI-DSIインターフェース

ワンチップ・マイコンでおなじみ拡張コネクタ．GPIO，UART，SPI，I²C，PWM，3.3V/5.0V/GND

コンポジット・ビデオ出力用RCA端子（PAL & NTSC）

オーディオ出力用3.5mmジャック（PWM）

インジケータLED

USBハブ & Ethernetコントローラ **LAN9512**（SMSC）

USBポート×2．標準Aコネクタが2段になっている

メインSoC **BCM2835**（Broadcom）．700MHz ARM11（ARM1176JZF-S）コア．Cortex-Aクラス相当 GPU Broadcomも搭載．フルHD対応

Ethernetポート．10/100Ethernet

電源用microUSBコネクタ（5V/700mA）

HDMIコネクタ

JTAG端子

カメラ信号入力．MIPI-CSIインターフェース

（a）表面

85.60mm

53.98mm

SD/MMC/SDIOカード・スロット．SDHCカード対応

（b）裏面

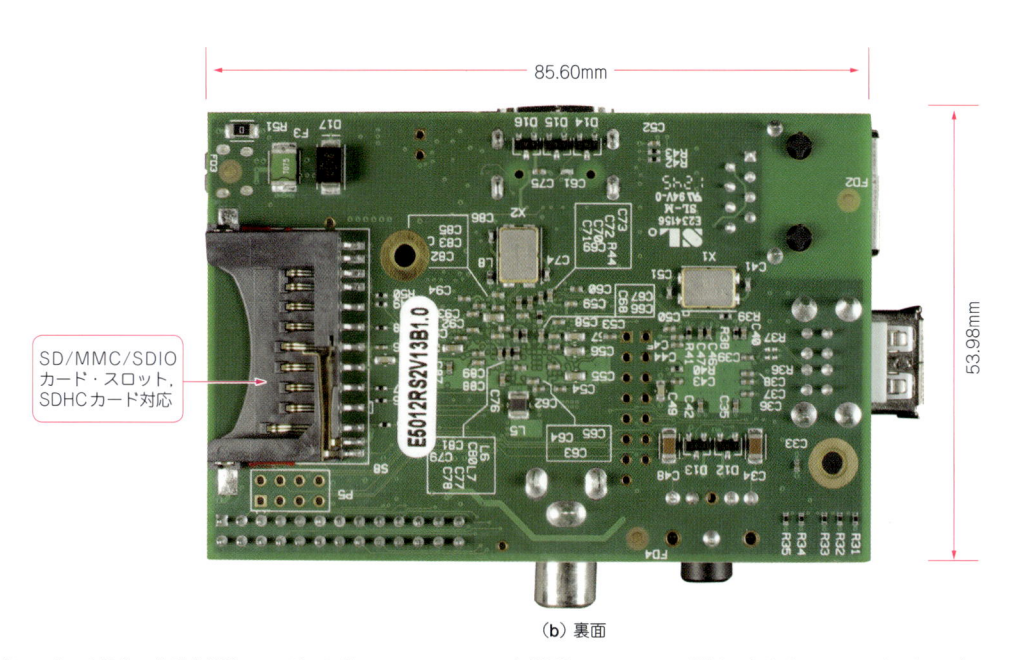

写真1 イーサ付きの定番高性能ARMボード「**Raspberry Pi Type B**」（開発：Raspberry Pi財団，入手元：RSコンポーネンツ）

5

イントロダクション2

定番2
BeagleBone…拡張性が高いシンプル・ボード

写真3 オプション基板で機能を拡張できる高性能ARMボード「BeagleBone」

　BeagleBoneは非常にシンプルで，必要に応じて機能拡張可能なさまざまなオプション・ボードが用意されています．

　メインMPUにCortex-A8を内蔵したAM3358/3359（テキサス・インスツルメンツ）720MHz品を採用し，USB，SD，EthernetMACは，すべてこのAM3358に内蔵されているペリフェラルを使っています．ちなみに，BeagleBone以外のボードでは，Ethernetと一部のUSBは外部デバイスを搭載することで対応しています．DDRメモリをPoP（ポップ：Package-on-Packageの略，プロセッサの上にメモリを置くこと）していないので，Raspberry Piとほぼ同じ基板サイズですが，部品点数は一番少なくなっています．

　AM3358には，8チャネル12ビット A-Dコンバータ，PWM，モータ・キャプチャ（eCAP）機能が内蔵されているので，アナログ信号を取り込んだり，モータを制御できます．

　逆に，AM3358に内蔵されていない機能は，ベースボードであるBeagleBoneには搭載されていません．言い換えると，HDMI/DVI-D出力やH.264画像圧縮伸張用プロセッサは搭載されていません．それを少しでも補うために，さまざまなオプション・ボード（BeagleBone Capes）が用意されています．例えば，VGAやDVI-D出力のボード，タッチ・パネル付きLCDパネル，RS-232-C/RS-485/CANのボード，カメラ入力ボード，そして，自作ユーザのためのブレッドボードまで用意されています．ユニークなボードとして，温度/気圧/湿度/光の計測データを取得できるボードまであります．ユーザが必要なものを揃えられるというコンセプトは非常に面白いと思います．

　BeagleBoneは，テキサス・インスツルメンツ社の開発ツール Code Composer Studio（CCS）を無償で使えるエミュレーション回路が搭載されており，C言語/アセンブリ・レベルでのデバッグが可能です．そのため，パソコン上にインストールしたCCSから，自作C言語プログラムをコンパイル，BeagleBone上にダウンロード，そして，実行できます．

　StarterWareと呼ばれるOS非依存のサンプル・コードも同社から提供されています．これは，ブート時に必要なプログラムや，クラス・ライブラリを含むUSBコード，その他ペリフェラルを使うためのサンプル・コードなどが格納されています．これらStarterWareとCCS，そして拡張ボードを組み合わせると，OSなしでマイコンのように使用できます．ちなみに，Linux/Androidも動作します．

定番3
BeagleBoard-xM…先駆けARMコンピュータの後継機

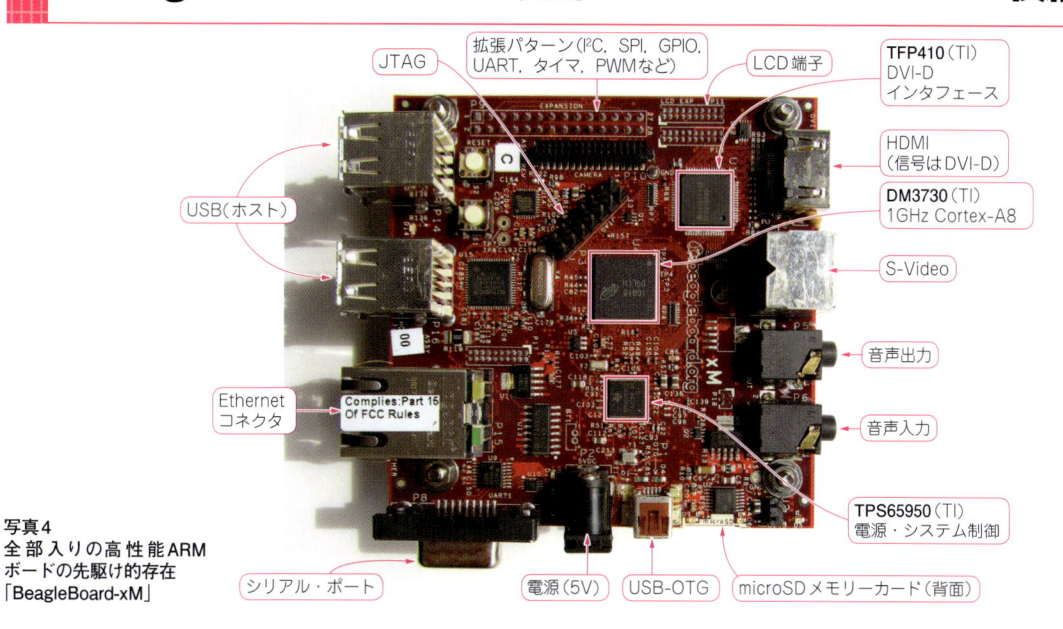

写真4
全部入りの高性能ARM
ボードの先駆け的存在
「BeagleBoard-xM」

（ラベル）JTAG／拡張パターン（I²C, SPI, GPIO, UART, タイマ, PWMなど）／LCD端子／TFP410（TI）DVI-Dインタフェース／HDMI（信号はDVI-D）／DM3730（TI）1GHz Cortex-A8／S-Video／音声出力／音声入力／TPS65950（TI）電源・システム制御／USB（ホスト）／Ethernetコネクタ／シリアル・ポート／電源（5V）／USB-OTG／microSDメモリーカード（背面）

　初代BeagleBoardは2008年に登場しました．その当時，最新コアであるARM社のCortex-A8を搭載した携帯電話用アプリケーション・プロセッサOMAP3530（テキサス・インスツルメンツ）とともに，DVI出力，SDメモリーカード，USB，Ethernetなどを搭載して，$149という価格です．このボードの登場により，ARM Cortex-Aシリーズが有名になり，当時，Cortex-A8のさまざまなベンチマーク・データはこのボード上で計測されていました．

　現在では，このBeagleBoardのスピード・アップ版にあたるBeagleBoard-xMが同じ価格で提供されています．OMAP3530よりも進んだ半導体プロセスで作った1GHz動作まで可能なプロセッサDM3730を搭載しています．それ以外はBeagleBoardとほぼ同じです．

　BeagleBoard-xMの最大の魅力は，BeagleBoard時代から長年培ったさまざまなソフトウェアが実装されていることです．例えば，OSを取り上げると，購入時にSDメモリー・カードにプリインストールされているLinux Angstromディストリビューションをはじめ，Ubuntu，Debian，Gentoo，AragoなどのLinux，Android Rowboat，車載用途などで使用されているリアルタイムOS QNX Neutrinoなどが動作しています．別途契約は必要になりますが，Windows Embedded Compact 7（WEC7）も実装されています．

　BeagleBoard-xMに搭載されているプロセッサ DM3730には，ディジタル・シグナル・プロセッサ（DSP）コアを内部に持ったH.264などの動画像圧縮伸張ハードウェアを搭載しています．Android Rowboatであれば，720pサイズまでのH.264デコード@24fpsを実現できています．もし，動画像圧縮伸張を行わないのであれば，DSPコアをユーザが使えるようです．USBカメラから取り込んだ音声と画像をセキュリティ・カメラのように圧縮して送ったり，その逆のストリーミング動画の表示も実現できます．また，取り込んだ画像を内蔵DSPなどを用いて物体検出をしながら車輪を制御する例もあります．

　このほかに，DM3730には，3Dグラフィックス・エンジンであるPowerVR SGX530も搭載しています．このコプロセッサは，OpenGLを使って，Linux上で3Dポリゴンを描写させることが可能です．ちなみに，他のボードも3Dグラフィックス・エンジンを搭載しています．

　コミュニティやWikiの情報もあり，かつ，日本人のユーザも多く見受けられます．

イントロダクション2

定番4 PandaBoard ES…フルHD画像も！DSPブロック内蔵チップ搭載

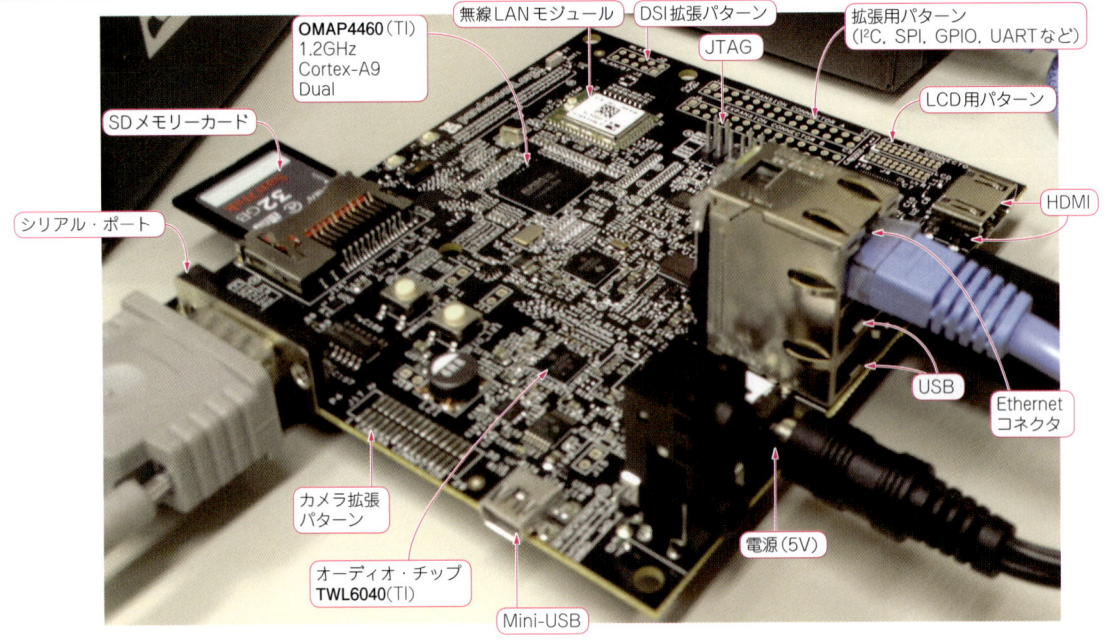

写真5　動画処理もできる超高性能ARMボード「PandaBoard ES」

　PandaBoard ESの魅力は，比較的新しいコア/MPUをすぐに体感できることです．

　このPandaBoardに搭載されているMPUは，テキサス・インスツルメンツ社のOMAP4460と呼ばれる1.2GHz動作のスマートフォン用アプリケーション・プロセッサです．これは，BeagleBoardに搭載されているプロセッサの後継で，日本でも2012年前半の機種までのスマートフォンに搭載されている比較的新しいデバイスです．そのOMAP4460は，1.2GHz動作可能なARM Cortex-A9がDualで内蔵されており，BeagleBoard-xMのARMコアよりもドライストーン・ベンチマークで性能が3倍に向上しています．

　通常のLinux開発の場合は，パソコン（VMware上のLinuxなど）とPandaBoard ESをEthernet経由で接続し，クロス・コンパイル環境を構築します．つまり，パソコン側でコンパイルして，実行はボード側で行います．しかし，PandaBoard ESでは，MPUがかなり高速に処理できるので，コンパイルをボード側で行っても，耐えられる時間で終了するようになってきています（感覚は人に依存）．これこそ，本当のパソコン基板です．

　また，PandaBoard ESには，無線LAN 802.11 b/g/nとBluetoothが搭載されていますが，技適を受けていないので，日本の公共エリアに電波を出すことはできません．本来なら，無線LAN経由での画像ストリーミング表示やBluetooth経由でスマートフォンなどにオーディオを送ったりできるのですが，本当に残念です．

　OMAP4460には，BeagleBoardやRaspberry Pi同様，H.264画像圧縮伸張のコプロセッサや3Dグラフィックス・エンジンも搭載しています．OMAP4460は，1080pサイズまで圧縮伸張でき，BeagleBoard-xMよりも性能向上しています．そのため，BeagleBoard-xMよりも画像サイズの大きいストリーミング動画の表示/画像処理が可能です．ちなみに，Androidはバージョン4.1（Jellybean）までサポートしています．

はとり・もとやす

column　ARMコンピュータの機能を比較！

　最近増えてきたCortex-A，ARM11などの高性能ARM搭載基板を本特集ではARMコンピュータと呼んでいます．メインの頭脳であるARMマイコンだけでなく，メモリ，USB/SDメモリーカード，画像出力などを搭載しており，キーボードやマウスをつければ単体のミニ・パソコンが実現できます．機能・性能をラクチンに生かせるようにLinuxやAndroidなどのOSも動作しています．

　以前はIntel社x86系プロセッサ搭載ボード・コンピュータを思い浮かべていましたが，ここ数年は，スマートフォンでデフォルトとなったARM搭載ボードが頭角を現してきています．Digi-KeyやRSコンポーネンツなどのネット販売で，手ごろな価格で入手できます．その反面，半導体メーカからの販売/技術サポートは基本的にされていません．

　オープン・ソースの理念に基づいて設計されたハードウェア・ボード（コミュニティ・ボード）は，Linuxなどオープン・ソースのソフトウェアとともに，世界のユーザがコミュニティの中で議論しながら試せるものです．

　　　　　　　　　　＊　　　＊　　　＊

　本稿で紹介したようなコミュニティ・ボードでない商用のパソコン基板として，Android用のスティック型ボードや，ARMコア以外のプロセッサのボードなど，比較的安価で小さいボードも続々と登場しています．最新プロセッサを手軽に試せる環境がそろってきています．

表1　入手が容易な主なARMコンピュータの仕様

基板名		Raspberry Pi　Type B [注]	BeagleBone	BeagleBoard-xM	PandaBoard ES
価　格		$35	$89	$149	$182
サイズ		85.60 × 53.98 mm	86.36 × 53.34mm	78.74 × 76.2 mm	114.3 × 101.6mm
デバイス	型　名	BCM2835 (Broadcom)	AM3358 または AM3559 (TI)	DM3730 (TI)	OMAP4460 (TI)
	CPU	ARM11 (ARM1176JZFS)	Cortex-A8	Cortex-A8	Cortex-A9 Dual
	CPUクロック周波数（最高）	700MHz	720MHz	1GHz	1.2GHz
	処理・性能	875DMIPS	1440DMIPS	2000DMIPS	6000DMIPS
	GPU	Broadcom VideoCore IV	PowerVR　SGX530 200MHz	PowerVR　SGX530 200MHz	PowerVR　SGX540 384MHz
	ビデオ用コプロセッサ	H.264 enc/dec 1080p/30fps	—	H.264 enc/dec　720p/30fps	H.264 enc/dec 1080p/30fps
	DSP	—	—	TI C64xPlus DSP at 800MHz	TI Mini-C64xPlus DSP
RAM		256Mバイト または 512Mバイト (POP)	256Mバイト 16ビット DDR2 266MHz	512Mバイト 32ビット LPDDR (PoP) 166MHz	1Gバイト 32ビット LPDDR2 (PoP)
フラッシュ/EEPROM		—	32Kバイト EEPROM	—	—
USB 2.0 OTG/HOST		—	1ch Host (LS/FS/HS)	1ch OTG (LS/FS/HS) PHY：TPS65950 (TI)	1ch OTG (LS/FS/HS)
USB 2.0 デバイス		2ch (FS/LS/HS) USB-2chUSBデバイス：LAN9512 (SMSC)	1ch Client (Share with Debug/Serial)	4ch (FS/LS/HS) USB-4chUSBデバイス：LAN9514 (SMSC)	2ch (FS/LS/HS) USB-4chUSBデバイス：LAN9514 (SMSC)
SDメモリーカード		SD 1ch	microSD 1ch	microSD 1ch	SD 1ch
LCD/ビデオ出力		HDMI コンポジット（アナログ）	—	DVI-D LCDC-DVI-Dデバイス：TFP410 (TI) S-Video（アナログ）	HDMI DVI-D LCDC-DVI-Dデバイス：TFP410 (TI)
Ethernetチップ		10/100Mbps MAC&PHYデバイス：LAN9512 (SMSC)	10/100Mbps PHYチップ：LAN8710A (SMSC)	10/100Mbps MAC&PHYデバイス：LAN9514 (SMSC)	10/100Mbps MAC&PHYデバイス：LAN9514 (SMSC)
オーディオ		3.5mm ジャック (PWM出力)	—	3.5mm ジャック（入出力） AIC：TPS65950 (TI)	3.5mm ジャック（入出力） AIC：TWL6040 (TI)
WLAN		—	—	—	2.4GHz WLAN 802.11b/g/n
Bluetooth		—	—	—	Bluetooth (LS Research TiWi-BLE WiLink6.0)
拡張コネクタ/パターン		I²C, SPI, GPIO, MIPI-CSI, MIPI-DSI etc.	I²C, SPI, GPIO, UART, TIMER, eHRPWM, CAN, LCD, 12ビットADC/TSC など	I²C, SPI, GPIO, UART, TIMER, PWM, LCD, McBSP, SD/MMC, Camera など	I²C, SPI, GPIO, UART, GPMC, LCD, MIPI-DSI, MIPI-CSI, SD/MMC, USB など
シリアル・デバッグ・ポート		—	UART0 (USB0コネクタ経由)	UART3 (DB9コネクタ)	UART3 (DB9コネクタ)
JTAGデバッグ		JTAGパターン	XDS100 オンボード・エミュレータ (USB0経由でCCSでデバッグできる) JTAGパターン	JTAG コネクタ	JTAG コネクタ
電源		microUSB	外付け / USB	外付け / USB	外付け / USB
インストール済みSD		—	Angstrom Linux (Pre-Build Image) on SD Card	Angstrom Linux (Pre-Build Image) on SD Card	—
OS	Linux	Raspbian Fedora, Debian, ArchLinux, Gentoo, Meego	Angstrom, Ubuntu, Debian, Fedora, ArchLinux, Gentoo, Sabayon, Buildroot, Nerves Erlang/OTP, Arago (TI)	Angstrom, Arago (TI) Ubuntu, Debian, Gentoo	Ubuntu, Angstrom, Gentoo, Meego
	Android	Razdroid Android	TI Android, Rowboat Android	TI Android, Rowboat Android	Linano Android

TI：テキサス・インスツルメンツ
注：搭載メモリが256バイト，USBコネクタ1チャネル，Ethernetコネクタなしの廉価版Type Aもある

USB／イーサ／シリアル／HDMI…全部入り定番ボードでハード制御にトライ！
お手軽ARMコンピュータ ラズベリー・パイでI/O

イントロダクション1　これから高性能ARMがくる！　編集部 …… 2

LinuxやAndroidが動く高性能ボードが30ドルそこそこ！
イントロダクション2　手のひらサイズ！定番ARMコンピュータ　羽鳥 元康 …… 4
- 定番1：Raspberry Pi…フル装備の超お手軽ボード── 4
- 定番2：BeagleBone…拡張性が高いシンプル・ボード── 6
- 定番3：BeagleBoard-xM…先駆けARMコンピュータの後継機── 7
- 定番4：PandaBoard ES…フルHD画像も！DSPブロック内蔵チップ搭載── 8
- column　ARMコンピュータの機能を比較！── 9

第1部　ラズベリー・パイではじめる高性能ARMの世界

高性能CPU＆I/O用コネクタ＆Linux…ほとんどパソコン並みのフル装備！
第1章　ARMコンピュータ"ラズベリー・パイ"のしくみ　桑野 雅彦 …… 13
- ハードウェア── 13
- ソフトウェア…高性能ARMはLinuxをのせて動かすと楽ちん── 15
- 一歩踏み出してみませんか── 17
- column　Raspberry Piはほぼパソコン── 16

OS搭載＆音声や動画の高速処理に適したプロセッサの構造
第1章 Appendix-1　Cortex-AとCortex-Mの違い　永原 柊 …… 18

Cortex-A/R/Mの位置付けがわかる
第1章 Appendix-2　ARMプロセッサの分類　桑野 雅彦 …… 20

第2部　ラズベリー・パイでLinuxを動かす

パワフルなARMを楽ちんにキチンと使うにはLinuxがつきもの！
第2章　準備：Linuxのインストールと初期設定　桑野 雅彦 …… 22
- 動作確認に必要なもの── 22
- Linux書き込み用SDメモリーカードを作る── 23
- 起動と初期設定── 24
- ログインとパスワード設定── 27
- 覚えておこう！終了と再起動の方法── 29
- column　sudoについて── 28
- column　高性能ARMとワンチップARMのソフトウェアの違い── 30

Raspberry Pi用Linuxで試す ネットワーク接続＆USBメモリI/O
第3章　はじめの一歩！サンプル・プログラムを動かす　桑野 雅彦 …… 31
- Raspberry Pi用Linuxの操作方法── 31
- サンプル・プログラムを動かしてみる── 33
- ネットワークへの接続…Windowsパソコンからのリモート操作── 33
- USBメモリをつないでパソコンとファイル交換ができるようにする── 36
- column　telnetとftp── 34
- column　telnetやftpを使いたいとき── 38

リソースを気にせずサクサク動かせる！
第3章 Appendix　ライブラリが豊富！高性能ARMに使われるオープン・ソースOS Linux　中村 憲一 …… 39
- Linuxの特徴── 39
- 一般的なLinuxのしくみと動作── 40
- リアルタイムOSとの比較── 43

第3部　ラズベリー・パイでハードウェア制御に挑戦！

パソコンだとめんどくさいI/O操作もARMコンピュータ基板＆Linuxなら簡単！
第4章　コマンド入力で外付け回路を動かしてみる　桑野 雅彦 …… 45
- "Hello World"で動作チェック── 46

10

CONTENTS

　　　　　GPIO端子の配置と電圧系 —— 48
　　　　　コマンド入力画面からGPIOに簡単アクセス —— 48

Linuxアプリからレジスタを直接たたく！高速アクセスにトライ！
第5章　おなじみC言語でI/O制御　桑野 雅彦 …………………………………………………… 51
　　　　　GPIO制御…2種類の方法でトライする —— 51
　　　　　方法1…デバイス・ドライバを使う —— 51
　　　　　方法2…レジスタを直接たたく —— 54
　　　　　column　仮想メモリ空間の確保 —— 57
　　　　　column　mallocを使わない方法 —— 58

Cプログラムをライブラリ化し，Rubyで高速に動かす
第6章　ネットワークが得意な上位言語RubyからのI/O制御にトライ　桑野 雅彦 …………… 61
　　　　　ネットワークが得意な上位言語Ruby —— 61
　　　　　準備…追加ソフトのインストール —— 61
　　　　　CプログラムをRubyで使えるライブラリにする —— 62
　　　　　Rubyから呼び出して動かしてみる —— 64

処理性能は十分！ちょっと重たいCGIでダイナミック制御／計測も簡単！
第7章　ブラウザからの動的I/O制御にトライ　桑野 雅彦 …………………………………… 65
　　　　　動的に表示内容を更新できるウェブ・サーバのしくみ —— 65
　　　　　ネットワークを介してI/Oを操作するための3ステップ —— 66
　　　　　column　IPアドレスを入力するだけでRaspberry PiのHTMLファイルをブラウザに表示する方法 —— 67
　　　　　column　アイコン・ファイルfavicon.icoの制作方法 —— 68

アプリケーション・ソフトウェアから自在にGPIOにアクセス！
第8章　自作LinuxドライバでI/O制御を簡単・確実に！　桑野 雅彦 ………………………… 69
　　　　　ドライバを自作するメリット —— 69
　　　　　作成するドライバ —— 70
　　　　　作成の準備 —— 71
　　　　　ステップ1：何もしないnothingモジュールを作ってみよう —— 73
　　　　　ステップ2：簡単なHello Worldのモジュールを作ってみる —— 74
　　　　　ステップ3：gpioドライバを作ろう —— 75
　　　　　ステップ4：gpioドライバを動かす —— 79
　　　　　column　ドライバ作成のための参考書 —— 78

アプリを本来の処理に集中させるために！ハード／OS固有の処理はドライバにおまかせ
第8章 Appendix　ハードウェアを接続するときに必要な「デバイス・ドライバ」の役割　畑 雅之 ……… 80
　　　　　デバイス・ドライバが必要な理由 —— 80
　　　　　役割の実際…3Dモーション・センサを外付けする例より —— 81

I/Oのちょっとした監視に便利！
第9章　タイマ割り込みで数十ms定周期ポーリング　桑野 雅彦 ……………………………… 82
　　　　　待ち時間の長いハードウェアの処理方法 —— 82
　　　　　作成する定周期ポーリングの仕様 —— 83
　　　　　予備知識1…タイマの使いかた —— 84
　　　　　予備知識2…セマフォ —— 85
　　　　　実験！定周期ポーリングを実装してみる —— 87
　　　　　動かしてみよう —— 89

普通のシリアル・インターフェースより速くて扱いが楽ちん！
第10章　外付けシリアル変換ICでUSBカンタンI/O！　桑野 雅彦 ………………………… 90
　　　　　USB-シリアル変換のメリット —— 90
　　　　　Raspberry Piで使うには —— 91
　　　　　実験！USB-シリアルでマイコンと通信 —— 92
　　　　　column　CDCとACMの意味 —— 91

CONTENTS

第10章 Appendix 3本の信号線を接続するだけでセンサやメモリを数珠つなぎにできる
定番シリアルI²Cでカンタン接続！　桑野 雅彦 …………… 95
- Raspberry PiでI²Cを使う手順 —— 95
- Raspberry PiでI²Cを使うポイント —— 96
- column　SPIバスを使おう —— 97

第11章 Wi-Fiドングル/USBカメラ…パソコン周辺アクセサリ&オープン・ソース・ソフトで拡張が超簡単！
スマホでササッ！動画中継ラジコン・カーの製作　知久 健 …………… 98
- ハードウェアの製作 —— 98
- ソフトウェア環境の準備 —— 99
- ラジコン・カー制御用プログラムの作成 —— 101

第4部 ラズベリー・パイ以外の定番ARMコンピュータでI/O

第12章 クラウド・サーバを介したデータ収集&リモート制御
コンパクト&拡張自在！Cortex-A8搭載BeagleBone　水野 正博 …………… 104
- BeagleBoneとは —— 104
- 製作した拡張基板…センサ&制御信号出力回路 —— 105
- ソフトウェアの開発環境…ブラウザだけあればOK！ —— 108
- インターネット経由のリモート・アクセスと自動運転 —— 110

第13章 ウェブ経由で天気予報をゲットして表示
実験！BeagleBoneとAndroidでネット接続　兵頭 健 …………… 114
- インターネット接続に使う「HTTP」で天気予報アプリを作る —— 114
- ハードウェアとOSの準備 —— 115
- 天気予報アプリケーションの構成 —— 117
- アプリのプログラミング —— 117
- 実行してみよう！ —— 119
- column　HTTP…WebサーバとWebブラウザの通信を行う手順を決めたもの —— 119

第14章 はじめやすい！Lチカまでならすぐ！ネットに情報が満載！
ARMコンピュータの先駆け的存在！Cortex-A8搭載BeagleBoard　永原 柊 ……… 122
- BeagleBoardの特徴 —— 122
- 起動と動作確認 —— 124
- 用意されている拡張基板を動かしてみる —— 126
- column　性能/機能が強化された兄弟ボードBeagleBoard-xM —— 125

第15章 フルHD画像処理可能な高性能オールインワン・チップを試せる
ほとんどパソコン!?　Cortex-A9搭載PandaBoard ES　丹下 昌彦 …………… 128
- 準備 —— 128
- とりあえず動かしてみる —— 129
- Linuxをインストールする —— 130
- いつも正確なネットワーク・クロック付きフォトフレームをササッと作る —— 131
- お約束のI/O制御でLEDチカチカ —— 132

索引 …………… 134
参考文献 …………… 134
著者略歴 …………… 135

本書で解説している各種サンプル・プログラムは、本書サポート・ページからダウンロードできます。
http://www.cqpub.co.jp/interface/download/rpi/
ダウンロード・ファイルはzipアーカイブ形式です。

初出一覧
- イントロダクション，第1章，第2章，第3章，第4章，第5章，第6章，第7章，第11章，第12章，第13章…「インターフェース」2012年12月号 特集「ARMコンピュータでI/O」
- 第8章…「インターフェース」2013年3月号 ARMコンピュータ「Raspberry Pi」活用術（第1回）「アプリケーション・ソフトウェアから自在にGPIOにアクセス！自作LinuxドライバでI/O制御を簡単・確実に」
- 第9章…「インターフェース」2013年4月号 ARMコンピュータ「Raspberry Pi」活用術（第2回）「I/Oのちょっとした監視に便利！タイマ割り込みで数十ms定周期ポーリング」
- 第10章…「インターフェース」2013年5月号 ARMコンピュータ「Raspberry Pi」活用術（第3回）「外付けシリアル変換ICでUSBカンタンI/O！」

第1章 ARMコンピュータ"ラズベリー・パイ"のしくみ

高性能CPU&I/O用コネクタ&Linux…
ほとんどパソコン並みのフル装備！

ARMコンピュータ "ラズベリー・パイ" のしくみ

桑野 雅彦

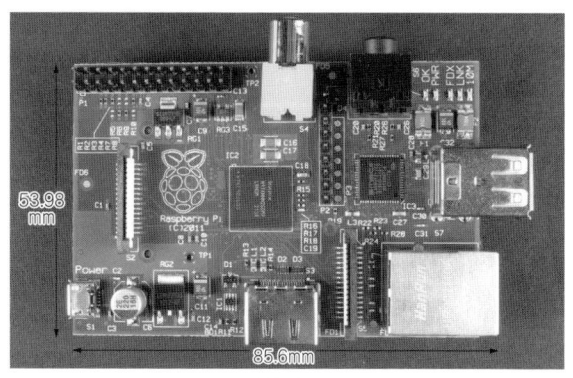

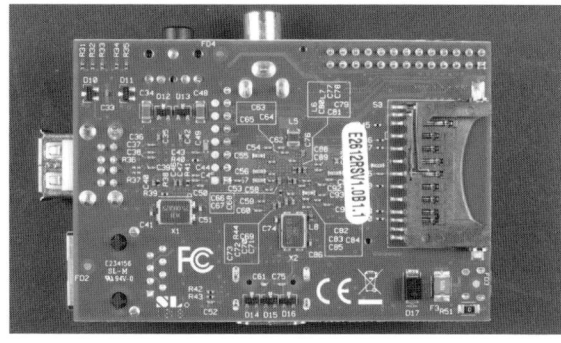

写真1 高性能ARMにトライするには3,000円台とお手ごろ！周辺インターフェースがフル装備のARMマイコン・ボード Raspberry Pi

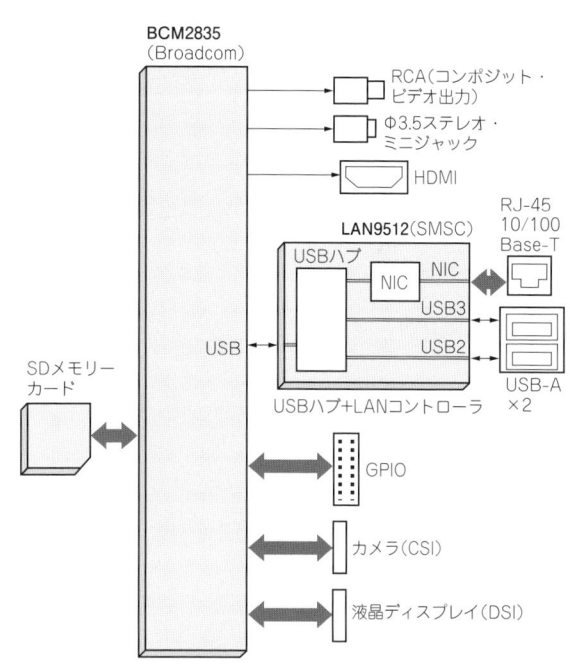

(a) 表面
(b) 裏面

図1 Raspberry Piのブロック図

Raspberry Pi（ラズベリー・パイ）は，イギリスのRaspberry Pi Foundation（ラズベリー・パイ財団）が教育用に開発した，名刺サイズ大のARM11ベースのマイコン基板です（**写真1**）．価格は＄35という低価格（2013年3月4日現在）で，電子部品通販会社のRSコンポーネンツ社（http://jp.rs-online.com/web/）から購入できます．

高性能ARMマイコンに挑戦するには，このRaspberry Piがお手ごろです．

ここでは，Raspberry Piを例にして，高性能ARMマイコン基板（ARMコンピュータ）のつくりや使い方を紹介します．

ハードウェア

● 超パワフルなARMマイコン基板なのに作りはシンプル！

図1に，Raspberry Piのブロック図を示します．実際の回路図[1]はRaspberry Piの公式サイトからダウンロードできますが，ほとんどブロック図と同じです．**表1**に主な仕様を示します．

Raspberry Piの中心になるのは，BCM2835（Broadcom）というSoC（System-on-a-Chip）です．最高700 MHzで動作するARM11（ARM1176JZF-S）をCPUコアにして，DRAMやビデオ・コントローラ，タイマ，USBホスト，

13

第1部 ラズベリー・パイではじめる高性能ARMの世界

表1 Raspberry Piの主な仕様

項　目		仕　様	備　考
CPU	型名	BCM2835	―
	コア	ARM11（ARM1176JZF-S）	―
	GPU	コンポジット出力/Full HD HP H.264対応	塗りつぶし：1Gピクセル/秒
	動作クロック	最高700MHz	―
SDRAM		256Mバイト	―
オーディオ出力		φ3.5ジャック/HDMI	―
USB		標準Aコネクタ×2	USBホスト機能
LAN		10Base-T/100Base-TX×1	RJ-45
オンボード・ストレージ		SD/MMC/SDIOスロット×1	―
GPIO		I/O点数：最大17	他のファンクションとの共用ピン含む
インターフェース		UART/I²C/SPI（CS信号×2）/I²S，PWMなど	―
デバッグ		JTAG	―
液晶出力		DSI	―
カメラ入力		CSI	最大20Mピクセル
供給電源		5V/700mA	―

UART，SPIなどのペリフェラルを内蔵しています．

BCM2835のUSBホスト・ポートの先にはLAN9512（SMSC）という，USBハブとLANコントローラ内蔵のLANチップ（10/100Mbps）が接続されています．CPUからは，USBホスト・コントローラの先に3ポートのUSBハブがあり，そのうちの一つにLANコントローラがつながっています．

● 入出力ポートが超充実

▶ HDMIポート

解像度640×350から1920×1200までの映像を出力できます．

▶ LANポート

LANチップLAN9512により，ネットワークに接続できます．LANの規格10Base-T/100Base-TX対応です．

▶ SDIOポート

ROM用にSDメモリーカードやMMCを挿入して使います．SDHCカードにも対応しています．

▶ DSIコネクタ

液晶ディスプレイを接続できます．

▶ CSIコネクタ

最大20Mピクセルのカメラ信号を入力できます．

▶ RCAポート

コンポジット・ビデオ信号を出力できます．HDMIとコンポジット・ビデオは同時には使えません．

▶ φ3.5ステレオ・ミニジャック

HDMI経由でオーディオ信号を出力できます．

▶ USBポート

2ポート用意されており，キーボードとマウスを同時につなぐことができます．さらに，USBメモリやウェブ・カメラなどもつなぐことができます．

▶ 汎用I/Oポート

最大17本の汎用I/Oポート（GPIO）が用意されています．現在のパソコンでは，周辺機器はPlug & Playがあたりまえになり，I/Oに直接アクセスすることがあまり簡単ではありませんが，Raspberry Piでは，Linux上からGPIOに直接アクセスができます．

SPI，I²C，UART通信もできます．

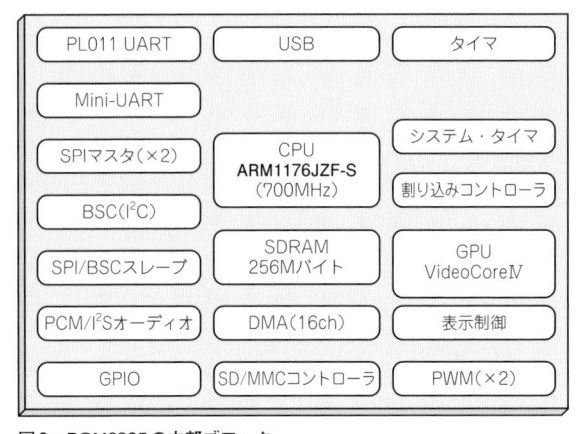

図2 BCM2835の内部ブロック
256MバイトSDRAMや表示制御部などさまざまな周辺機器を内蔵している

第1章　ARMコンピュータ"ラズベリー・パイ"のしくみ

● 搭載チップBCM2835がすべてを司る

図2に，BCM2835のブロック図を示します．

I/Oの機能やレジスタ・マップなどの詳細は，本稿執筆時点では，RSコンポーネンツの「Design Spark」のウェブ・サイトから入手できました（http://www.designspark.com/files/ds/supporting_materials/Broadcom%20BCM2835.pdf）．キーワード「BCM2835 ARM Peripherals」で検索すれば見つかると思います．

グラフィック・コントローラは，単にメモリの内容をディスプレイに出力するフレーム・バッファ機能だけではなく，デュアルコアのVideoCoreIV Multimedia Co-Processorというアクセラレータを内蔵しています．

● 電源はUSBバス・パワーではちょっと足りない

Raspberry Piの消費電流は700mAで，マイコン・ボードとしては大きめです．BCM2835の用途は，携帯機器よりもセットトップ・ボックスやディジタル・サイネージ（電子看板）などの商用電源で動く小型装置を意識して作られたものであることや，LANチップが追加されていることが効いているようです．

パソコンのUSBポートなどでは，500mAまでという制限がかかっている場合がほとんどなので，別途充電用として市販されているACアダプタなどが必要です．

● 情報を集めるのはまだちょっと大変

必要な資料は，Raspberry Pi Foundationのウェブ・サイトに行くとそれなりに置いてあるのですが，どうも探しにくく，わかりにくいかもしれません．日本語のコミュニティ・ページもEmbedded Linux Wiki（http://elinux.org/JP:R-Pi_Hub）に用意されていますが，本稿執筆時点ではリンク先の大半は英文のページで，日本語化はまだこれからという感じです．

ソフトウェア…高性能ARMはLinuxをのせて動かすと楽ちん

パソコンがHDDから起動するのと同じようにして，Raspberry PiもSDメモリーカードからOSを読み込んで起動します．パソコンと同じように，Raspberry Piもさまざまなも OSを起動できます．

● Linuxとは

Linuxは，UNIXと互換性をもたせたパソコン向けのオープン・ソースのフリーOSとして作られ，爆発的に世界中

図3　Linuxを使えば先輩エンジニア達による豊富な実行＆開発環境がお膳立てされている

に広まりました．現在は，さまざまなCPUに対応し，マルチプラットフォームのOSとして広く利用されています（図3）．ウェブ・サーバやルータなどをはじめとするネットワーク関係の機器類でも広く利用されています．現在のインターネットを支えているのはLinuxであると言っても過言ではありません．

マイコンのプログラムでは，ちょっとしたミスのために思わぬ動きをして，結局，デバッガのお世話にならざるをえなくなります．Linuxの場合はマルチタスクOSなので，OSによる保護機構が働くため，ユーザ・プログラムにミスがあっても，被害は特定のプロセス（タスク）に留まり，簡単にはシステム全体のクラッシュを引き起こしにくいことも運用上では有利です．

● 心配無要！ インストールはコピーするだけ

パソコンにLinuxをインストールするには，ブート・ディスクを作成したり，ISOイメージのファイルからCDを作成してディスクのパーティションを作成したり，フォーマットしたり…といろいろと面倒なものです．

Raspberry Piの場合，ディスクのイメージをそのままSDメモリーカードにコピーするという手法が使えます．コピーが終わるのを待つだけでLinuxが起動するメモリ・カードが完成し，あとは最初の起動時に表示されるメニューからいくつか設定すれば，使える環境のできあがりです．

15

第1部 ラズベリー・パイではじめる高性能ARMの世界

● ARMコンピュータ上のLinuxはプログラム開発にも使う

Linuxは実行環境に加え，ソフトウェア開発のための環境としても優れています．

実際にソフトウェア開発をしている人が，必要性を感じて作ったものをベースに高機能化してきたものも多く，痒いところに手が届くツール類が多いこともLinuxの利点です．ツール類の多くがソース・コードで提供されているため，バイナリで用意されていないものはソース・コードを再コンパイルする程度で利用できます．

Raspberry Piの場合，開発環境と実行環境が同一です（図4）．どうしてもWindows画面が欲しければ，telnetやSSH（Secure Shell）などのリモート端末で接続すれば，Windows用のLinux開発ツール群Cygwinと同じ感覚で使えます．手元の馴れたエディタでソース・コードを作成してSFTPで転送してもよいでしょう．

▶ 開発環境が実行環境と同じであることのメリット

一般的なマイコンでは，プログラムが動作するのはターゲット・ボード上のマイコンで，開発はパソコン上のIDE（統合開発環境）で行います．書き込みやデバッグは，専用のプログラマやデバッグ・アダプタ，シミュレータなどを使うのが一般的です．

ターゲットに比べて圧倒的に高速で，便利なツールを整えられるパソコン上で開発する，いわゆるクロス開発は効率的ですが，わずかなプログラムの修正や変更でもIDEをインストールしたパソコンや書き込み器，デバッグ・アダプタなどを用意する必要があります．装置の奥に組み込まれた状態で，プログラムのアップデートなどは楽ではありません．

Raspberry Piのようにスタンドアロンで動作すれば，パソコンがなくてもその場で修正ができます．修正方法は，

図4 開発もRaspberry Pi上のLinuxで行う

---

column　Raspberry PiはほぼLinuxパソコン

Arduinoやmbedなど，さまざまなマイコン・ボードが安価に手に入るのに，もう新しいマイコン・ボードは見飽きた，開発環境が少し違う程度でどれも同じようなものでしょ，と言いたくなりそうですが，そこを少しこらえて，**写真A**を見てください．

ディスプレイやキーボード，マウスがつながっている先はRaspberry Piボードです．Raspberry Pi上でLinuxが動いており，その上でX Window SystemによるGUIが動いています．HDD代わりのストレージには，SDメモリーカードを利用しています．

単にLinuxを移植できた，X Window Systemが何とか起動したというだけではありません．Raspberry Pi単体でウェブ・ブラウジングもできますし，C/C++やPerl, Rubyなどのプログラミング言語でプログラムを組んで動かすこともできます．デバッガ（gdbなど）を使って単体でソフトウェア・デバッグもできます．

単にOSのカーネルや最低限の部分が動くだけではなく，Raspberry Piがもっているネットワークや USB，オーディオ出力，GPUなどのサポートもきちんと行われています．USBキーボードやマウスはもちろん，USBメモリ・カードなどもつないですぐに利用できるように，ドライバも組み込まれています．

写真A　Raspberry PiはARMパソコン基板
Raspberry Pi上でLinuxが動いており，その上でX Window SystemによるGUIが動いている

ディスプレイとキーボードでもよいし，シリアル・ポート経由のコンソールでもよいでしょう．ネットワーク経由でtelnetやSSHでログインすれば，Raspberry Piがネットワーク上のどこにあっても，ftp，sftpなどでファイルのやりとりがすぐにできます．

■ Raspberry Piに使えるLinuxの種類

本稿執筆時点で，公式サイトのダウンロード・ページに掲載されているのは次の三つです．

● Raspbian "wheezy"…迷うならコレ！ DebianをRaspberry Pi向けにカスタマイズ

Linuxは，OSのカーネル部分が共通でも，その周辺となるアプリケーションやソフトウェア・パッケージの管理システム，インストーラ，GUI関係など，ユーザが利用するOSとしての提供形態は決まっていません．これは，すべてをまとめてMicrosoft 1社からリリースされているWindowsなどと大きく異なるところです．

それぞれのソフトウェア・ベンダから提供されているものをディストリビューションと呼んでいます．

RaspbianはLinuxのディストリビューションの一つで，DebianをベースにRaspberry Pi向けにセットしたものです．Debianは，Slackware，RedhatとともにLinuxの御三家とも言えるディストリビューションの一つです．各ディストリビューションから派生したものも多数あり，世の中のLinuxディストリビューションの7割以上は，御三家とその派生ディストリビューションで占められていると言えます．

Debianは，この御三家のなかでも派生ディストリビューションが多く，最もメジャーと言えるでしょう．対応しているCPUも多岐にわたり，添付されるアプリケーション類も多く，いわば「全部入り」なディストリビューションです．

とりあえず，すぐに実験できるほうが便利なので，今回はRaspbian "wheezy"（コード・ネーム）を使います．

Linuxに精通してきて，余計なものを省き，もう少し軽量なものが欲しくなってきたら，次のArch Linuxを使ってみるのも良いと思います．

● コンパクトなArch Linux ARM

Linuxのディストリビューションの一つ，Arch Linuxをベースにしたものです．先の御三家のディストリビューションがどうしても大型化，贅沢化していったのに対して，

Arch Linuxは「なるべくコンパクトにシンプルに」というコンセプトで，御三家とは独立して作成された，独立系ディストリビューションです．

最小限のものだけは用意するから，あとは自力でネットから持って来るなりして自分好みに仕立て上げてくださいといったものだと思えば良いでしょう．Linuxの中級～上級者には，こちらのほうが好まれるかもしれません．

● GUIツールキットQtを動かせるQtonPi

Embedded Linuxに，GUIツール・キットとして有名なQt（キュート）を動かすために最適化したSDKを追加したものです．

* * *

このほかにも，Android 4.0が移植されたということです．Androidも，もともとLinuxをベースにして開発されたものですので，現状Raspberry Pi用のOSとしてはとりあえずLinuxと思っておいてもよいでしょう．

一歩踏み出してみませんか

第1部では，基本的なGPIOへのアクセスをテーマに，次のようなステップで進めていきます．

① 第2章～第3章：起動＆シャットダウン方法からサンプル・プログラムの動作まで
② 第4章～第6章：シェルやC, Rubyを使ってGPIOのリード／ライトを行う
③ 第7章：簡易ウェブ・サーバの起動と，ブラウザ上からI/Oアクセス＆データ表示を行う
④ 第8章：動画カメラ付きスマホ・ラジコンの製作

Rubyは，まつもと ゆきひろ氏が開発したオブジェクト指向スクリプト言語で，ウェブ・アプリケーションの記述などに広く利用されています．2011年にJIS X 3017，さらに2012年4月にはISO/IEC 30170として，日本発のプログラミング言語として初めて国際規格として承認されました．

くわの・まさひこ

第1部 ラズベリー・パイではじめる高性能ARMの世界

第1章
APPENDIX 1

OS搭載＆音声や動画の高速処理に適したプロセッサの構造

Cortex-AとCortex-Mの違い

永原 柊

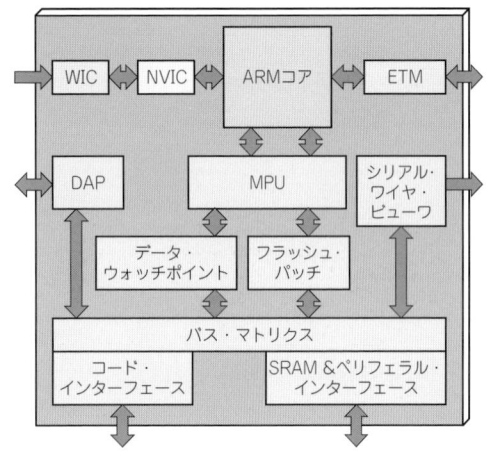

図1 ARM Cortex-M3…ワンチップ・マイコンなどで使われている

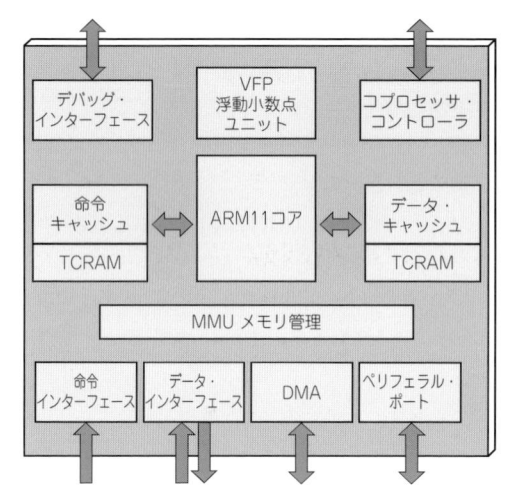

図2 ARM11（ARM1136J-S）
Raspberry Piに搭載

　Raspberry PiなどのARMコンピュータに搭載されているARMプロセッサは，おなじみのワンチップARMマイコン基板に搭載されているシンプルな制御を行うものと違って，いろいろなアプリケーションやOSを動かしやすい作りになっています．
　そこで，どのような違いがあるのか，ARM Cortex-M3と，ARM11（Raspberry Piに搭載），ARM Cortex-A8（BeagleBone, BeagleBoardに搭載），ARM Cortex-A9（PandaBoardに搭載）を比べてみました．

● マイコン基板用ARM Cortex-M3
　図1に，Cortex-M3の内部ブロックを示します．Cortex-M3は制御用のプロセッサで，低消費電力で，割り込みに高速に応答できます．
　ネスト型ベクタ割り込みコントローラNVIC（Nested Vectored Interrupt Controller）を備え，割り込みへの応答を早めるために3ステージの短いパイプラインを使っていま

す．また，センサからの生データに容易にアクセスするため，キャッシュを使わず，ARMコアから物理メモリを直接アクセスできるようになっています．

● ARMコンピュータ用高性能ARMプロセッサ
　表1に，Cortex-M3とARM11，Cortex-A8/A9プロセッサの比較を示します．

▶ ARM11（ARM1136J-S）
　図2に，ARM11の内部ブロックを示します．ARM11は，アプリケーション・プロセッサとして利用しやすいよう

表1 ARM11とCortex-A8/A9プロセッサの比較

項目	Cortex-M3	ARM11	Cortex-A8	Cortex-A9
アーキテクチャ	v7-M	v6	v7-A	v7-A
DMIPS/MHz	1.25	1.25	2.0	2.5
クロック	200MHz	600MHz	1GHz	2GHz
パイプライン段数	3	8	13	9
同時実行命令数	1	1	2	2
マルチコア	不可	可能	不可	可能

第1章 Appendix 1　Cortex-AとCortex-Mの違い

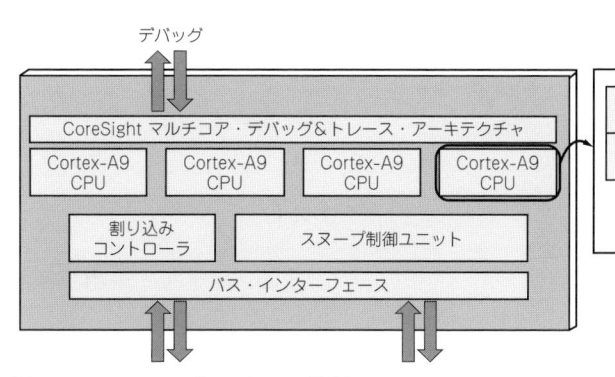

図4　ARM Cortex-A9（マルチコアの構成）
PandaBoardに搭載

に，高速で大容量メモリを管理できるような構成になっています．

処理を高速化するため，8ステージのパイプライン，キャッシュ・メモリを使い，OSを実装できるようにするため，MMU（Memory Management Unit）を搭載しています．

MMUは，メモリ管理ユニットです．LinuxなどのOSでは，アプリケーション・プログラムが使用するアドレス空間は，実際のメモリがある物理アドレス空間ではなく，そのプログラムに割り当てられた仮想アドレス空間になります．MMUは，仮想アドレス空間と，物理アドレス空間の対応付けを行うためのしくみです．

図3　ARM Cortex-A8
BeagleBone，BeagleBoardに搭載

▶ ARM Cortex-A8

Cortex-A8は，Cortex-Aシリーズの最初のプロセッサとして開発されました．

図3に，内部ブロックを示します．Cortex-A8は，13ステージの長いパイプラインにより高いクロック周波数で動作し，また同時に2命令を実行できるため，ARM11に対して高速です．

一方，ARM11では可能だったマルチコアの構成は，Cortex-A8ではできません．

動画，音声など，マルチメディア・データの処理を高速化するために，1命令で複数のデータを処理できるSIMD（Single Instruction Multiple Data）タイプの命令セットとその実行機能であるNEONに対応しています．マルチメディア・データの処理では，大量のデータに対して同じ演算を行うことが多く，NEONを使うことで，通常のプログラムに比べて，少ない命令数でデータ処理を行うことができ，実行を高速化できます．

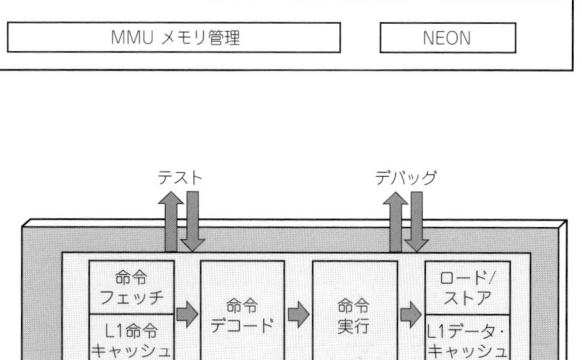

▶ ARM Cortex-A9

Cortex-A9は，Cortex-A8に続くCortex-Aシリーズの2番目のプロセッサとして開発されました．

図4に，内部ブロックを示します．大幅な設計の見直しにより，Cortex-A9は9ステージとCortex-A8より短いパイプラインでありながら，より高いクロック周波数で動作します．また，実行する命令の順序が，プログラムで記述した順番に従わないアウト・オブ・オーダ実行をサポートしており，プロセッサ内部の機能の空き状況に応じて実行する命令を選ぶことで，プログラムの実行効率を高めています．

Cortex-A9は，最大4コアのマルチコア構成が可能になっています．PandaBoardでは，2コアのプロセッサが用いられています．

ながはら・しゅう

第1部 ラズベリー・パイではじめる高性能ARMの世界

第1章 APPENDIX 2

Cortex-A/R/Mの位置付けがわかる
ARMプロセッサの分類

桑野 雅彦

表1 ARMプロセッサ・ファミリ

項目		アーキテクチャ					
		ARMv4T	ARMv5TJ	ARMv6	ARMv7A/R	ARMv6M	ARMV7M/ME
実行可能命令セット	ARM (32ビット長)	○	○	○	○	—	—
	Thumb (16ビット長)	○	○	○	○	○	○
	Thumb-2 (16/32混合)	—	—	○	○	○	○
浮動小数点プロセッサ	VFP	—	VFPv2	VFPv2	VFPv3	—	—
JAVAバイト・コード直接実行	jazelle	—	○	○	○	—	—
セキュリティ機能	TrustZone	—	—	○	○	—	—
DSP機能	SIMD	—	—	○	○	—	—
	NEON	—	—	—	○	—	—
仮想化拡張機能		—	—	—	○	—	—
ウェイクアップ割り込み	WIC	—	—	—	—	○	○
プロセッサ内蔵割り込みコントローラ	NVIC	—	—	—	—	○	○
採用プロセッサ		ARM7TDMI SC100	ARM946 ARM968 AREM926	ARM1156T2 ARM1136J ARM176JZ ARM11MP	Cortex-R4 Cortex-R5 Cortex-R6 Cortex-A5 Cortex-A8 Cortex-A9 Cortex-A15	Cortex-M0 Cortex-M1 SC000	Cortex-M4 Cortex-M3 SC300

　ARMプロセッサの開発元であるARM社は，CPUや割り込みコントローラなど，最小限のコアとなる機能部分の開発に注力しています．
　実際の製品は，ARM社からライセンスを受けた半導体メーカが，さまざまなペリフェラルを接続したマイコン製品として開発/販売しています．

● ARMプロセッサ名とファミリ
　ARMのプロセッサ名は，大きく次の2種類に分けられます．
（1）ARM7など"ARMx (xは数字)"と表記されたもの
（2）Cortex-A9やCortex-M0など，"Cortex"と表記されたもの
　Raspberry PiのBCM2835のコアとして利用されているのは，ARM1175というARM11系のプロセッサです．
　ARMでは，当初から(1)のようにARMxという表記をとったものをリリースしてきましたが，用途の拡大などにあわせて，製品群を次の3種類に再編しました．

・Cortex-A系：高性能のアプリケーション・プロセッサ
・Cortex-R系：リアルタイム性が要求される組み込み向け
・Cortex-M系：ロー・エンド組み込み用途向け
　これに伴い，旧来のARMxのシリーズは「Classic ARMプロセッサ」という扱いになっています．

● ARM製品群
　ARM製品は，歴史的な経緯もあって，いろいろと入り組んだ感じになっています．これを整理してみたのが表1です．

▶実行可能な命令セット ARM，Thumb，Thumb-2
　実行可能な命令セットは，ARMが歴史的な経緯を引きずっている部分です．ARMは，もともと32ビットRISC型のCPUとして設計され，命令は32ビット長を基本としていました．これがオリジナルのARM命令セットです．ところが，組み込み用途では32ビットCPUの得意な大きなデータ操作はあまり出番がなく，細かいビット演算やバイト単位のデータ操作が多用されます．ARM命令セットでは，

単純な命令でも32ビットを使ってしまうため，プログラム・サイズが大きくなり，メモリの使用効率が上がりません．

　これに対応して，ARMの命令セットを16ビット化したものが作られました．これがThumb（サム；親指）命令セットです．これを最初に採用したのが，ARMv4のARM7TDMIです．ところが，16ビット長固定では32ビットCPU的な使いかたでは不利になります．そこで，ARMの32ビット命令とThumbの16ビット命令の混合命令セットが作られました．これがThumb-2です．

　Cortex-M0やM1はThumbのみを，Cortex-M3とM4はThumbとThumb-2の両方を実行できます．ARMv4～v7のすべてでThumbが，またv6とv7ではThumb-2も実行できます．

▶**割り込みコントローラNVIC**

　Cortex-Mファミリに特有な割り込みコントローラが，NVIC（Nested Vector Interrupt Controller）です．NVICはCPUと一体化された割り込みコントローラで，割り込みレイテンシが少なく，優先度（3～8ビット）を付けて，最大240本の割り込み要求をさばくことができます（実際の入力点数はデバイス・メーカの設計に依存する）．Cortex-M系の特徴的なものです．

くわの・まさひこ

第2部 ラズベリー・パイでLinuxを動かす

第2章 準備：Linuxのインストールと初期設定

パワフルなARMを楽ちんにキチンと使うにはLinuxがつきもの！

桑野 雅彦

まず，ARMコンピュータRaspberry Piを楽チンにちゃんと使うようにするために，Linuxをインストール，初期設定を行います．初期設定のおおまかな流れを図1に示します．

必要になるものを用意し，起動と初期設定の方法，初期設定を反映するための再起動，電源を切る前に必要となるシャットダウンの方法を紹介します．

動作確認に必要なもの

Raspberry Piを起動し，動作をひと通り確認するのに必要なものを表1に示します．

マウスは，X Window Systemを立ち上げる必要がなければ，なくてもかまいません．

● その1：電源供給用ACアダプタ＆USB-microBケーブル

USB充電用アダプタとUSB-microB接続ケーブルは，Raspberry Piへの電源供給用です．Raspberry Piは5V単一電源で動作しますが，TypeBの消費電流は公称700mA（ちなみにLAN機能のないTypeAは500mA）と，USB規格で1ポートから取れる最大電流の500mAを超えています．パソコンのUSBポートなどから電源を取ると保護回路が働いて電源供給を遮断されたり，USBポートが使えなくなる恐れがありますので，必ず専用のACアダプタを利用してください．

筆者は，電気店で購入したUSB充電用アダプタを使用しています．iPad対応をうたう充電アダプタであれば，たいてい2Aの供給が可能で，USB標準Aタイプのレセプタクルが付いています．1,500円程度で購入できるでしょう．

● その2：4GバイトSDメモリーカードを数枚

SDメモリーカードは1枚あれば動かせますが，差し換え用やパソコンとのファイル交換用（USB接続のSDメモリーカード・リーダ/ライタをUSBポートにつないでRaspberry PiでSDメモリーカードを読むことができる）としても使えるので，何枚か買っておくと便利だと思います．容量は，4Gバ

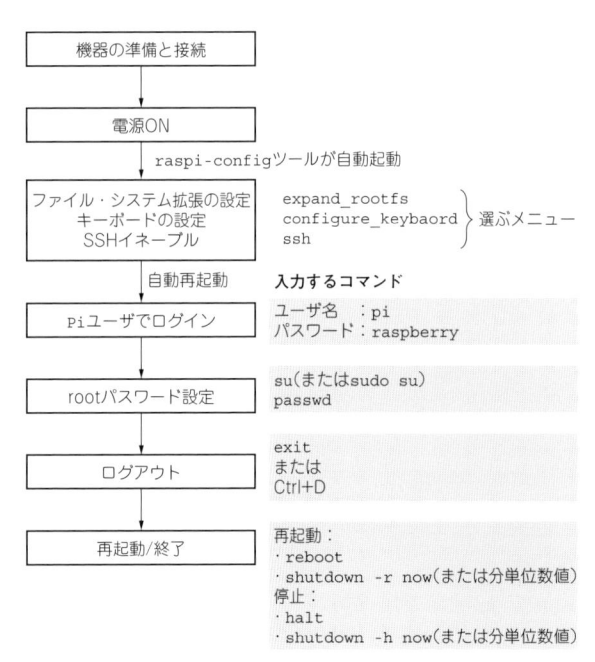

図1 Raspberry Piの初期設定の流れ

表1 Raspberry Piの動作を確認するために必要なもの

必要なもの	仕 様
USB充電用アダプタ	1A以上
USB標準A-MicroB接続ケーブル	電源供給用
SDメモリーカード	容量4Gバイト以上
SDメモリーカード・リーダ/ライタ	USB接続
ディスプレイ	HDMI，またはコンポジット・ビデオ入力
ディスプレイ・ケーブル	－
USBキーボード	－
USBマウス	－
LANケーブル	－

イトのものでよいでしょう．

　公式サイトなどを見ていると，2Gバイトでも良さそうなのですが，実際に手元にあった2GバイトのSDメモリーカードで試してみると，容量不足だというメッセージが出てしまいました．

● その3：SDメモリーカードのリーダ/ライタ

　SDメモリーカードのリーダ/ライタは，100円ショップで売っていたものを使ってみましたが，特に問題なく動きました．Raspberry Piで他のメモリーカードを読み書きするときにも使えるので，一つ専用に買っておいてもよいと思います．

Linux書き込み用SDメモリーカードを作る

● SDメモリーカードから書き込む

　小型のマイコン・ボードでは，USBや専用のライタ/デバッガなどを使って，マイコン内部のファームウェアそのものを書き換えて動かすのが一般的ですが，Raspberry Piはマイコン・ボードというよりほぼ「パソコン」なので，SDメモリーカードからOSを読み込んで起動するというスタイルになっています．

　パソコンの場合，ハード・ディスクを交換するのは面倒な作業ですが，Raspberry PiはSDメモリーカードをディスク代わりに使うので，取り扱いは簡単です．

　OSのインストールは，次の二つを用意して，イメージ・ファイルをSDメモリーカードにコピーします．

- ベタ・イメージの書き込みツール（Win32 Disk Imager）
- SDメモリーカードに書き込むディスク・イメージ・ファイル（Raspbian）

　ディスク・イメージ・ファイルは，ディスクの先頭セクタからベタ形式です．Linuxをよく利用される方でしたら，ddコマンドで書き込むといえばわかりやすいでしょう．

▶ ① ステップ1：イメージ・ファイル書き込みツールの用意

　イメージ・ファイルは，Windows上でドラッグ＆ドロップなどでコピーすることはできません．Linuxをお使いの方であれば，ddコマンドで書き込めばよいのですが，Windowsにはddに相当するものは標準では用意されていないので，Win32 Disk Imagerというベタ・イメージ書き込み（ディスク・イメージ形成用のRaw Data書き込み）用のツールを利用します．

筆者は，以下のURLから入手しましたが，「Win32Disk Imager」で検索すればすぐに見つかると思います．

　　`http://www.softpedia.com/get/CD-DVD-Tools/Data-CD-DVD-Burning/Win32-Disk-Imager.shtml`

ちなみに，筆者が使用したバージョンは0.6 r46でした．Windows 7 + VMware下の仮想Windows XP環境でも動きました．

▶ ② ステップ2：OSイメージ・ファイルの入手

　Raspberry Pi上で動くLinuxは，本家のダウンロード・ページ（`http://www.raspberrypi.org/downloads`）でDebian "squeeze"，Arch Linux，QtonPiの三つが用意されていましたが，本書の執筆中に，このうちDebianが改良版になりRaspbian "wheezy"という名称に変わりました．ここでは，このRaspbianを利用します．なお，Raspbianの専用ウェブ・サイトとして，

　　`http://www.raspbian.org/`

が用意されているので，こちらも参照するとよいでしょう．

　ちなみに本稿で使ったものは，以下のような，2012年7月15日版です．

```
2012-07-15-wheezy-raspbian.zip
```

ダウンロードしたら，圧縮ファイルを解凍します．

```
2012-07-15-wheezy-raspbian.img
```

というファイルができるはずです．これが書き込み対象のファイルです．

▶ ③ ステップ3：OSイメージ・ファイルの書き込み

　SDメモリーカードをリーダ/ライタに入れて，USBポートに接続します．ドライブとして認識されたら，Win32 Disk Imagerを起動します．筆者は仮想XP環境下で動かしたためか，図2(a)のように，デバイスが使用中であるというエラーが出ましたが，実際には使用しているものはありませんので，そのまま進めてしまって大丈夫でした．

　起動して，図2(b)の画面が現れたら，右上のドライブ表示がUSBポートに接続したSDメモリーカード・リーダ/ライタのドライブ番号と一致しているか確認しておきます．違っていたら，選択しなおしておきましょう．

　ドライブ番号の左隣のフォルダ・アイコンをクリックして図2(c)のように，先ほど展開したイメージ・ファイルを指定します［図2(d)］．

　これで，右下の［Write］ボタンをクリックすると，図2(e)

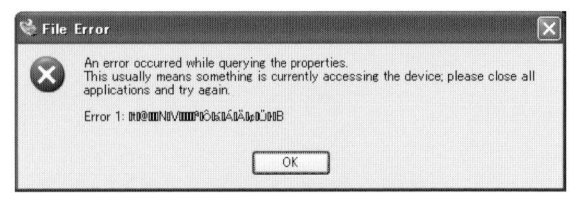

第2部 ラズベリー・パイでLinuxを動かす

(a)「デバイスが使用中である」というエラー

(b) ディスク・イメージャ

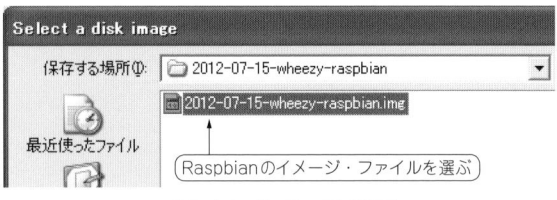

(c) イメージ・ファイルの指定

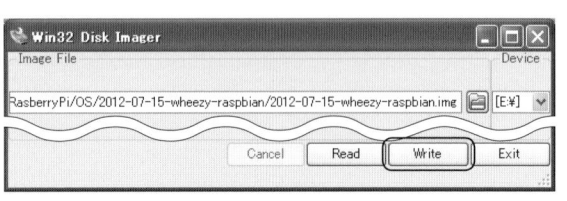

Raspbianのイメージ・ファイルを選ぶ

(d) [Write]ボタンで書き込み

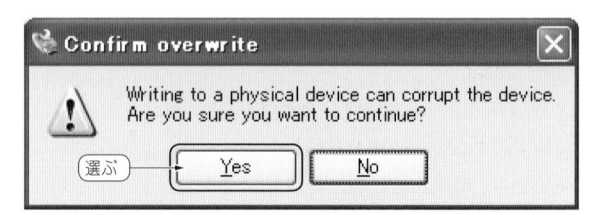

(e) 物理デバイスの内容が破壊される旨の警告

図2 OSイメージ・ファイルの書き込み

のように，物理デバイスの内容が破壊される旨の警告が出ます．ドライブが間違っていないか十分に確認して，[Yes]をクリックすると書き込みが始まります．

ここで選択するドライブを間違えると，最悪の場合，ハードディスクの内容がすべて失われるので，注意してください．最後に，書き込み完了メッセージ"Write Successful."が出れば書き込み完了です．環境にもよりますが，だいたい5～10分程度で書き終わるでしょう．

起動と初期設定

● まずは起動してみる

イメージ・ファイルが書き込まれたSDメモリーカードができあがったら，カードをRaspberry Piのスロットに挿入して，電源ケーブル，ディスプレイのキーボード（USBポートのどちらでも可）を接続して，電源を入れてみましょう．

なにやら起動時のメッセージが山ほど表示されて，最後に図3のようなコンフィグレーション画面が表示されます．図は，画面キャプチャの都合でWindowsのターミナルから実行している関係もあって，枠が文字化けしてしまってい

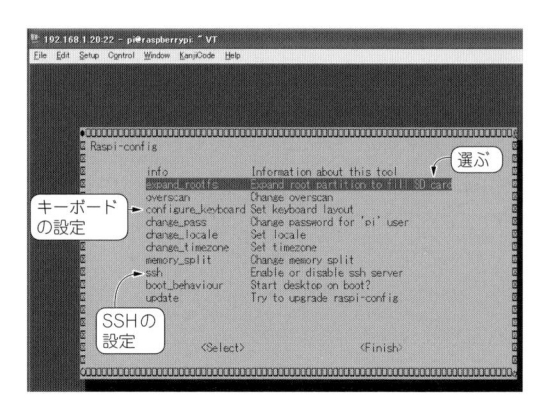

図3 コンフィグレーション画面

ますが，画面上では綺麗な枠線になっています．

キーボードのカーソル上下の矢印キーでメニューを選択して，Enterキーで各メニューの設定になります．一番下の[Select]や[Finish]などは，左右の矢印キーで選択して，Enterキーで確定になります．

このコンフィグレーション画面では，次の三つの設定を行います．

(1) SDメモリーカード領域の拡張イネーブル
(2) キーボードの選択

（3）SSHをイネーブル

このメニュー画面は，2回目以降の起動では現れませんが，必要であれば，

```
sudo raspi-config
```

とコンソールに入力すれば起動できます．

● 用意されているメニュー

メニュー項目は，次のとおりです．【設定】の記載があるものが，今回設定する項目です．

▶ info

このツール（raspi-config）の情報が表示されます．

▶ expand_rootfs【設定】

SDメモリーカードの最大容量まで利用できるように，Linux使用領域を拡張します．

▶ overscan

コンポジット出力を使ったとき，ディスプレイの表示面が利用できるように拡大表示します．

▶ config_keyboard【設定】

接続しているキーボードの種別を設定します．

▶ change_pass

ユーザ（ユーザ名"pi"）のパスワードは，デフォルトでは"raspberry"ですが，変更したいときはここで設定できます．

▶ change_locale

使用言語（文字コードなど）の指定です．日本語化したいところですが，フォントなどの問題もあって，この設定だけだと文字化けしたりするので，とりあえず変更しなくてよいでしょう．

▶ change_timezone

時間帯，すなわち世界標準時（GMT）との差分を設定します．

日本はGMT＋9時間なのですが，なぜかここで設定すると次回の起動時に日付などがおかしくなるという現象が出てしまいました．その後，修正されているかもしれませんが，とりあえずいじらずにそのままにしておきました．

▶ memory_split

Raspberry Piで使用されているSoC，BCM2835は256Mバイト（または512Mバイト）のRAMを内蔵しており，これをCPUとGPUで共用しています．

デフォルトでは，CPUとGPUで使用できる領域を半分ずつ，すなわち128Mバイトずつになっていますが，この比率を変更したいときに，ここで設定します．とりあえずデフォルトのままでよいでしょう．

▶ ssh【設定：イネーブル】

イネーブルにすると，ホスト・パソコンからLAN経由でのログインやファイル転送を行えるようになります．ホスト・パソコンがWindowsの場合はソフトウェアが必要ですが，フリーで入手できます．

▶ boot_behaviour

スタート時にX Window Systemが立ち上がり，GUIで使えるようにするか否かを決めます（第3章を参照）．

デフォルトではX Window Systemは立ち上がらず，シェル（コマンド・ライン）が起動します．今回は，デフォルトのままでかまいません．

▶ update

このツール（raspi-config）自体のアップデートが行われているかを確認して，アップグレードを試みます．とりあえず現状のままでよいでしょう．

■ 三つの項目の初期設定

● ① SDメモリーカード領域の拡張（expand_rootfs）

選択してEnterキーを押せば，自動的に領域拡張処理が行われ，図4のようなメッセージが表示されれば完了です．ファイル・システムは，次回起動したときに拡張されます．

Raspbianをダウンロードして展開したイメージ・ファイル・サイズは2Gバイト程度ありますが，実は，これは2Gバイトのディスク領域にインストールした状態そのものをイメージ・ファイル化したものになっています．これをそのままベタ・イメージで書き込んでいるので，余った領域には何も書き込まれず，未使用のままになっています．

試しに，4Gバイトのメモリーカードにインストールした後，expand_rootfsを選択せずに起動して，dfコマンドでディスク容量を確認してみると，リスト1のようになっています．dfコマンドの後の"-h"オプションは，容量表示をGバイト単位など，人間にわかりやすく表示するオプションです．リ

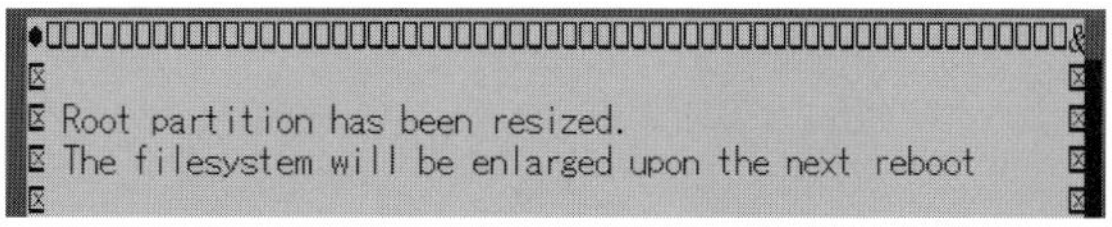

```
Root partition has been resized.
The filesystem will be enlarged upon the next reboot
```

図4 初期設定その1：メニューでexpand-rootfsを選ぶと領域拡張処理が完了したというメッセージが表示される

第2部　ラズベリー・パイでLinuxを動かす

リスト1　初期状態のディスク容量

```
pi@raspberrypi ~ $ df -h
Filesystem      Size  Used Avail Use% Mounted on
rootfs          1.8G  1.4G  338M  80% /          ← rootfs
/dev/root       1.8G  1.4G  338M  80% /
tmpfs            19M  216K   19M   2% /run
tmpfs           5.0M     0  5.0M   0% /run/lock
tmpfs            37M     0   37M   0% /tmp
tmpfs            10M     0   10M   0% /dev
tmpfs            37M     0   37M   0% /run/shm
/dev/mmcblk0p1   56M   34M   23M  61% /boot
```

リスト2　expnad_rootfs後のディスク容量

```
root@raspberrypi:/home/pi# df -h
Filesystem      Size  Used Avail Use% Mounted on
rootfs          3.6G  1.4G  2.1G  39% /          ← rootfs
/dev/root       3.6G  1.4G  2.1G  39% /
tmpfs            19M  220K   19M   2% /run
tmpfs           5.0M     0  5.0M   0% /run/lock
tmpfs            37M     0   37M   0% /tmp
tmpfs            10M     0   10M   0% /dev
tmpfs            37M     0   37M   0% /run/shm
/dev/mmcblk0p1   56M   34M   23M  61% /boot
```

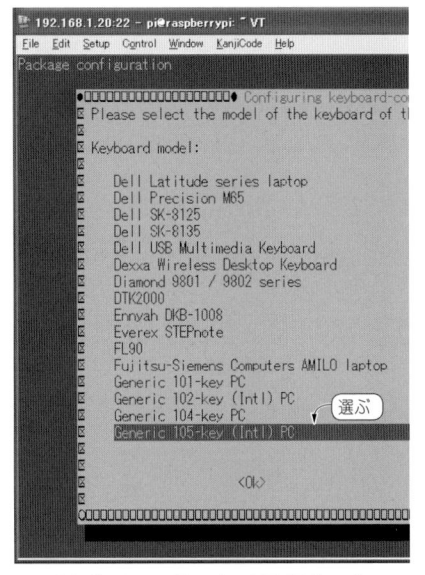

(a) ①コンフィグレーション画面の"config_keyboard"からキーボード・モデルを選ぶ

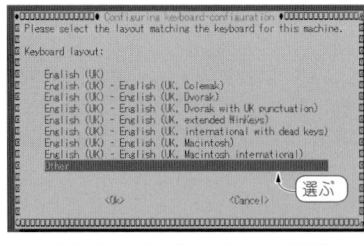

(b) ②キーボード・レイアウトを選ぶ

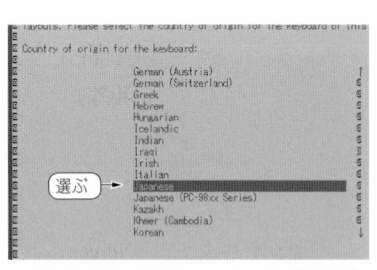

(c) ③各国のオリジナル・キーボードを選ぶ

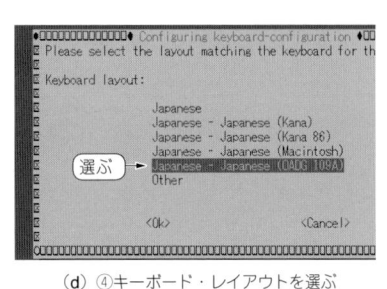

(d) ④キーボード・レイアウトを選ぶ

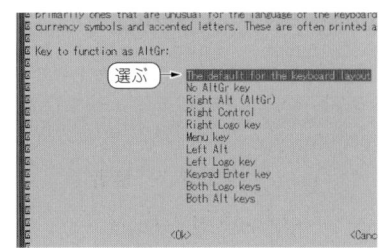

(e) デフォルトを選ぶ

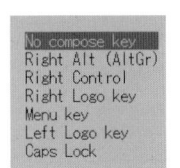

(f) [Compose]キーを選ぶ

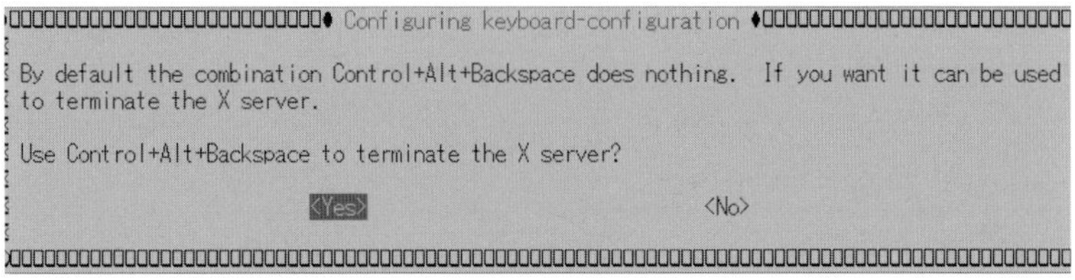

(g) [Ctrl]+[Alt]+[Backspase]キーでXサーバを終了させる

図5　初期設定その2：キーボード設定…細かく設定しないといけない

スト1のように，rootfsとして1.8Gバイト確保し，このうち1.4Gバイトを使用しており，残りは300Mバイト程度です．

expand_rootfsを指定してから再起動して，同じようにディスク容量確認をしたのが，**リスト2**です．rootfsのSizeが3.6Gバイトに拡張され，4Gのメモリーカードの領域がフルに利用できるようになったことがわかります．

● ② キーボード種別を設定（config_keyboard）

Raspbianのデフォルトの設定ではイギリス仕様になっているので，日本語の109キーや米国仕様の101キーボードを持って来ても記号の位置が合いません．図3の"config_keyboard"を選択して設定します．とにかくサポートしているキーボードの種類が多いので，探すのが大変です．109キーの場合には次の場所にあります．

　　Generic 105-key (Intl) パソコン［**図5**(a)］
　　→Other［**図5**(b)］
　　→Japanese［**図5**(c)］

→Japanese - Japanese（OADG 109A）［図5（d）］

次に，特殊キーの設定などを行います．

▶ モディファイヤ・キー（The default for the keyboard layoutを選択）

モディファイヤ・キーは，外国通貨記号やアクセント記号など，あまり利用されない記号類を入力するためのキーです．今回は特に必要ありませんので，デフォルトのままでよいでしょう［図5（e）］．

▶ コンポーズ・キー（No compse keyを選択）

キーボード上にない，特殊文字を入力するとき，複数のキーの組み合わせで一つの文字を入力する方法があります．コンポーズ・キーというのは，この複数キー・ストロークの開始を示すためのキーです．今回は，このキーは不要なので，図5（f）のように，"No compse Key"でかまいません．

▶ Ctrl＋Alt＋BackspaceによるX Window Systemのターミネート（Yesを選択）

X Window System使用時に，Ctrl，Alt，Backspaceの三つのキーの同時押下で，X Window Systemを終了してシェルに戻るようにするか否かの設定です．デフォルトは"No"になっていますが，筆者は便利なので，"Yes"にしておきました［図5（g）］．

● ③ ネットワーク経由でコマンドを送れるようにsshを設定

図6のように，"Enable"を選択しておきます．SSH（Secure Shell）は，ネットワーク経由でホストのシェル（Windowsで言うコマンド・プロンプト）を利用するものです．昔はtelnetというものが利用されており，Windowsでもtelnetクライアントがオマケでついているので，

```
telnet 192.168.1.20
```

といった具合に利用できます．ただし，telnetはネットワーク・セキュリティなどというものがあまり考えられていなかった時代の産物でもあり，ユーザ名やパスワードなども暗号化せずに送っています．このため，ネットワークをモニタリングしていると，パスワードまで全部丸見えです．SSHはこれを改善し，ホストとのやりとりをすべて暗号化するようにしたものです．

ここの設定でSSHを有効にすると，同様に暗号化ファイル転送プロトコルであるSFTP（SSH File Transfer Protocol）がセットで使えるようになります．パソコンにSFTP対応のファイル転送ソフトウェアをインストールすると，簡単にファイルのやりとりができるようになります．

SSHを使ったパソコンとの接続や，SFTPを使ったファイル転送も後で紹介します．

● 再起動して設定どおりに動かす

設定が終了したら，raspi-configツールを終了します．メイン画面で"FINISH"を選択してEnterキーを押すと，図7のようにリブートするか否か問われるので，"Yes"にして再起動します．

expand_rootfsを行っているため，再起動時にファイル・システムの拡張が行われます．空き領域をクリアするなどの処理も行われる関係もあり，プロンプトが出るまでしばらく時間が掛かりますが，気長にまってください．2度目以降は，それほど時間はかかりません．

なお，raspi-configツールをもう一度実行したいときは，ログインした後に，

```
sudo raspi-config（rootユーザならsudoは不要）
```

とすれば，再び同じ設定画面が現れます．

ログインとパスワード設定

● ログイン

```
raspberrypi login:
```

とログイン待ちのプロンプトが出たら，ログインしてみましょう．デフォルトではユーザネーム（login:のときに入

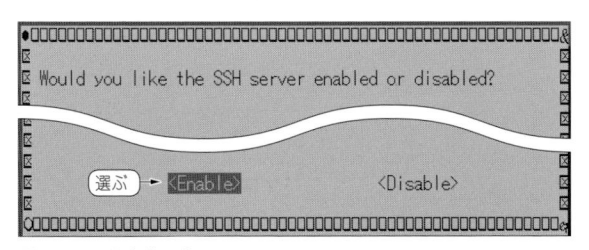

図6 SSHを有効にする

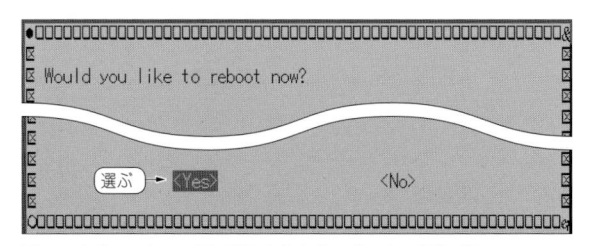

図7 リブートするか否か問われたら"Yes"にして再起動

第2部 ラズベリー・パイでLinuxを動かす

column sudoについて

piユーザでシステム管理関係のコマンドを実行するときは，先ほど触れたように，コマンドの前にsudoを付けます．sudoはrootユーザ（スーパユーザ）モードで動けという指示です．

たとえば，パスワード未設定状態のときに，ネットワーク経由でSSHでログインしたときに，

　　su

とすると，

　　pi@raspberrypi ~ $ su　　… suを実行
　　Password:
　　　　　　… パスワード設定していないのに，入力を求められる
　　su: Authentication failure
　　　　　　　　… 適当なものを入力したら，やはり駄目
　　pi@raspberrypi ~ $

という具合にメッセージが出て，rootになれません．このようなときでも，次のようにsudoを併用すると大丈夫です．

　　pi@raspberrypi ~ $ sudo su　… sudoを付けてsuを実行
　　root@raspberrypi:/home/pi#
　　　　　　… root（スーパユーザ）になれた

システムの安全のため，piユーザでログインしている状態では，システムのシャットダウンといった，重大な操作コマンド（管理コマンド）などは実行できないように保護されています．

しかし，ものによってはわざわざrootユーザにならずに実行したいものもありますし，それだけのためにrootのパスワードを公開するというのは，あまり好ましくありません．そこで，rootユーザではないときに，rootユーザ用のコマンド類を実行できるようにするため，sudoが用意されています．

rootユーザになっていればsudoは不要で，単にhaltやrebootだけでかまいません．今回は少々行儀が悪いのですが，rootユーザでいろいろな操作を行うことを前提にしていますので，以後の説明では，特に必要と思える場合以外はsudoを省略します．

力するユーザ名）は"pi"で，パスワードは"raspberry"になっています（rasの後の'p'を見落とさないように）．

図8のように，シェルが起動して，

　　pi@raspberrypi

というプロンプトとともにコマンド待ちになります．なお，図は画面キャプチャの都合で，ネットワーク経由でログインしたときの画面なので，表示されているメッセージ類は若干違うところがあると思いますが，気にしないでください．ネットワーク経由での利用については，後で説明します．

● rootユーザのパスワード設定

次のコマンドを使います．
- sudo（スーパユーザとして実行する）
- su（スーパユーザとしてログインする）
- passwd（パスワード設定）

ログインできたら，rootユーザに切り替えてパスワードを設定します．図9も参考にしてください．

　　su <Enter>

とします．プロンプトが

　　root@raspberrypi

に変わります．うまくいかないときは，図9のように頭にsudoをつけて，

　　sudo su <Enter>

としてください．sudoについては，コラムを参照してください．

rootユーザになったら，パスワード設定コマンドpasswdで，パスワードを設定します．確認のため，2回入力が促されます．いろいろな人が使うわけでもありませんし，外部からパスワードをハッキングされて困るというものでもありませんから，ごく簡単なものでかまわないでしょう．

rootユーザは，単に"root"と呼ばれることが多いのですが，ユーザであることがわかりやすいようにここでは

図8 シェルが起動する

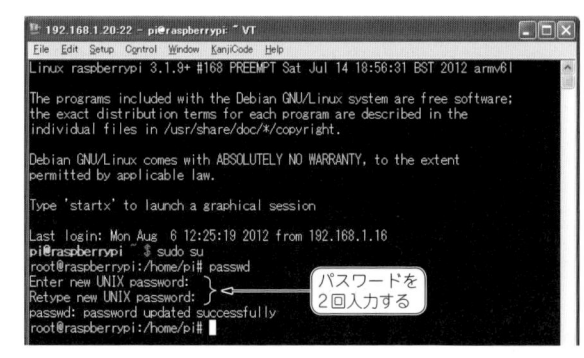

図9 パスワード設定のようす

rootユーザと表記しました．rootは，スーパユーザなどとも呼ばれるもので，WindowsのAdministratorに相当する，システムの管理者モードです．rootは，システムに重大な影響を与えるようなことも含めて何でもできる権限をもっているので，誤操作には特に注意が必要です．

したがって，通常のLinuxシステムの場合には，どうしてもrootユーザにならざるをえない場合以外は，一般のユーザ・モードで実行するのが作法のようなものとされています．また，意図的にrootユーザ用のコマンド類を実行したいときでも，rootユーザに切り替えずに，単に頭にsudoを付ければ実行できるようにしています．

ただし，今回は実験的なものですし，万が一ファイルを消してしまっても，もう一度メモリーカードを書き直しても10分程度で終わりますので，以後はrootユーザで動かすことを基本にします．

● ログアウト

rootになった後で元のpiユーザに戻りたいときは，
- exit <Enter>
- Ctrl+D

のいずれかの方法で行えます．次のような具合です．

```
pi@raspberrypi ~ $ sudo su     …rootになる
root@raspberrypi:/home/pi# exit
                              …元のpiユーザに戻る
pi@raspberrypi ~ $ …プロンプトも元通りになる
```

ここからさらにexitすると，起動後と同じログイン待ちの状態に戻ります．

改めてpiユーザでログインしたり，rootユーザでログイン(raspberrypi login:のところでrootと入力して，先ほど設定したパスワードを入力)してみてください．

● ログインあれこれ

最初のログイン画面(raspberrypi login:というプロンプトが出ているとき)にrootと入力すれば，piユーザを経由せず直接rootユーザでログインできます．

また，rootからpiユーザに一時的になって，動作確認をしたいときなどに，loginコマンドを使います．

```
login <Enter>
```
または
```
login ユーザ名 <Enter>
```

とします．また，この方法でログインしたときは，先ほどsuしたときに使ったexitのほか，logoutでも終了でき

ます．

実際に行った時の画面が**リスト3**です．

リスト3 ログイン/ログアウトの実行例

```
root@raspberrypi:/home/pi# login        ← loginコマンド
raspberrypi login: pi                   ← piユーザでログイン
Password:                               ← パスワードを入力
Last login: Sat Aug 11 21:05:39 UTC 2012 on pts/0
(中略)                                  ← ユーザ名(pi)をつけてみる
Type 'startx' to launch a graphical session
pi@raspberrypi ~ $                      ← loginできた
pi@raspberrypi ~ $ exit
logout                                  ← exitがlogoutに自動的に置き換え
root@raspberrypi:/home/pi# login pi
Password:                               ← パスワードだけ聞かれる
Last login: Sat Aug 11 21:05:39 UTC 2012 on pts/0
(中略)
Type 'startx' to launch a graphical session
pi@raspberrypi ~ $ logout               ← 今度はlogoutを使ってみる
root@raspberrypi:/home/pi#              ← logoutできた
```
※**太字**は入力したコマンド

覚えておこう！終了と再起動の方法

最初の設定が終わったので，システムの終了方法を覚えておきましょう．次の三つのコマンドのいずれかでシステム終了させます．
- halt
- reboot
- shutdown

LinuxもWindowsと同様に，動作中にいきなり電源を切るとディスク(今回はSDメモリーカード)の内容が壊れるなどの問題が起きる可能性がありますので，電源を切る前に必ずシステムをシャットダウンしましょう．

シャットダウンの基本コマンドはshutdownコマンドなのですが，より簡単にできるように，haltやrebootコマンドが用意されています．

rootユーザになっているときはsudoは不要で，単に"halt"とします．再起動したいときは同様に，"reboot"とします．

shutdownコマンドは，halt，rebootのどちらにするかをオプションで指定します．

```
shutdown -h または -r
```
(シャットダウンするまでの時間(分)またはnow)という形で使います．

column 高性能ARMとワンチップARMのソフトウェアの違い　　　永原 柊

　高性能ARM搭載基板（ARMコンピュータ）を制御に使う場合，拡張端子からインタフェース回路を介して制御対象に接続するという点では，ワンチップARMマイコン基板との大きな違いはありません．ただし，ARMコンピュータは機器組み込み用のマルチメディアSoCを使っていることから，拡張端子の入出力電圧が1.8〜3.3Vと，低めになっています．
　CPUやメモリについていうと，速度や容量の点でARMコンピュータの方が大幅に勝っています．しかしその反面，消費電力もARMコンピュータの方が大きく，電池で駆動するような用途には大容量の電池が必要です．
　図Aに，ARMコンピュータとワンチップARMマイコン基板の違いを示します．
　ソフトウェア開発の点から見ると，ワンチップARMマイコン基板とARMコンピュータは全く異なる，といってよいと思います．ワンチップARMマイコン基板でもOSを使うことはありますが，ARMコンピュータでOSとしてLinuxを動かした場合，OSの機能はLinuxの方が圧倒的に充実しています．ソフトウェア開発を容易にするライブラリについても，同じことがいえます．したがって，ソフトウェア開発の点ではARMコンピュータの方が容易です．
　もう少し具体的に考えてみます．拡張端子の特定のピンからHレベルを出力する場合，ワンチップARMマイコン基板では，そのピンに対応するレジスタに値を書き込むか，出力するための関数を呼び出すことになると思います．一方，Linuxでは，そのピンに対応する仮想的なファイルが用意されているので，そのファイルに「1」を書き込むと，それが巡り巡って拡張端子からHレベルとして出力されます．
　このように，LinuxのようなOSでは入出力が抽象化されているので，ソフトウェア開発が容易になります．しかしその反面，実行時のオーバーヘッドも大きくなります．
　制御対象を正確に，緻密に制御するという観点からは，ARMコンピュータでLinuxのようなOSを使った場合はソフトウェア実行のオーバーヘッドが大きいので，ワンチップARMマイコン基板の方が向いているといえます．ただし，これはARMコンピュータが原因ではなく，使うOSの問題です．とはいえ，LinuxのようなOSを使えることがARMコンピュータの特徴なので，この特徴を生かそうとすると，このようなデメリットがあることも理解する必要があります．

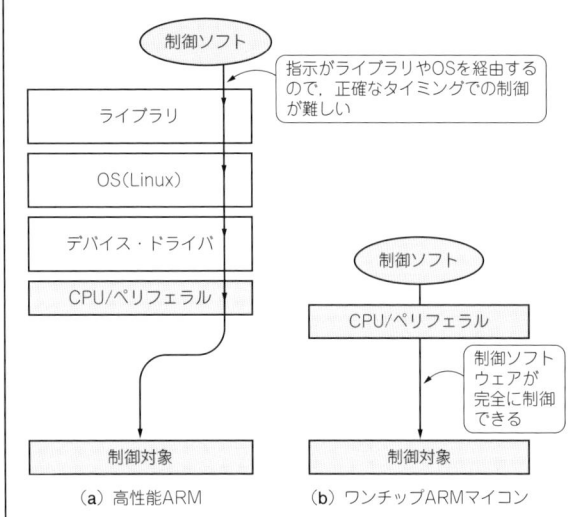

図A　高性能ARMのプログラミングは簡単だが制御のタイミングを合わせにくい

(a) 高性能ARM
(b) ワンチップARMマイコン

ながはら・しゅう

　最初のオプションは-hにするとhalt，すなわちシャットダウンした後停止，-rにするとrebootになり，シャットダウン後自動的に再起動します．
　2番目の引き数で，シャットダウン開始までの時間を分単位で指定します．ここを0や「now」にすると，時間が0，すなわち即座にシャットダウン/再起動開始になります．
　shutdownを使うと，haltとrebootはそれぞれ，

```
shutdown -h now（または0）
shutdown -r now（または0）
```

と同じです．また，例えば5分後に再起動したい場合は，

```
shutdown -r 5
```

とすれば，5分後にシャットダウンが始まります．

くわの・まさひこ

第3章 はじめの一歩！サンプル・プログラムを動かす

Raspberry Pi用Linuxで試す
ネットワーク接続＆USBメモリI/O

はじめの一歩！ サンプル・プログラムを動かす

桑野 雅彦

写真1　Raspberry PiのGUI画面 X Window Systemを立ち上げたようす

第2章でインストールしたRaspbianは，基本的にLinuxそのものです．Linuxはシェル（コマンド・ライン）の機能も多く，UNIXが普及していった時代から使われてきたアプリケーション類も非常にたくさんあり，とてもすべては説明しきれません．

Linuxでできることの詳細は，書籍などを参照していただくことにして，ここではネットワーク接続やUSBメモリI/Oのサンプル・プログラムを例に，ARMコンピュータRaspberry Piの扱いかたのポイントを説明していきます．

具体的には，GUI画面で動かす方法や，サンプル・プログラムを使った画像表示・音声出力，ネットワークへの接続，USBメモリの接続を順に試していきます．

Raspberry Pi用Linuxの操作方法

● Windows風のGUI画面でも動かせる

第2章の初期設定を終えて再度起動したら，piユーザでログインし，USBポートにマウスをつないでX Window Systemが動くか確認してみましょう．

```
startx
```

とすると，Raspberry Piのシンボルであるラズベリーの絵が画面一杯に表示されたあと，写真1のような，Windowsとはちょっと違うGUI画面になります．

第2章で説明したraspi-config画面で設定していれば，[Ctrl]＋[Alt]＋[Backspace]（[Del]ではないので注意する）で終了してシェルに戻れます．

左下のアイコンがWindowsでいうスタート・メニューで，右側に順にファイル・マネージャ，ウェブ・ブラウザ，アプリケーションの最小化，仮想画面の切り替え（2画面ある）の各アイコンが並んでいます．

なお，raspi-config画面で設定しなかったときでも，画面左下隅のアイコン（Windowsならスタート・メニューのある位置）をクリック，またはキーボードで[Ctrl]と[Esc]キーを同時押下して表示されるメニューからLogoutを選択すればログアウトできます．

● デスクトップ上に用意されているアプリケーションを動かしてみる

デスクトップ上に，いくつかアイコンが並んでいます．これらは，左ダブルクリックで実行できます．右クリックのポップアップ・メニューで表示されるメニューでは，「Open」が実行です．「Leafpad」は，テキスト・エディタのLeafpadで開くというものです．

デスクトップ上にあるアプリケーション・ソフトウェアは次のとおりです．

▶ Midori

ウェブ・ブラウザです．日本語フォントなどをインストールしていないので，日本語表示はできませんが，英語サイトを開けば，きれいに表示されます．

▶ LX Terminal

X Window System上で利用するシェルです．Windowsのコマンド・プロンプトに相当するものです．GUIが使えると

はいっても，Linuxの場合にはシェルの機能が強力だということもあり，ターミナルのほうが便利なことが多いものです．

▶ IDLE，IDLE3

IDLEとIDLE3は，いずれもPython（パイソン）のための開発環境です．

Pythonは，オランダ人のGuido van Rossum氏によって作られたプログラミング言語です．比較的シンプルな言語仕様でありながら，オブジェクト指向の考えかたを取り入れており，また外部モジュールの取り込みも自由に行えることから，拡張性も高いという特長をもっています．

インタープリタで実行するということから，処理速度の面ではC/C++などで書かれたものに一歩譲りますが，オブジェクト指向言語であり，単なるテキスト・データを処理するスクリプトのようなものから，本格的なアプリケーションの作成まで対応できるという便利な言語です．

教育用としてもなかなか優秀であることから，教育用を大きな目的としているRaspberry Piとは良い組み合わせであるとも言えるでしょう．

IDLEはPython/Python2用で，IDLE3はPython3用です．Python2からPython3になるときに大幅な変更が行われ，Python3ではPython2のスクリプトがそのままでは動かなくなりました．このため，開発環境であるIDLEもIDLE3というPython3用のものが作られているわけです．

起動するとPython Shellが立ち上がり，コマンド待ちになります．ここで簡単にPythonのプログラムを書いて実行させることができます．

たとえば，

```
>>> print "Hello!"
```

とすれば，文字列"Hello!"が表示されます．

"1＋2"のように計算式を入れると計算結果が出ますし，

```
>>> 2+6/4.0
```

とすれば，浮動小数点数で，

```
3.5
```

と表示されます．もちろん，変数も使えます．

```
>>> a=5
>>> print a+1
```

とすれば，aの内容（この場合は「5」）と1の和である，「6」が表示されます．変数をC言語のように宣言しなくても，いきなり使えるところも便利でしょう．

複数行にまたがるブロックは，{ }やbegin～endのようなキーワードは使わず，インデント（字下げ）によって表現します．

```
>>> if a==5:
    print "a is 5"
            …スペースやタブでインデントを付ける
else:   …バックスペースなどでインデントなしにする
    print "a is not "5"
            …上のprintと同じインデントにする
⏎   …単に[Enter]として，if文の終わりを示す
```

▶ Python Games

Pythonを使ったゲーム類がいろいろ用意されています．"Soukoban"などもあります．

▶ Scratch

アイコンがちょっと可愛いのですが，教育用を主眼としたユニークなプログラミング言語Scratchの統合環境です．本家MIT（マサチューセッツ工科大学）のウェブ・サイト（http://info.scratch.mit.edu/ja/About_Scratch）で紹介されています．

Scratchは，全米科学財団，マイクロソフト，インテル財団，ノキア，アイオメガ，MITメディアラボ研究コンソーシアムの資金援助により，MITメディアラボのライフロング・キンダーガーテン・グループが開発したとのことです．

図1はScratchの画面のようすで，命令がパズルのピースのようになっていて，画面上でこれらとつなぎ合わせていくことで画面上のキャラクタを動かしたり，音を出したり，描画することができます．

もちろん，ifやrepeat，四則演算や大小判定，論理演算などもあるので，ある程度複雑なものにも対応できそうです．画面左側が使える命令群，中央がプログラミング領域で，右側が実行領域です．

図1 パズルのピースを組むようにプログラムできるScratchの画面

第3章　はじめの一歩！サンプル・プログラムを動かす

起動画面（猫のようなキャラクタが右側に表示されている）で，次のように操作します．
① 左上で"Control"を選び，出てきたコマンド類から"when（緑の旗）clicked"を画面中央にドラッグ＆ドロップ
② 左上で"Motion"を選び，"move10steps"を選んでドラッグ＆ドロップして，先ほどの旗のコマンドの下に連結
③ "10steps"の"10"を"100"に書き換え（移動距離を長くしてみる）

これで右上の旗のアイコンをクリックすると，キャラクタが右に移動します．ほかにもいろいろなコントロール類があります．

上部の「File」メニューから「Open」を選んで，「Examples」を選択すると，いろいろなサンプルが用意されています．"Sensors and Motors"などというものもあり，GPIOにセンサ・ボードなどを使って動かすということもできるようです．

サンプル・プログラムを動かしてみる

Raspbianには，サンプル・プログラムがいくつか用意されています．そのファイル一覧を**リスト1**に示します．ごく短くシンプルなソース・コードで提供されています．動作確認のほか，プログラムでグラフィック描画したり，音声出力などを行うときの参考になると思います．

● ビルドする
ビルドは，次のように入力すると始まります．
```
cd /opt/vc/src/hello_pi/
./rebuild.sh
```
2行目の先頭のピリオド（.）を忘れないようにしてください．
　左端にディレクトリであることを示す"d"が付いているのがディレクトリです．それぞれのディレクトリの中にhello_xxxx.bin（xxxxはそれぞれのサンプルごとに異なる）という実行ファイルができています．

● 実行する
たとえば，hello_triangleであれば，
```
cd hello_triangle
./hello_triangle.bin
```
とすると，画面には立方体の各面に絵が貼り付けられたものがグルグルと回転するようなデモ画面が表示されます（hello_triangleは［Ctrl］＋［C］で停止）．

ほかにも，オーディオ出力やフォントの拡大表示などの

リスト1　サンプル・プログラムのファイル一覧
```
root@raspberrypi:/opt/vc/src/hello_pi# ls -l
total 44
drwxrwxr-x 2 root users 4096 Aug 12 22:45 hello_audio
drwxrwxr-x 2 root users 4096 Aug 12 22:53 hello_dispmanx
drwxrwxr-x 2 root users 4096 Aug 12 22:45 hello_font
drwxrwxr-x 2 root users 4096 Aug 12 22:50 hello_triangle
drwxrwxr-x 2 root users 4096 Aug 12 22:45 hello_triangle2
drwxrwxr-x 2 root users 4096 Aug 12 22:45 hello_video
drwxrwxr-x 2 root users 4096 Aug 12 22:45 hello_world
drwxrwxr-x 4 root users 4096 Jul 15 19:16 libs
-rw-rw-r-- 1 root users  957 Jul 15 17:10 Makefile.include
-rw-rw-r-- 1 root users  275 Jul 15 17:10 README
-rwxrwxr-x 1 root users  439 Jul 15 17:10 rebuild.sh
root@raspberrypi:/opt/vc/src/hello_pi#
```

デモもあります．

● 音声出力のテスト用データも用意されている
Raspberry Piには，音声出力機能があります．先ほどのX Window System上のアプリケーションでも音が出ますが，コマンド・ラインからも簡単にテストできるような次の二つのツールと，サンプルの音声データも用意されています．
- amixer
- aplay

音声出力が行えるかどうかを確認する場合などにも便利なので，紹介しておきます．
コマンド・プロンプト状態で，
```
amixer cset numid=3 0
aplay /usr/share/sounds/alsa/Front_Center.wav
```
とすると，wavファイルが再生されて，"Center"という声が聞こえるはずです．ちなみに，amixerの最後の引き数は，オーディオ出力をどこに出すかの選択で，0であれば自動，1はヘッドフォン（ミニジャック），2ならHDMIへの出力になります．HDMIを使っていても，音声だけはミニジャックから外部のアンプとスピーカに出したいというときにも対応できるわけです．

ネットワークへの接続…Windowsパソコンからのリモート操作

● Raspberry PiのIPアドレスをifconfigで調べておく
第2章で紹介したraspi-config画面でSSHをイネー

33

第2部　ラズベリー・パイでLinuxを動かす

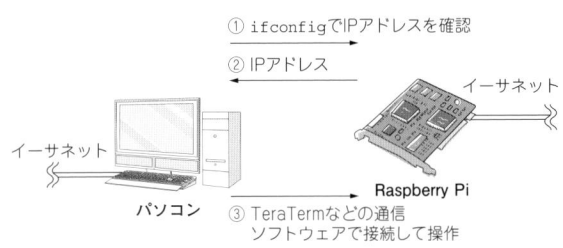

① ifconfigでIPアドレスを確認
② IPアドレス
③ TeraTermなどの通信ソフトウェアで接続して操作

イーサネット　パソコン　Raspberry Pi　イーサネット

図2　パソコンからネットワーク経由でRaspberry Piを操作する手順

ブルにすると，LAN経由でログインしたり，ファイル転送が行えるようになります。

　自宅にネットワーク環境があるという方も多いと思いますので，利用できるようにしておくと便利でしょう．ブロードバンド・ルータなどがあり，DHCP（Dynamic Host Coufigration Protocol）サーバが動いていれば，Raspberry Piを接続するだけで，自動的にIPアドレスが割り振られて利用できるようになります．

　Raspberry PiのIPアドレスは，ifconfigコマンドで調べられます（図2）．リスト2は，ifconfigを実行したときの表示例です．

　eth0がRaspberry PiのEthernetインターフェースの情報，loというのは，ローカル・ループバック，すなわち自分自身を指し示すものですので，こちらはとりあえず無視してかまいません．

　eth0の2行目，inet addr行に書かれているのがIPアドレス，ブロードキャスト・アドレス（Bcast），ネットマスク（Mask）です．IPアドレスは，192.168.1.20であることがわかります．なお，以下の説明では，Raspberry PiのIP

リスト2　ifconfigによるRaspberry PiのIPアドレス調査

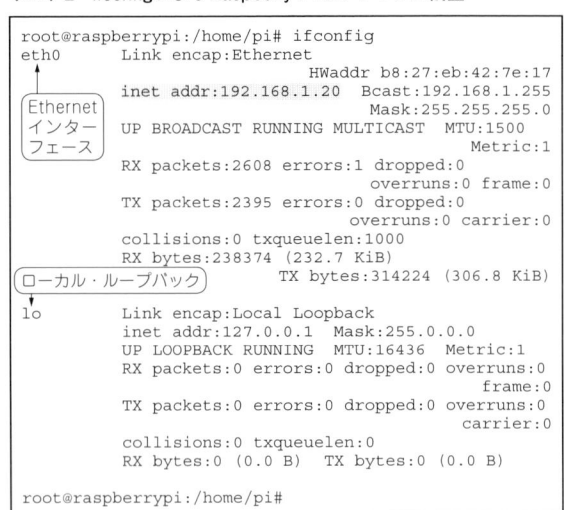

```
root@raspberrypi:/home/pi# ifconfig
eth0      Link encap:Ethernet
          HWaddr b8:27:eb:42:7e:17
          inet addr:192.168.1.20  Bcast:192.168.1.255
                                  Mask:255.255.255.0
          UP BROADCAST RUNNING MULTICAST  MTU:1500
                                          Metric:1
          RX packets:2608 errors:1 dropped:0
                          overruns:0 frame:0
          TX packets:2395 errors:0 dropped:0
                          overruns:0 carrier:0
          collisions:0 txqueuelen:1000
          RX bytes:238374 (232.7 KiB)
          TX bytes:314224 (306.8 KiB)

lo        Link encap:Local Loopback
          inet addr:127.0.0.1  Mask:255.0.0.0
          UP LOOPBACK RUNNING  MTU:16436  Metric:1
          RX packets:0 errors:0 dropped:0 overruns:0
                                                frame:0
          TX packets:0 errors:0 dropped:0 overruns:0
                                              carrier:0
          collisions:0 txqueuelen:0
          RX bytes:0 (0.0 B)  TX bytes:0 (0.0 B)
root@raspberrypi:/home/pi#
```

Ethernetインターフェース
ローカル・ループバック

アドレスは，192.168.1.20が割り振られているものとします．実際のIPアドレスは，接続したネットワーク環境に依存するので，実際にはifconfigで調べたIPアドレスに読み替えてください．

● ネットワークを介して動かすためのソフトウェア
▶ SSH（Secure SHell）…ネットワーク経由でログインしてシェルを利用するための通信用プログラム

　同じような機能をもつものとして，古くから使われているtelnetというものもあります．telnetは，ログイン名やパスワードを暗号化せずにやりとりしているので，ネットワーク上のデータをモニタリングするだけで，パスワードまですべてわかってしまいます．telnetのこの欠点を改善し，すべて暗号化するようにしたのがSSHです．

　Windowsには，SSHやSFTPのクライアント・ソフトウェアは標準で添付されていませんが，フリー・ソフトウェアがいろいろあります．それらのなかでも，特に次の二つがよく利用されているようです．

- PuTTY
- TeraTerm

　ここでは，TeraTermのVersion4.74を使ってみました．TeraTermの公式ページ（http://ttssh2.sourceforge.jp/）のほか，「窓の杜」などからもダウンロードできます．

▶ TeraTerm…ターミナル・ソフトウェア

　TeraTermは，通常のTeraTermとポータブル版があります．ポータブル版というのは，USBメモリなどにファイ

---

column　telnetとftp

　ネットワーク経由でログインしたり，ファイル転送を行うプロトコルとして古くから使われてきたのが，telnetとftpです．Windows2000やWindows XPなどにもtelnetやftpのクライアント・ソフトウェアがオマケで付いてきているため，「ファイル名を指定して実行」などで"telnet"や"ftp"とすれば動かすことができます（Windows7などでは削除されてしまったようだ）．

　ただし，telnetやftpはすべてを平文，すなわち暗号化しない状態でやりとりしています．このため，ネットワークをモニタリングしているだけでログイン名はもちろん，パスワードまで丸見えになってしまいます．同様に，ftpもやりとりしているファイルの中身が丸見えです．

　これに対処して，ネットワーク上を流れるデータを暗号化してやりとりするようにしたのがSSHとSFTPです．

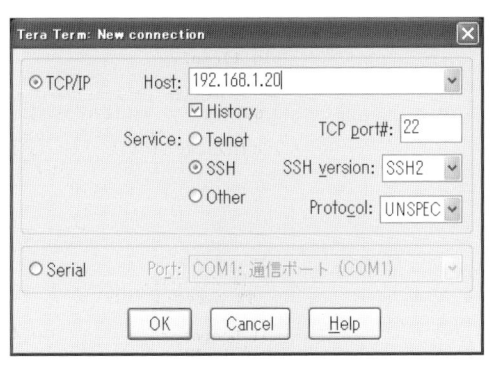

(a)接続先指定画面

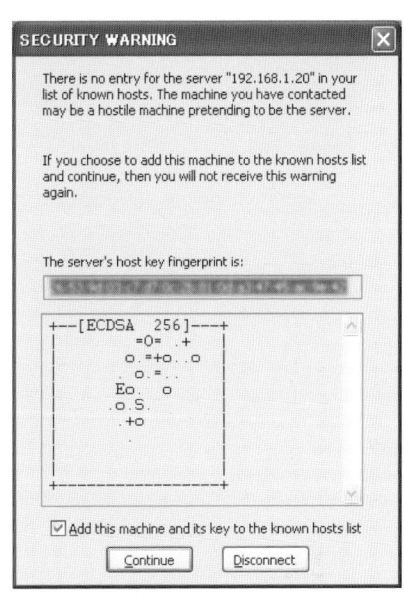

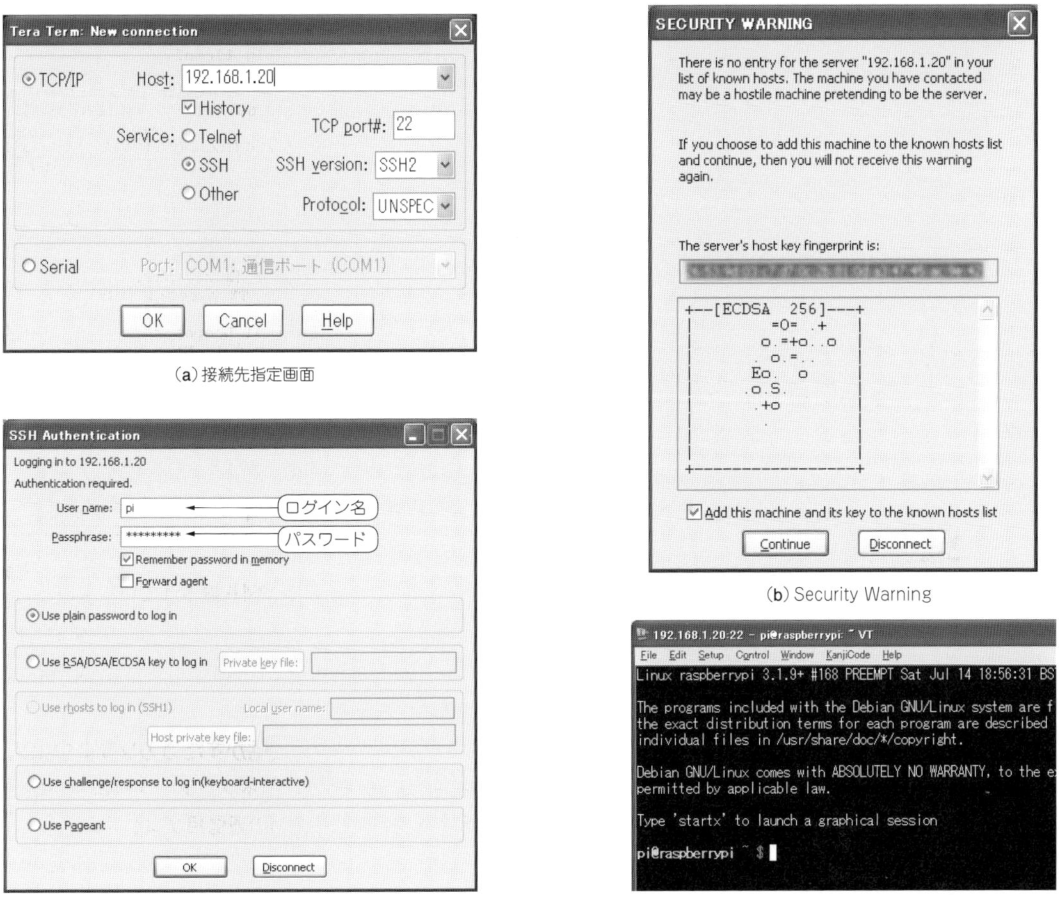

(b) Security Warning

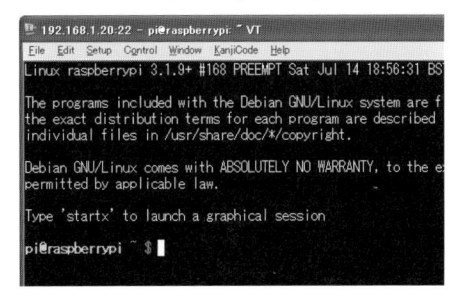

(c)ログイン認証情報入力

(d)ログイン画面

図3 ネットワーク経由で動かすためのソフトウェアTeraTermの起動

ルを展開しておけば，パソコンにインストールせずにUSBメモリ上のTeraTermソフトウェアを直接起動できるというものです．スタート・メニューなどに現れませんので，毎回ファイルのあるドライブ/ディレクトリを指定しなくてはなりませんが，レジストリの書き換えやショートカット作成など，インストールにまつわる影響を避けたいときはポータブル版が良いでしょう．

起動すると，図3(a)のような，接続先指定画面が表示されますので，ラジオ・ボタンをTCP/IP側にして，Raspberry PiのIPアドレスを指定します．Raspberry PiのIPアドレスが192.168.1.20でしたので，Hosts欄には192.168.1.20を入力しました．ほかはデフォルトのままでかまいません．これでOKします．続いて，図3(b)のようなSecurity Warningが出ますが[Continue]を選択します．

これで，図3(c)のログイン認証情報入力になります．User name欄にログイン名(今回は pi)，Passphraseにパスワード(今回はraspberry)を入力します．ほかはデフォルトのままでかまいません．

これで，図3(d)のようなログイン画面に至れば成功です．

▶ WinSCP…ネットワーク経由でファイル操作する通信用ソフトウェア

コラムにも紹介したように，telnetと同様に，古くから使われてきたファイル転送のためのプロトコルがftp (File Transfer Protocol)ですが，暗号化されていないということから，SSHと同様に暗号化してやりとりするようにしたのがSFTP (SSH File Transfer Protocol)です．

Raspbian側では，SSHとSFTPはセットのようなものです．raspi-configでSSHを有効(イネーブル)にしてい

35

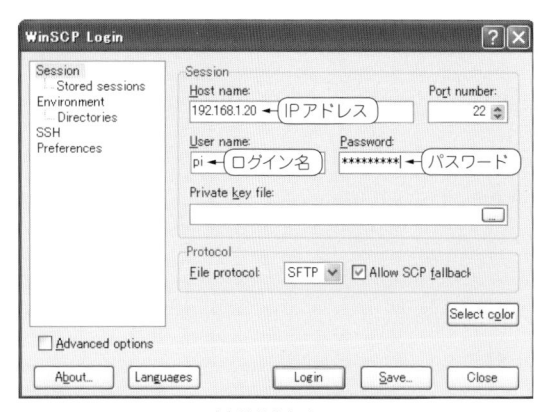

第2部 ラズベリー・パイでLinuxを動かす

(a) 接続先指定画面

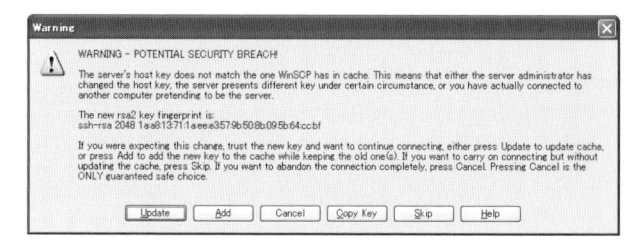

(b) セキュリティ違反の警告ダイアログ

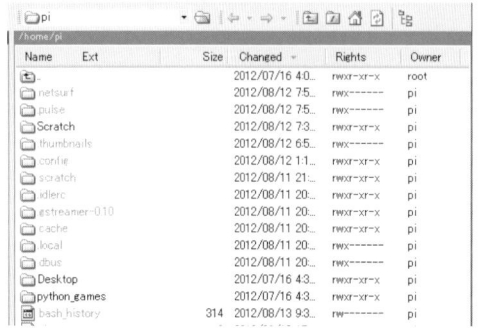

(c) ファイル管理ツール画面

図4 通信用ソフトウェア WinSCPの起動

れば，SFTPも一緒に使えるようになります．

Windows用のSFTP用クライアント・ソフトウェアとして有名なのが，WinSCPです．WinSCPは，以下のWebサイトからダウンロードできます．

http://winscp.net/eng/download.php

TeraTermと同様に，通常版とポータブル版があります．インストールによってレジストリが書き換えられたりするのを避けたいときは，ポータブル版が良いでしょう．

インストールまたはファイルを展開したら，実行してみましょう．図4(a)のような接続先指定画面になります．

図のように，IPアドレスと，ログイン名とパスワード（いつもログイン時に使っているpiとraspberry）を指定します．ほかはデフォルトのままでかまいません．

これで，下の［Login］ボタンを押せばログイン状態になります．最初は，図4(b)のような「potential security breach」というセキュリティ違反の警告ダイアログが出ますが，［Update］してしまえば大丈夫です．これで，図4(c)

のような，ファイル管理ツール画面になります．

あとは，ファイル・コピーやディレクトリ作成など，自由にファイル操作を行うことができます．

USBメモリをつないでパソコンとファイル交換ができるようにする

USBメモリや，USB接続のSDメモリーカード・リーダ/ライタなど，USBの先にマスストレージ・デバイスをつないで利用することもできます．パソコンやデジカメなどとのファイル交換も簡単に行えるようになって便利です．

● 利用できるようにする手順

USBメモリは，次の手順で利用できるようになります．

① fdiskコマンドでUSBメモリのデバイス名を調べる
② mountコマンドでディレクトリ・ツリーの中にマウントする
③ 使い終わったら，umountコマンドでアンマウント（マウント状態を解除）する

USBメモリは，Raspberry PiのUSBコネクタに直接接続したほうがよいようです．キーボードとマウスも同時に使いたいときは，もう一方のポートにUSBハブをつなぎ，その先にキーボードとマウスをつなぎます．

いずれのコマンドもrootユーザで行うか，頭にsudoを付けて実行してください．

リスト3に，実行したときの表示例を示します．

● USBメモリの認識

Windowsの場合にはUSBメモリなどはPlug&Playによって，自動的にドライブとして認識され，ドライブ・レター（"C："や"E："など）が付けられます．それぞれのドライブは，基本的に独立したものとして扱われています．

Linuxではこのような分離をせずに，すべてのドライブを一つのディレクトリ・ツリーの下に接続（マウント）して利用するという考えかたをとっています．Windows風に言

第3章 はじめの一歩！サンプル・プログラムを動かす

リスト3 USBメモリの利用

```
root@raspberrypi:/home/pi# fdisk -l  ← fdiskで存在するデバイスを確認

Disk /dev/mmcblk0: 4023 MB, 4023386112 bytes
4 heads, 16 sectors/track, 122784 cylinders, total 7858176 sectors
Units = sectors of 1 * 512 = 512 bytes
Sector size (logical/physical): 512 bytes / 512 bytes           ← 起動ディスクの情報
I/O size (minimum/optimal): 512 bytes / 512 bytes
Disk identifier: 0x000714e9

        Device Boot      Start         End      Blocks   Id  System
/dev/mmcblk0p1            8192      122879       57344    c  W95 FAT32 (LBA)
/dev/mmcblk0p2          122880     7858175     3867648   83  Linux

Disk /dev/sda: 1918 MB, 1918894080 bytes
34 heads, 33 sectors/track, 3340 cylinders, total 3747840 sectors
Units = sectors of 1 * 512 = 512 bytes
Sector size (logical/physical): 512 bytes / 512 bytes           ← USBメモリの情報
I/O size (minimum/optimal): 512 bytes / 512 bytes
Disk identifier: 0x00000000

        Device Boot      Start         End      Blocks   Id  System
/dev/sda1                  149     3747839     1873845+   6  FAT16
root@raspberrypi:/home/pi# mount /dev/sda1 /mnt  ← USBメモリを/mntにマウントする
root@raspberrypi:/home/pi# ls -l /mnt  ← /mnt内のファイルを表示
total 384
-rwxr-xr-x 1 root root 232960 Jul  5  2011 Fig.doc
drwxr-xr-x 3 root root  32768 Jul  5  2011 FRAMTEST        ← ファイルが表示される
drwxr-xr-x 2 root root  32768 Jul  5  2011 ImgFile
-rwxr-xr-x 1 root root  34010 Jul  5  2011 MSPFRAM.txt
root@raspberrypi:/home/pi# umount /mnt  ← マウント状態を解除
root@raspberrypi:/home/pi# ls -l /mnt   ← 先ほどと同じように/mnt内のファイル表示
total 0  ← マウントされていないので，何もない
root@raspberrypi:/home/pi#
```

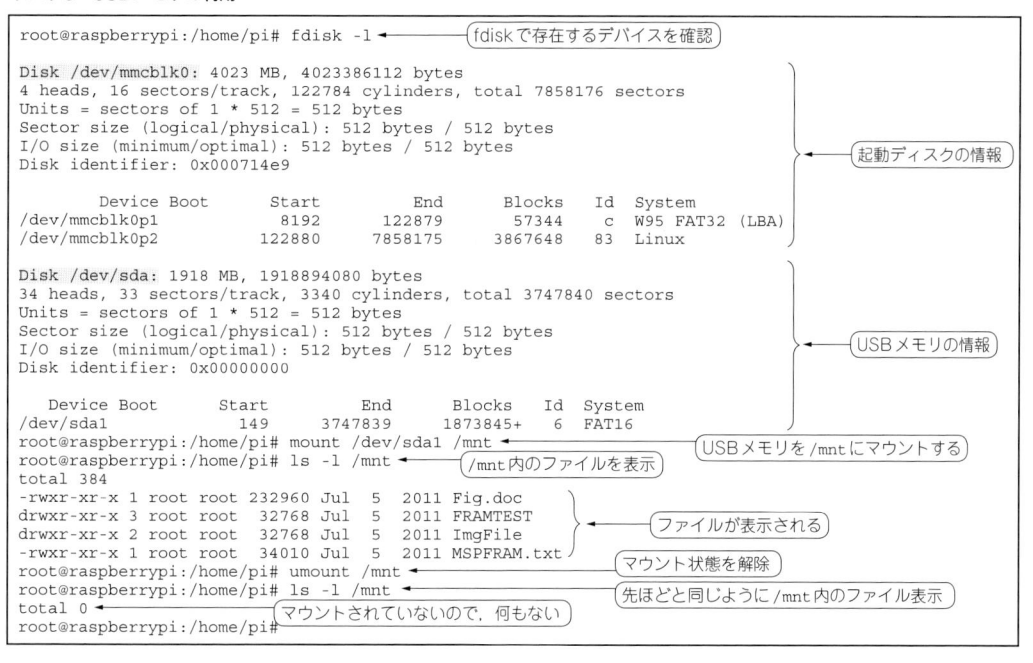

えば，

　C:¥E_Drive

がSDメモリー・カードになっているという具合です．

　ディレクトリ・ツリーのどの位置に，どのディスクをもってくるかは，mountコマンドによって自由に決められます．

● マウントされているデバイスのパーティション情報表示

　現在マウントされているディスクの一覧は，fdiskコマンドに"-l"オプションを付けると表示されます．コマンドは，fdisk -l(sudo fdisk -l)です．ちなみに，単にfdiskとすると，fdiskの使いかたが表示されます．

　たくさん表示されていて見落としそうですが，最初の，

　Disk /dev/mmcblk0: 4023 MB, 4023386112 bytes

とあるのが，起動用に使っているSDメモリー・カードのデバイス名と，容量です．/dev/mmcblk0というデバイス名で，容量は4Gバイトあることがわかります．ディスク内のパーティションは，下のほうに表示されています．

　/dev/mmcblk0p1　　8192　　122879　　57344　　c W95 FAT32 (LBA)
　/dev/mmcblk0p2　122880　7858175　3867648　83 Linux

メモリー・カードには，/dev/mmcblk0p1というFAT32のパーティションと，/dev/mmcblk0p2というLinux形式のパーティションが存在していることがわかります．

　続いて，USBメモリのほうを見てみましょう．

　Disk /dev/sda: 1918 MB, 1918894080 bytes

となっていますので，デバイス名は/dev/sdaで，2Gバイトのディスクです．これはWindowsでフォーマットしたもので，パーティションは一つだけで，

　/dev/sda1　　149　　3747839　　1873845+　　6 FAT16

とありますので，FAT16形式のパーティションが一つだけあることがわかります．複数のパーティションがあれば，/dev/sda2，/dev/sda3…と順番に割り付けられます．

　マウントして利用するのはパーティション単位なので，各パーティションのデバイス名を利用します．

● マウント

　パーティションは，今回はデバイスは/dev/sda1で，/mntにマウントしてみたので，

　mount /dev/sda1 /mnt

となっています．

　マウントのコマンドは，

　mount パーティション ディレクトリ

第2部 ラズベリー・パイでLinuxを動かす

column　telnetやftpを使いたいとき

現在，あえてtelnetやftpを使う意味は乏しくなっていますが，使えるようにするのはそれほど難しくありません．Windowsにオマケでついてきたということもあり，特別なソフトウェアは不要で使えますので，ここで設定の仕方を紹介しておきます．

なお，以下の操作はすべてrootユーザで行ってください．

① `/etc/inetd.conf`（テキスト・ファイル）を作成

Linuxの世界でエディタといえば，viかemacsかというところですが，Raspbianにはもう少し簡単なnanoというエディタが用意されているので，これを使いましょう．

```
nano /etc/inetd.conf
```

② 設定内容の記述

詳細は省略します．以下のように1行で入力します．

```
telnet stream tcp nowait telnetd.telnetd
              /usr/sbin/tcpd /usr/sbin/in.telnetd
```

文字が間違っていないかよくチェックしてください．終わったら，^O [[Ctrl] + O（英文字のオー）]でセーブ，^Xで終了です．

③ telnetdのインストール

telnetを動かすのにtelnetd（telnetデーモン）が必要なので，これをパッケージ[注1]から取り出してインストールします．

```
apt-get install telnetd
```

メッセージがいろいろと表示されます．途中，ディスク領域を消費しますという確認メッセージが出るので，"Y"を入力して続行します．

④ 動作チェック

telnetが動いていることは，

```
netstat -a | grep telnet
```

で確認できます（telnetdではなく，telnet）．以下のように，telnetがLISTEN状態になっているはずです．

```
root@raspberrypi:/home/pi# netstat -a |
                                        grep telnet
tcp  0  0 *:telnet  *:*  LISTEN
root@raspberrypi:/home/pi#
```

あとはWindowsのコマンド・プロンプトで，

```
telnet 192.168.1.20
```

のように，Raspberry PiのIPアドレスを指定すれば，telnetでログインできます．

ftpのほうは，telnetの③に相当するステップからスタートです．

```
apt-get install ftpd
```

とすれば，インストールして使えるようになります．確認も同様に

```
netstat -a | grep ftp
```

とすれば確認できます．

これで，Windowsのコマンド・プロンプトなどから，

```
ftp 192.168.1.20
```

などとすれば，ftpのログイン画面になります．

注1：パッケージとは何か

アプリケーション・ソフトウェア本体やライブラリなどをまとめて一つにしたものを「パッケージ」と呼んでいる．Raspbianには標準でもいろいろなパッケージが添付されており，これらの中から必要なものをインストールして利用できるようになっている．

パッケージのインストールや削除，アップデートなどを行うパッケージ管理ツールはLinuxのディストリビューションによって異なるが，Raspbianの場合はapt-get，またはaptitudeというツールが利用されている．

基本はapt-getで，aptitudeはapt-getをベースにして，さらに複数のパッケージで共通に使われるライブラリの管理なども行えるようにして，使い勝手を改善したものと思えばよいだろう．ウェブ上での実例などを見ているとapt-getを使用している例のほうが多いようなので，ここでもapt-getを使うことにした．

apt-get，aptitudeとも，さまざまな機能があるが，とりあえず新規に機能を追加するinstall（apt-get install xxxxという形になる）だけ覚えておけばよい．

です．別にディレクトリを/mntにしなくてはならないというものではありませんので，たとえば，

```
mkdir /mnt/usbmem
```

などとして，ディレクトリを作成しておいて，

```
mount /dev/sda1 /mnt/usbmem
```

などとするのも自由です．

マウントしたら，`ls`コマンドでディレクトリを見てみます．USBメモリの中のディレクトリやファイルが見えています．以後は，普通のディスク上のファイル類と同じようにコピーなども自由に行えます．

mountコマンドにパラメータ類を付けずに単独で実行すると，現在のマウント状態が表示されます．/dev/sda1をマウントしていれば，最後のほうに，

```
/dev/sda1 on /mnt type vfat (rw,relatime,
fmask=0022,dmask=0022,codepage=cp437,ioc
harset=ascii,shortname=mixed,errors=remo
unt-ro)
```

という具合に表示されて，/dev/sdaが/mntにマウントされていることがわかります．

● アンマウント

マウントしたディスクを切り離し（アンマウント）したいときは，umountコマンド（umount ディレクトリ）を使います．

```
umount /mnt
```

という具合です．アンマウントした後は単なる空のディレクトリですので，`ls`コマンドを使うと，

```
total 0
```

と表示されて，ファイルが何もないことがわかります．

くわの・まさひこ

第3章 APPENDIX　ライブラリが豊富！高性能ARMに使われるオープン・ソースOS Linux

リソースを気にせずサクサク動かせる！

ライブラリが豊富！高性能ARMに使われるオープン・ソースOS Linux

第3章
APPENDIX

中村 憲一

Linuxの特徴

● オープン・ソースでライブラリが豊富

例えば，米アップル社のApple TVのようなものを作りたいとしましょう．Apple TVとは，テレビに接続するチューナのような箱（いわゆるセットトップ・ボックス）で，インターネットから映画をダウンロードして視聴したり，Mac，iPod，iPad，iPhone上のソフトウェアや動画，音楽，写真，ゲームなどのコンテンツをテレビで楽しむことができる機能を持っています．

このようなシステムを実現するためには，MP3やAACなどの音楽のデコードやH.264やMPEG-4ビデオのデコード，グラフィックス，ネットワーク，HTTPサーバなどの機能が必要になります．また，Windowsビデオにも対応するためにVC-1のデコード機能も欲しいでしょう．

音楽やビデオのデコードは，ハードウェアでも実現可能ですが，ファイル・システムやグラフィカル・ユーザ・インターフェース，ネットワーク・プロトコル・スタックなどはソフトウェアで用意しなければいけません．

これだけであれば，まだ小さなOSとミドルウェアがあればなんとか実現可能ですが，ミドルウェアを用意するだけでも大変です．そこで，WindowsやGNU/Linuxなどの高性能なOSの出番となります．Windowsでもひと通りの機能を実現可能ですが，Windowsには用意されていない機能やアプリケーション・ソフトウェアがオープンソース・ソフトウェア（OSS）として，豊富に提供されていることがLinuxの魅力の一つです．

● ネットワークとつなぎやすい

さらに，図1のようにさまざまな機器をつなぐインターネットでは，RFC[注1]で定められたプロトコルや技術の仕様に忠実に従って通信する必要があります．具体的には，IP

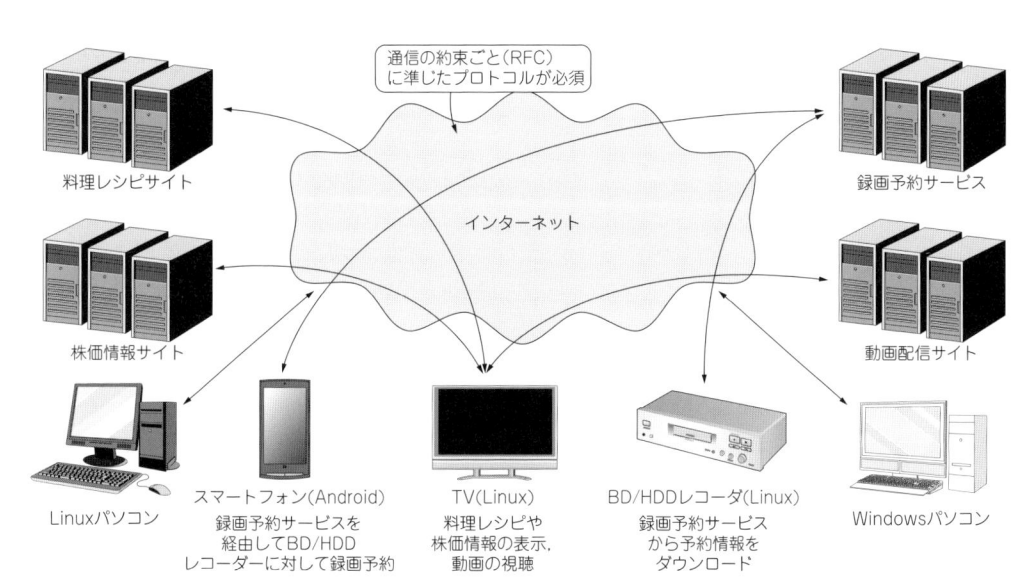

図1　ネット接続にはRFCで定めたさまざまなプロトコルの処理が必要

39

第2部 ラズベリー・パイでLinuxを動かす

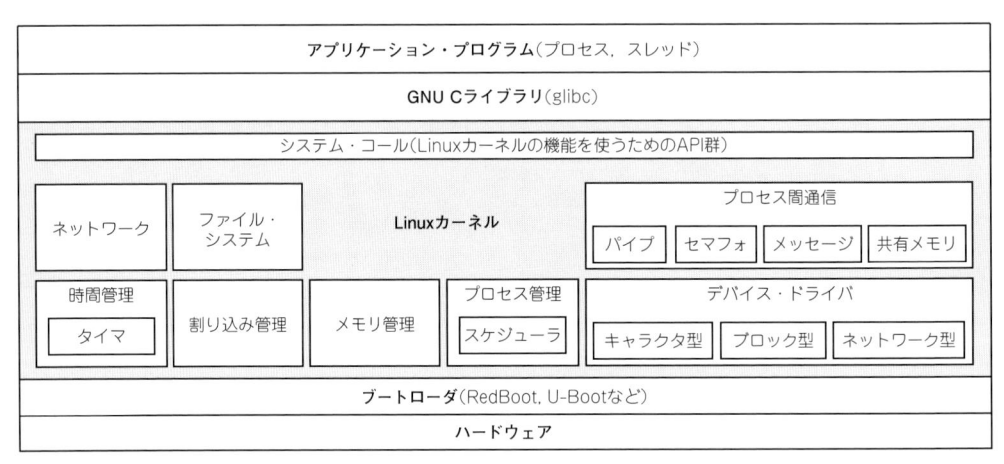

図2　一般的なGNU/Linuxの構成

(RFC 791), TCP (RFC 793), HTTP (RFC 2616), FTP (RFC 959) などのプロトコルやネットワーク・サービスが必須です.

これらを組み込みシステム用のリアルタイムOSとミドルウェアのみで構成するには，自分で送受信関数を作成してネットワーク・チップのレジスタにアクセスすることも可能です．しかし，TCP/IPプロトコル・スタックまで自作するのは大変なので，一般的には通信ミドルウェアを購入し，通信ミドルウェアの送受信処理関数に対して送受信を依頼するのが定石でしょう．そこで，プロトコル・スタックなどのライブラリがあらかじめ豊富に用意されているLinuxを採用すると開発が楽になります．

● Linuxを使用するメリット

Linuxを使用するメリットには，以下があります．
- TCP/IPプロトコル・スタック，USBドライバ，ファイル・システムなどのミドルウェアが充実
- ソフトウェア・パッケージが豊富
- ロイヤリティ・フリー
- オープンソース
- 開発環境（コンパイラやデバッガなど）も無償

● Linuxを使用するデメリット

しかしながら，次のようなデメリットもあります．
- ブートローダが必要
- リアルタイムOSではない

- カーネルが巨大なため，多くのROM/RAM資源を消費
- カーネル内部が複雑なため，すべてを理解するのは難しい
- 頻繁にバージョン・アップが行われる
- 出荷後も脆弱性などの問題が発生する可能性があるため，継続したメンテナンスが必要

用途によっては，必ずしもLinuxが有利というわけではありません．製品の機能や開発工数，価格，そしてLinuxのメリットとデメリットをよく吟味したうえでの採用が求められます．

一般的なLinuxのしくみと動作

一般的なLinuxとして，GNU/Linuxがあります．このブロック図を図2に示します．

● GNU/Linuxシステムの具体的な働き

一般的なGNU/Linuxシステムの場合，ボードの電源をONにすると，まずブートローダが起動します．

ブートローダはプロセッサを初期化し，必要に応じてメモリ・コントローラなどのボード上の最低限のハードウェアを初期化します．その後，microSDカードなどのROMに格納されたLinuxカーネルの圧縮イメージをRAMに展開し，展開したメモリの先頭番地にジャンプします．

カーネルは，ブートローダで初期化されなかった残りのハードウェアの初期化を行います．具体的には，シリアル通信の設定，ネットワーク・デバイスの初期化，グラフィックス・デバイスの設定などを行います．そして，カーネル・

注1：Request for Comments：インターネットに関する技術の標準を定める団体であるIETFが正式に発行する文書

第3章 APPENDIX　ライブラリが豊富！高性能ARMに使われるオープン・ソースOS Linux

図3　Linuxカーネル内部のスケジューラ

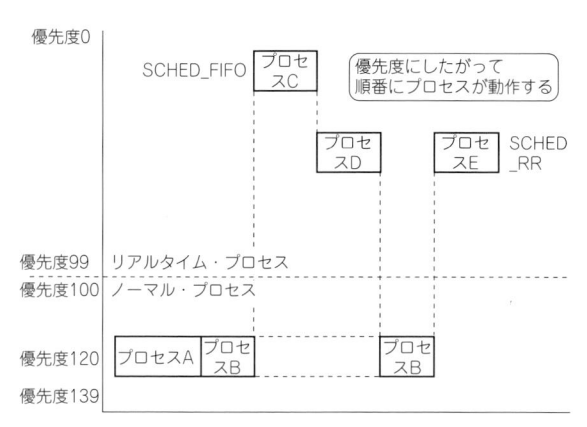

（a）シングル・コアCPUで処理する場合

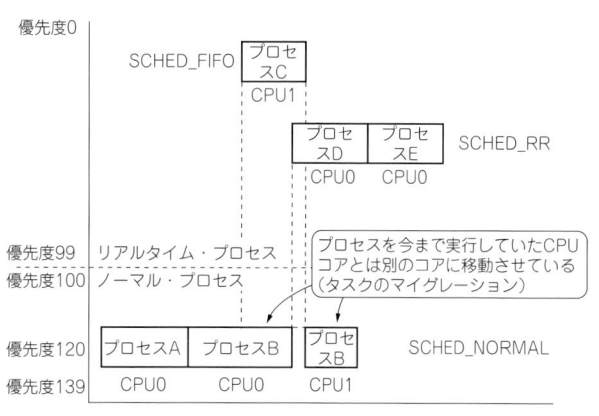

（b）マルチコアCPUで処理する場合

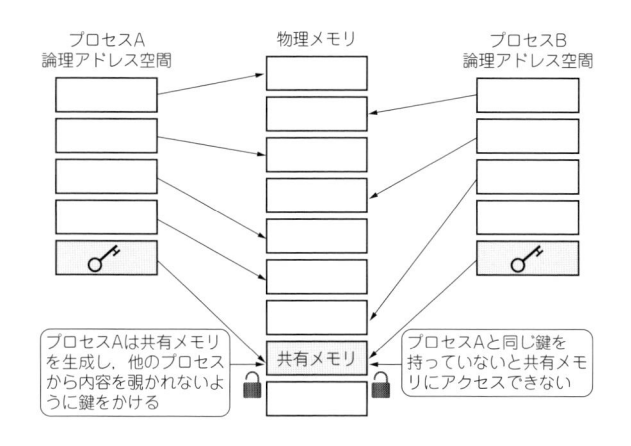

図4　共有メモリはプロセス間でメモリ・ブロックを共有し，データを受け渡すために使う

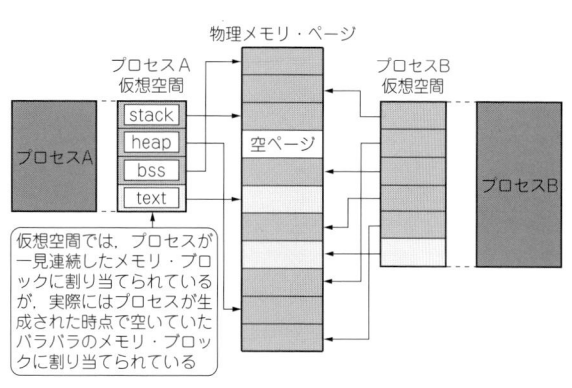

図5　Linuxカーネル内部のメモリ管理は仮想空間で行っている

スレッドの起動などを行い，最終的にinitプログラムを起動します．

initプログラムは，その動作レベル（シングル・ユーザ・モード，マルチユーザ・モード，グラフィカル・ユーザ・インターフェース・モードなど）によってホスト名を設定したり，ネットワークを有効化したり，シェルを起動したり，GUIなどのアプリケーション・プログラムを起動します．

● Linuxカーネル内部のしくみ

図2の通り，Linuxカーネルにはたくさんの機能が詰まっていますが，ここでは代表的なものとして，図3のスケジューラ，図4の共有メモリ，図5の仮想空間を説明します．

▶ プロセスやスレッドの状態を管理するスケジューラ

スケジューラは，プロセスやスレッドの状態（実行状態，実行待ち状態，待ち状態など）を管理し，優先度の高いものから実行権を与えます．優先度は0〜139までであり，0〜99までがリアルタイム・プロセス，100〜139までがノーマル・プロセスとして扱われます．

ノーマル・プロセスのデフォルトの優先度は120ですが，−20〜19までのnice値を与えることにより，優先度を100〜139までに変更することが可能です．

Linuxカーネルのスケジューリング・ポリシには，ノーマル，ラウンドロビン，FIFOの3種類があります．ノーマルでは，タイム・シェアリング・スケジューリングが行われます．

ラウンドロビンでは，複数のリアルタイム・プロセスが同じ優先度にある場合は，タイム・シェアリング・スケジューリングが行われます．FIFOでは，最も優先度の高いプロセスが終了するまでは他のプロセスに実行権が移り

41

第2部 ラズベリー・パイでLinuxを動かす

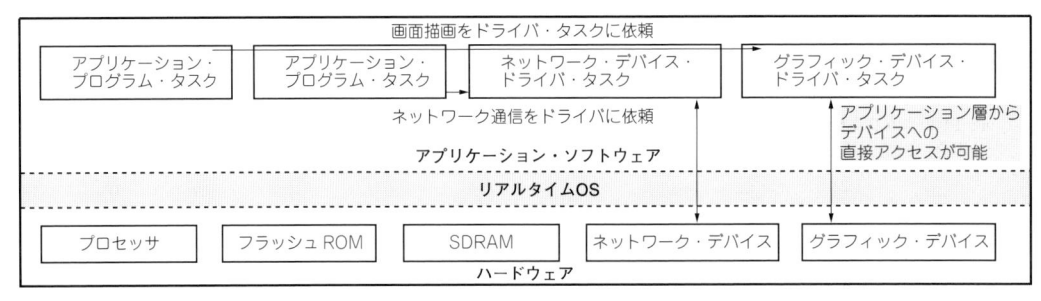

(a) リアルタイムOSのハードウェア・アクセス

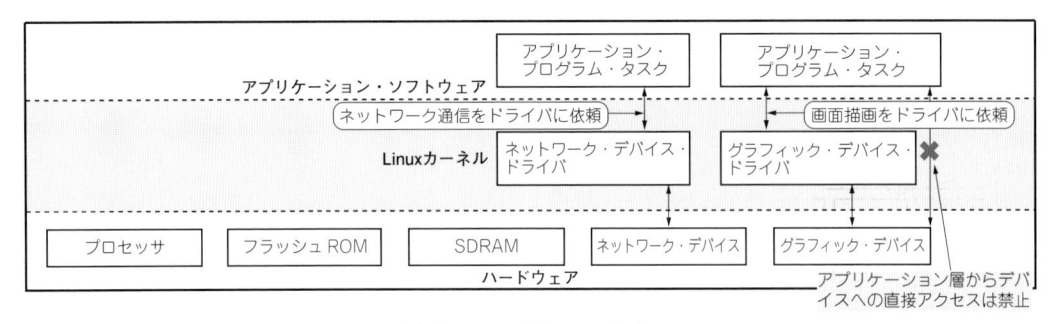

(b) Linuxのハードウェア・アクセス

図6 LinuxはRTOSと違ってハードウェアに直接アクセスできない

ません．よって，デッドロックに注意する必要があります．

例えば，**図3**(a)のシングルコアCPUで処理する場合，プロセスBよりも優先度の高いプロセスCが実行可能状態になったら，プロセスBの実行を停止して，プロセスCを実行状態に移行させます．プロセスCは，スケジューリング・ポリシがSCHED_FIFOのため，プロセスCのほかに優先度が高いプロセスがない限り，実行が終わるまでスケジューリングが行われません．そして，プロセスCの実行が終了したら，元のプロセスBに戻りたいところですが，プロセスCの実行中にプロセスBよりも優先度の高いプロセスDが実行可能状態になっていたため，プロセスDの実行が行われます．そして，プロセスDの実行が終了したら，プロセスBの実行が再開されます．

次に，マルチコアCPUで処理する場合，プロセスを今まで実行していたコアとは別のコアに移動させる（タスクのマイグレーションが行われる）というLinuxカーネルの特徴が見られます．これはとても難しい処理なので，この機能を有するリアルタイムOSは少なく，マルチコアCPUでLinuxが採用される理由の一つにもなっています．この処理を行うために，かなりのCPUパワーを必要とします．

図3(b)の例では，プロセスBよりも優先度の高いプロセスCが実行可能状態になったら，空いているコアで実行します．そして，プロセスBよりも優先度の高いプロセスDが実行可能状態になったら，プロセスBの実行を停止して，プロセスDを同じコアで実行します．その後，プロセスCが終了すると，空いているコアで実行を再開します．この時に，タスクのマイグレーションが行われます．

▶データ受け渡しに使える共有メモリ

共有メモリは，プロセス間でメモリ・ブロックを共有し，データの受け渡しを行うために利用されます．**図4**の例では，プロセスAは共有メモリを生成し，他のプロセスから内容を覗かれないように鍵をかけます．そして，プロセスBは，同じ鍵を持っていないと共有メモリにアクセスできません．よって，アクセスする前に何らかの形で鍵を入手しておく必要があります．

▶メモリは仮想空間でバラバラに割り当てられている

図5の仮想空間では，プロセスが一見連続したメモリ・ブロックに割り当てられているかのように見えます．しかし，実際には，プロセスが生成された時点で空いていたバラバラのメモリ・ブロックに割り当てられています．

第3章 APPENDIX　ライブラリが豊富！高性能ARMに使われるオープン・ソースOS Linux

> **column　高機能だけれども価格を抑えたい…そんなときはLinuxが有利**
>
> 　Linuxを使用する場合としない場合のコストについて考えてみましょう．Apple TVのような高機能な製品を作るときに，例えば8,800円で販売したい場合，通常のビジネスでは部品を含めた製造原価を定価の50％つまり4,400円以内に抑えないといけません．図Aに，必要なハードウェアやソフトウェアの構成を示します．
>
> ● ハードウェアの原価は下げられない
> 　ハードウェアに注目すると，500MHzで動作するプロセッサ，512MバイトのSDRAM，8Gバイトのフラッシュ ROM，無線LANチップだけで4,000円です．組み込み用のリアルタイムOSを使う場合はフラッシュROMは1～2Mバイト程度で済みそうですが，コンテンツを格納できる容量として4～7Gバイトが必要になるので，OSやミドルウェアの容量を節約してもコストダウンにはつながりません．
> ● ソフトウェアのロイヤリティは高い
> 　さらに，図A(a)のように，ソフトウェアやミドルウェアを購入すると1台あたりのソフトウェア部品代（ロイヤリティ）は1,000円となり，部品代だけで製造原価の4,400円を超えてしまいます．
> ● Linuxを使うとソフトウェアのコストが減る！
> 　図A(a)のように，Linuxやオープン・ソース・ソフトウェアを使用してシステムを構築するとソフトウェア部品代が不要となり，製造原価を4,400円以内に抑えることが可能になります．
>
> 図A　高機能だけれども装置原価を数千円ていどに抑えたいならソフトウェアのロイヤリティが効く！

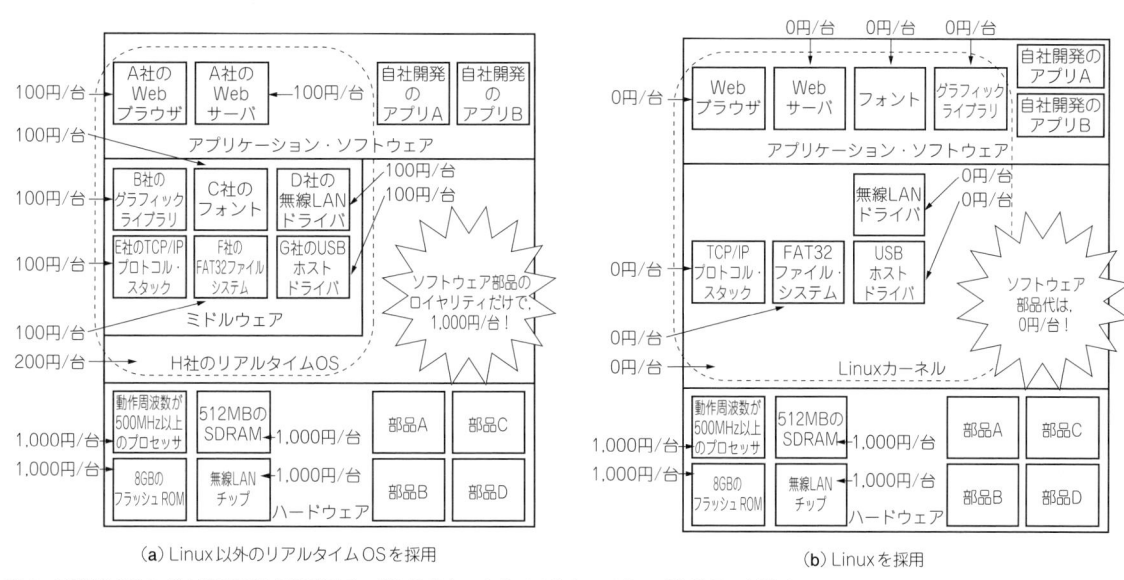

　よって，従来のICEなどのデバッガで物理アドレスのコードを追いかけていると，何がなんだかわからなくなります．Linux対応のICEやデバッガは仮想メモリに対応しており，仮想空間でコードを追いかけてくれる機能があります．

リアルタイムOSとの比較

　場合によっては，リアルタイムOSを採用した方がメリットが大きい場合もあります．

■ 必要なメモリ容量で比較

● リアルタイムOSを使う…1～2Mバイトで済む
　組み込み用のリアルタイムOSであれば，1K～128Kバイトくらいの ROM/RAM で動作するものが多く，OSだけに着目すればとても小さくなります．しかし，OSだけでは意味がないので，TCP/IPプロトコル・スタック，USBドライバ，FAT32ファイル・システムなどを含めると128Kバイトに抑えることは難しく，実用に耐えうる高品質・高機能なミドルウェアを採用すると，実際は1～2Mバイトになることも多いと思います．

● Linuxを使う…数十～数百Mバイトが必要
　Linuxカーネルは，そのコンフィグレーションにもよりますが，圧縮された状態（ROMに格納する形式）で2Mバイトくらいあり，ブートしてRAMに展開するとカーネルだけで4Mバイトくらいになります．これは，TCP/IPプロトコル・スタックやUSBドライバ，ファイル・システムなど

43

のミドルウェアを含んでいるためです．さらに，Cライブラリが4Mバイト，GUIやフォントで数十Mバイト，ウェブ・サーバが数Mバイト…というように，ソフトウェア・パッケージが増えていくと，すぐに1Gバイトくらいになってしまいます．よって，実際の組み込みLinuxシステムでは，不要なパッケージを削除し，機能要件を満たす最低限必要な構成（数十～数百Mバイト）を取ることが求められます．

組み込みシステム向けのリアルタイムOSとは比較にならないくらい巨大なOSです．

■ ハードウェアへのアクセス方法で比較

● リアルタイムOSを使う…直接叩ける

一般的な組み込みシステム向けのリアルタイムOSであれば，図6（a）のように基本的に物理メモリ空間で動作するので，直接デバイスのレジスタへアクセスできます．また，デバイス・ドライバもタスクとして実装されることが多いため，デバイスごとに優先度をつけることも可能です．

● Linuxを使用する…直接叩くには制限がある

Linuxでは，図6（b）のようにカーネル自身は物理メモリ空間（カーネル空間とも呼ばれる）で動作するので，カーネルからは直接デバイスのレジスタへアクセスすることが可能です．しかし，アプリケーション・プログラムは仮想メモリ空間で動作するので，アプリケーション・プログラムが直接デバイスのレジスタへアクセスすることは基本的にできません[注2]．

Linuxの仮想メモリ空間（ユーザ空間とも呼ばれる）では，デバイスはすべてファイルとして扱われるため，アプリケーション・プログラムからは，デバイス・ノードと呼ばれるファイルを経由してカーネル空間で動作するデバイス・ドライバに依頼する必要があります．具体的には，デバイス・ノードをopenして得られたファイル・ディスクリプタに対してread，write，ioctlなどを行うことにより，デバイスとの通信や制御をします．

ネットワーク接続の際も同様に，ネットワーク・デバイスのデバイス・ドライバを経由して通信が行われるので，アプリケーション・プログラムから直接レジスタへアクセスすることはできません．

通常は，ネットワークの設定や管理を行うパッケージを使用して，ネットワーク・インターフェース・カードやホスト名，IPアドレスなどの設定などを行います．そして，アプリケーション・プログラムのほうは，ソケットを作成，設定，接続の要求または待ち，送信または受信，ソケットの終了という流れになります．

なかむら・けんいち

注2：基本的にというのは，root権限を持つプログラムであれば，直接アクセスすることが可能なため．しかし，セキュリティの面などで好ましくないのと，割り込みなどを扱うことができないので，あまり意味がない．

第4章　コマンド入力で外付け回路を動かしてみる

パソコンだとめんどくさいI/O操作も
ARMコンピュータ基板＆Linuxなら簡単！

第4章 コマンド入力で外付け回路を動かしてみる

桑野 雅彦

　本章からは，Raspberry PiのGPIOアクセスを例にしてプログラムを作成し，実行する方法を解説します．Raspberry Pi用LinuxであるRaspbianの場合は，最初からC/C++コンパイラなどのさまざまな言語処理系が用意されています．コンパイラはOSそのもののほか，さまざまなツール類のソース・コードをコンパイルするためにも利用されています．

　そこで，Raspberry PiにインストールしたLinuxを活かすべく，次の四つの方法でGPIOアクセスを行ってみます（**図1**）．

(1) シェルから動作確認（本章）
　特別なプログラミングを必要としないシェルからアクセスすることにより，簡単に配線チェックを行います．

(a) シェルスクリプトからI/O（第4章）

(b) C言語でI/O（第5章）

(c) 高速に動くCプログラムをRubyのライブラリにしてI/O（第6章）

(d) ネットワーク処理が得意なRubyを使ってブラウザからI/O（第7章）

図1　第4章～第7章ではいろいろな方法でGPIOアクセスを行ってみる

(2) C言語によるGPIOアクセス（第5章）

C言語で直接アドレスを指定してGPIOレジスタを操作し，アクセスします．

(3) C言語のプログラムをRubyライブラリにしてGPIOアクセス（第6章）

GPIOアクセス用の関数をC言語で作成し，Rubyのライブラリとして Ruby からアクセスします．

(4) Ruby を CGI で利用し，パソコンなどからブラウザ経由でGPIOアクセス（第7章）

簡易ウェブ・サーバを起動し，CGI（Common Gateway Interface）を使ってブラウザからI/Oにアクセスします．

ネットワーク・コントローラが内蔵されたマイコンでは，ここまでやるにはいろいろと面倒な作業が必要ですが，Linuxによる基本的な機能やさまざまな支援ツール類のおかげで，比較的簡単に実現できます．

"Hello World"で動作チェック

まずは，お約束のHello Worldを表示してみましょう．

● 作業ディレクトリの作成

pi ユーザでログインしたときのカレント・ディレクトリは /home/pi です．この下に pitest という実験用のディレクトリをmkdirで作り，ここで作業することにしました．

```
pi@raspberrypi ~ $ su
                …rootユーザで作業するのでsuする
Password:
root@raspberrypi:/home/pi# mkdir pitest
                …pitestディレクトリを作成
root@raspberrypi:/home/pi# cd pitest
                …pitestディレクトリに移動
root@raspberrypi:/home/pi/pitest#
                … 移動できた
```

Hello World作成用に，pitestの下にhelloディレクトリを作成します．表示は次のようになります．

```
root@raspberrypi:/home/pi/pitest#
                mkdir hello
root@raspberrypi:/home/pi/pitest#
                cd hello
root@raspberrypi:/home/pi/pitest/hello#
```

● ソース・コードの作成にはnanoエディタを使う

Linuxのエディタといえばviが「基礎」のようなもので，Linux環境では必ず使えると考えてよいくらいです．昔からあるエディタであり，ソフトウェア開発者が永く使ってきたものだけに，非常に多機能で強力なものです．一方，文字入力モードとエディット／コマンド入力モード切り替えなど，独特の操作体系になっており，初心者にはややとっつきにくいものでしょう．

Raspbianでは，viよりもコンパクトでわかりやすい操作系のエディタとして，nanoが用意されています．図2にnanoの表示画面を示します．ここではnanoを使うことにしてみます．

```
nano hello.c
```

として，hello.cを作成します．プログラムは，次のような具合です．

```c
#include <stdio.h>
int main(int argc, char *argv[])
{
    printf("Hello World!\n");
    return(0);
}
```

作成できたら，^O（Ctrlキーを押しながら英文字のオーを押す）でセーブして，^Xで終了します．

▶ nanoエディタの操作

nanoエディタでのカーソル移動やページ送りなどは，emacs風のCtrl併用コマンドが使えます．

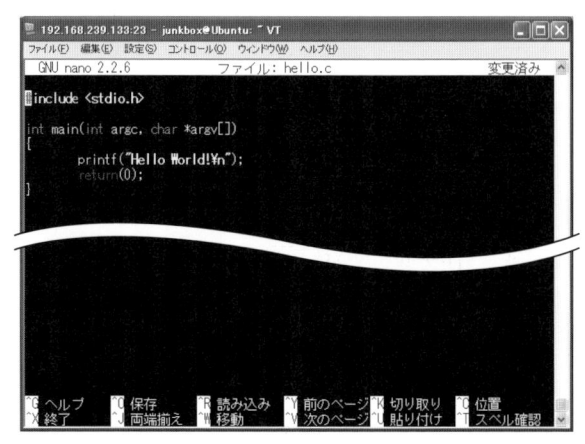

図2 nanoの表示画面
TeraTermで接続した画面

^F：1文字進む（Forward）　　^N：1行下（Next）
^B：1文字戻る（Backward）　^P：1行上（Previous）
^V：次ページ
^D：カーソル位置の文字を削除（Delete）

このほか，

^Y：前ページ
^K：行削除（kill，連続して^Kすれば連続行削除）
^U：行貼り付け（連続して^Kしていれば，複数行まとめて貼り付け）

などを覚えておくと便利でしょう．なお，うっかり^Zを入力してnanoがバックグラウンドで停止してシェルに戻ってしまったときは，

　　fg⏎　　…foregroundの意味

とすれば，元に戻れます．

● コンパイル&実行

ソース・コードができたら，コンパイルして実行ファイルを作成します．コンパイルはccコマンドで，

　　cc hello.c

とします．エラーが出てしまったときは，もう一度ソースを見直してください．無事に終了していれば，

　　ls -l

でファイル一覧を見ると，a.outという実行ファイルができているはずです．WindowsやMS-DOS上のコンパイラの場合，出力ファイル名を指定せずにhello.cというファイルをコンパイルすると，hello.exeができるものが多いのですが，Linuxの場合には何も指定しないと，a.outというファイル名になります．

a.outを実行するには，

　　./a.out

とします．カレント・ディレクトリを示す"./"を頭に付けるのを忘れないようにしてください．

次のように表示されれば成功です．

　　Hello World!

出力ファイルを指定したいときは，次のように"-o"オプションを付ければ，a.outの代わりにhelloというファイルができます．

　　cc -o hello hello.c

MS-DOSやWindowsの場合，実行ファイルか否かの判定に拡張子が使われますが，Linuxの場合には拡張子は単なるファイル名の一部という以上の意味はありませんので，自由なファイル名を付けられます．

Linuxの解説ならば，Hello Worldの後にはファイル・アクセスなど，実際のI/O操作を伴わない項目が並ぶかもしれません．マイコン・ボードの解説ならば，ポートのレジスタを調べ，C言語で簡単なI/Oアクセスをしてみるというところでしょう．Raspberry Piは，両者の中間的な存在

表1　Raspberry PiのGPIO端子（P1）

(a) 奇数番号ピン

ピン番号	BCM2853の端子名	回路図上の信号名	代替機能
1(*1)	3.3V	+3V3	—
3(*2)	GPIO0	SDA0	ALT0：I2C0_SDA
5	GPIO1	SCL0	ALT0：I2C0_SCL
7	GPIO4	GPIO_GCLK	GPCLK0
9	（使用禁止）	GND	—
11	GPIO17	GPIO_GEN0	ALT3：UART0_RTS, ALT5：URAT1_RTS
13	GPIO21	GPIO_GEN2	ALT0：PCM_DIN, ALT5：GPCLK
15	GPIO22	GPIO_GEN3	—
17	（使用禁止）	+3V3	—
19	GPIO10	SPI_MS1	ALT0：SPI0_MOSI
21	GPIO09	SPI_MS0	ALT0：SPI0_MISO
23	GPIO11	SPI_SCLK	ALT0：SPI0_SCLK
25	（使用禁止）	GND	—

（*1）50mAまで
（*2）1kΩの抵抗で3.3Vにプルアップ

(b) 偶数番号ピン

ピン番号	BCM2853の端子名	回路図上の信号名	代替機能
2	5V	+5V0	—
4	（使用禁止）	+5V0	—
6	GND	GND	—
8(*3)	GPIO14	TXD0	ALT0：UART0_TXD, ALT5：UART1_TXD
10(*3)	GPIO15	RXD0	ALT0：UART0_RXD, ALT5：UART1_RXD
12	GPIO18	GPIO_GEN 1	ALT4：SPI_CE0_N, ALT5：PWM0
14	（使用禁止）	GND	—
16	GPIO23	GPIO_GEN4	ALT3：SD1_CMD, ALT4：ARM_RTCK
18	GPIO24	GPIO_GEN5	ALT3：SD1_DATA0, ALT4：ARM_TDO
20	（使用禁止）	GND	—
22	GPIO25	GPIO_GEN6	ALT4：ARM_TCK
24	GPIO08	SPI_CE0_N	ALT0：SPIO_CE0_N
26	GPIO07	SPI_CE1_N	ALT0：SPIO_CE1_N

（*3）Boot to Alt0

GPIO端子の配置と電圧系

● I/O端子の配置

まず，今回使うRaspberry PiのGPIO端子を調べておきましょう．Raspberry PiのGPIO端子は，26ピンのピン・ヘッダ（P1）です．それぞれの端子の内容を**表1**に示します．

GPIOの信号端子は，Raspberry PiのメインCPUであるBCM2835に直結されています．一部の端子は，ソフトウェアで動作モードを切り替えて，I²CやUARTなどとしても利用できます．今回は，単にGPIOとして使います．

● I/O端子につなぐ回路のI/O電圧は3.3V系にする

BCM2835のI/O電源は3.3Vなので，GPIOポートに'1'をセットして"H"レベルにしたときの電圧も3.3Vです．周辺回路もI/O電圧を3.3V系にしておきます．

GPIOコネクタには+5V端子も用意されていますが，外部からの電源供給用や，どうしても3.3Vよりも高い電圧が必要なデバイス向けのオマケ程度のものです．

通常，Raspberry Piの+5V電源は，USBのmicroBコネクタから取っていますが，ケーブルによる電圧降下などもあり，安定度についてはあまり期待できません．USBの仕様上でも，バス電圧はデバイス端で4.4～5.25Vまで許容しています．5V系用のデバイスの場合，動作保証電圧は5V±5%程度のものが多く，やや動作範囲の広いものでも±10%程度です．したがって，5V仕様のデバイスを使った場合，動作保証範囲外になってしまう可能性があります．

GPIOとBCM2835の間には，過電圧保護のような仕掛けはありませんので，5VピンとI/Oを誤って短絡しないように注意が必要です．+5Vを使わないのであれば，ビニル・チューブを被せるなどして，短絡保護をしておくのが安全でしょう．

● GPIOテスト用回路を製作

実験用の外付け回路を**写真1**と**図3**に示します．実験用にGPIO0，GPIO1端子を入力，GPIO7～11端子を出力に設定しました．LEDは'1'で点灯，スイッチはONすると'0'が読めるようにしました．

使用したポートは，**図3**のように，なるべく連番で取りたかったことと，GPIOコネクタの上のほうを入力と下のほうを出力にまとめたという程度で，特に意味はありません．必要に応じて適宜ポートを変えてください．

コマンド入力画面からGPIOに簡単アクセス

今回扱っているLinuxのディストリビューションであるRaspbianは，Raspberry Pi用として作り込まれています．GPIOについても同様で，特別なプログラムを組まなくても，シェル（Windowsで言うコマンド・プロンプト）上から簡単に扱えます．

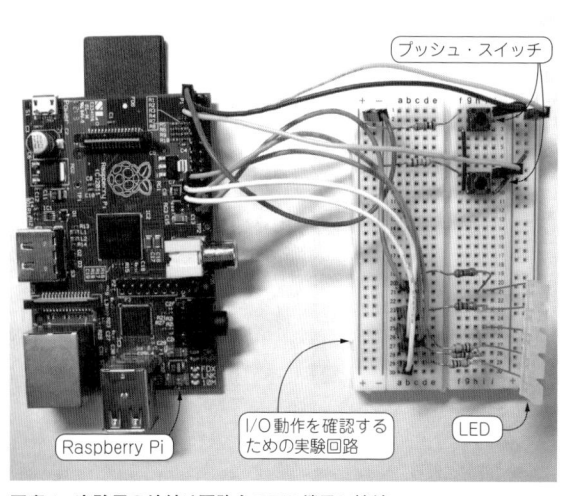

写真1 実験用の外付け回路をGPIO端子に接続

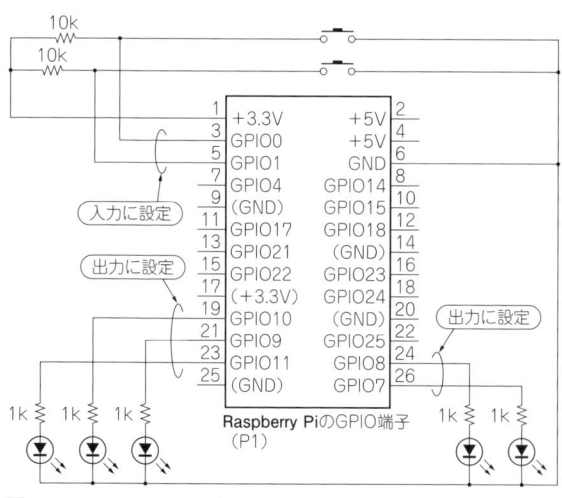

図3 GPIOテスト用の回路

第4章 コマンド入力で外付け回路を動かしてみる

● シェル用のGPIO操作コマンド

　Raspberry PiのGPIOは，一般的なファイルと同じようなパス名（/sys/class/gpio/exportなど）を使ってアクセスできます．シェルからはechoコマンドでファイルへの書き込み，catコマンドでファイルからの読み出しができるように，GPIOにもechoとcatでアクセスできます．

　今回，扱うのは次の4種類です．

▶ ポートの使用開始/終了を指示する
　…/sys/class/gpio/export, /sys/class/gpio/unexport

　ポート番号を与えることで，GPIOポートの使用開始/終了を指示します．

　次の例は，GPIO7の使用開始/終了の手続きです．

```
echo "7" > /sys/class/gpio/export
```
　　　　　　　　　　　　　… GPIO7の使用開始
```
echo "7" > /sys/class/gpio/unexport
```
　　　　　　　　　　　　　… GPIO7の使用終了

　"7"のダブル・クォーテーション・マークは省略して，

```
echo 7 > /sys/class/gpio/export
```

のようにしてもかまいません．ここでは読みやすいように囲んでみました．

　">"は，リダイレクト，すなわち出力先の指定です．">"を省略したときは，デフォルトの出力先（通常はコンソール）が対象になりますので，画面に"7"と表示されます．>を付けることで，右側に書かれたデバイスに対して"7"という文字を与えることになるわけです．

　Raspberry Piにはポートが複数ありますが，exportで使用することを通知したポートのみ，データのリード/ライトが可能です．通知していないポートへのアクセスはできません．

　exportされた状態でさらにexportしたりすると，次のようなエラー・メッセージが出ます．

```
bash: echo: write error: Device or
resource busy
```

　また，exportされていないポートをunexportすると，次のようなエラー・メッセージが出ます．

```
bash: echo: write error: Invalid
argument
```

　exportした状態はずっと継続しているので，使い終わったらunexportするのを忘れないようにしてください．

▶ ポートの入出力を切り替える…/sys/class/gpio/gpio7/direction（GPIO7が対象の場合）

　direction設定は，exportしたポートに対して行います．"out"または"in"を与えることで，ポートの入出力を切り替えます．

```
echo "in"  > /sys/class/gpio/gpio0
```
　　　　　　　　　　　　… GPIO0を入力として使用
```
echo "out" > /sys/class/gpio/gpio7
```
　　　　　　　　　　　　… GPIO7を入力として使用

　inやoutを囲っているダブル・クォーテーションは省略してかまいません．

　export状態にないポートに対してディレクション設定を行おうとすると，

```
bash: /sys/class/gpio/gpio7/direction:
No such file or directory
```

といったエラー・メッセージが出て，設定ができないので，注意してください．

▶ データの入出力を行う…/sys/class/gpio/gpio7/value（GPIO7が対象の場合）

　ポートへのデータ出力や，ポートからのデータ入力を行います．ポートへの出力時は'1'，または'0'を与えます．

```
echo "1" > /sys/class/gpio/gpio7/value
```
　　　　　… GPIO7に'1'をセット（"H"レベルになる）
```
echo "0" > /sys/class/gpio/gpio8/value
```
　　　　　… GPIO8に'0'をセット（"L"レベルになる）

　リード時はデバイス名をダンプ（catが使える）するとポートの状態によって'1'，または'0'が読み出されます．

```
cat /sys/class/gpio/gpio0
```
　　　　　　　　　　　　　… GPIO0を読み出す
```
cat /sys/class/gpio/gpio1
```
　　　　　　　　　　　　　… GPIO1を読み出す

　export中でないポートに対して行うと，

```
bash: /sys/class/gpio/gpio7/value: No
such file or directory
cat: /sys/class/gpio/gpio0/value: No
such file or directory
```

などといったエラー・メッセージが出ます．

● シェル・スクリプトでI/Oを操作する

　シェルからLED出力とスイッチ読み込みを行ったのが，リスト1です．最初にexportし，directionを設定して，

49

第3部　ラズベリー・パイでハードウェア制御に挑戦！

リスト1　シェルからLED出力とスイッチ読み込みを行った．これをテキスト・ファイル化してスクリプトにしてもよい

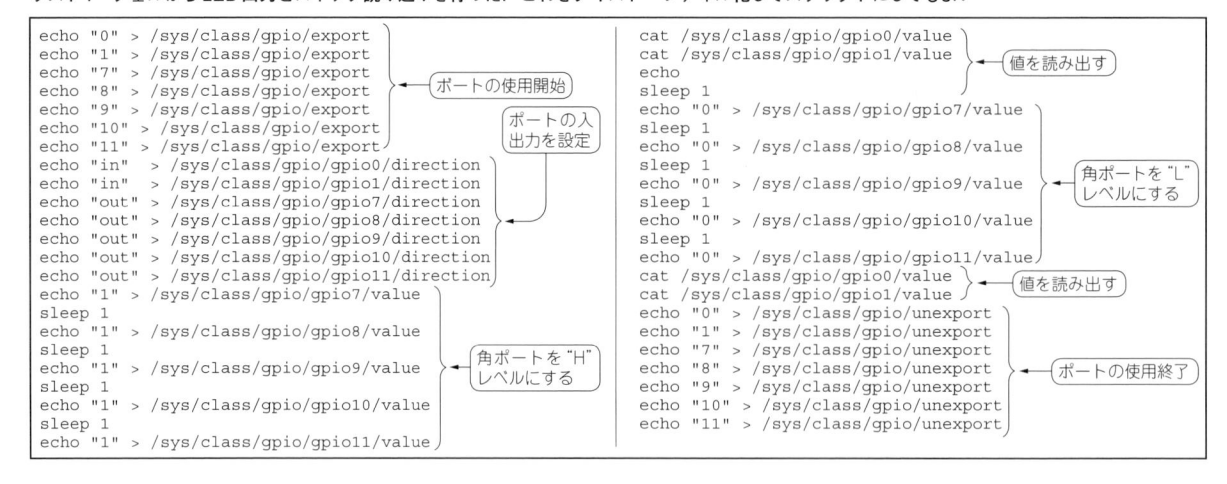

```
echo "0"  > /sys/class/gpio/export
echo "1"  > /sys/class/gpio/export
echo "7"  > /sys/class/gpio/export
echo "8"  > /sys/class/gpio/export
echo "9"  > /sys/class/gpio/export
echo "10" > /sys/class/gpio/export
echo "11" > /sys/class/gpio/export
echo "in"  > /sys/class/gpio/gpio0/direction
echo "in"  > /sys/class/gpio/gpio1/direction
echo "out" > /sys/class/gpio/gpio7/direction
echo "out" > /sys/class/gpio/gpio8/direction
echo "out" > /sys/class/gpio/gpio9/direction
echo "out" > /sys/class/gpio/gpio10/direction
echo "out" > /sys/class/gpio/gpio11/direction
echo "1" > /sys/class/gpio/gpio7/value
sleep 1
echo "1" > /sys/class/gpio/gpio8/value
sleep 1
echo "1" > /sys/class/gpio/gpio9/value
sleep 1
echo "1" > /sys/class/gpio/gpio10/value
sleep 1
echo "1" > /sys/class/gpio/gpio11/value
cat /sys/class/gpio/gpio0/value
cat /sys/class/gpio/gpio1/value
echo
sleep 1
echo "0" > /sys/class/gpio/gpio7/value
sleep 1
echo "0" > /sys/class/gpio/gpio8/value
sleep 1
echo "0" > /sys/class/gpio/gpio9/value
sleep 1
echo "0" > /sys/class/gpio/gpio10/value
sleep 1
echo "0" > /sys/class/gpio/gpio11/value
cat /sys/class/gpio/gpio0/value
cat /sys/class/gpio/gpio1/value
echo "0"  > /sys/class/gpio/unexport
echo "1"  > /sys/class/gpio/unexport
echo "7"  > /sys/class/gpio/unexport
echo "8"  > /sys/class/gpio/unexport
echo "9"  > /sys/class/gpio/unexport
echo "10" > /sys/class/gpio/unexport
echo "11" > /sys/class/gpio/unexport
```

・ポートの使用開始
・ポートの入出力を設定
・各ポートを"H"レベルにする
・値を読み出す
・各ポートを"L"レベルにする
・値を読み出す
・ポートの使用終了

リスト2　C言語のsystem関数を使ってシェルを呼び出して'1'と'0'を交互に出力する（gpio_sh.c）

```
#include <stdio.h>
int main(int argc, char *argv[])
{
    int i;
    system("echo \"7\" > /sys/class/gpio/export");
    system("echo \"out\" > 
                  /sys/class/gpio/gpio7/direction");

    for (i=0; i<1000; i++) {
        system("echo \"1\" > 
                  /sys/class/gpio/gpio7/value");
        system("echo \"0\" > 
                  /sys/class/gpio/gpio7/value");
    }
    system("echo \"7\" > /sys/class/gpio/unexport");
}
```

system("～")の中で"7"などのダブル・クォーテーションをもった文字列を使う場合には，\"7\"のようにバックスラッシュでエスケープする必要がある

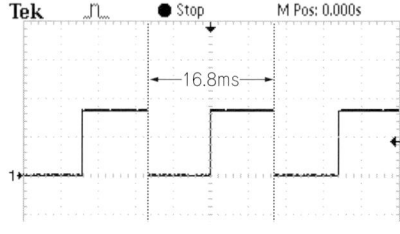

図4　GPIO7の出力波形（2V/div, 5ms/div）

値をライト／リードした後，unexportして終了しています．nanoエディタなどで，シェルで実行したい内容を並べたテキスト・ファイルgpio_shを作成して，

chmod +x gpio_sh

とすることで，gpio_shがシェルから実行可能になります．やりにくければ，Windows上で作成してSFTPやftpなどで転送してもよいでしょう．

リスト1では，端から順に点灯させてからGPIO0とGPIO1のリード結果を表示し，次に端から消灯させて再びリード結果を表示してみました．

● シェルからの出力の利点と欠点

シェルからのアクセスというのは，非常に手軽です．ご

く簡単なものであれば，シェル・スクリプトで十分ですし，awkやperlなどのスクリプト処理言語を使えば，少し凝ったことでも簡単に記述できます．

ちょっと'1'や'0'を設定したり，ポートの状態を呼んで動作確認をしたいという程度であれば，これで十分だということも多いでしょう．ただし，シェルで実行した場合には，実行速度の面ではかなり不利になります．

試しに，C言語のsystem関数を使ってシェルを呼び出して，'1'と'0'を交互に出力してみました．プログラムはリスト2（gpio_sh.c）のようなもので，GPIO7をトグルします．このときのGPIO7の出力波形をオシロスコープで見たものが図4です．図のように，1周期が16.8 msくらいになりましたので，約8.4 msごとの出力になっているわけです．お世辞にも速いとは言えませんが，LED点灯などであればこれでも十分でしょう．

くわの・まさひこ

Linuxアプリからレジスタを直接たたく！
高速アクセスにトライ！

第5章 おなじみC言語でI/O制御

桑野 雅彦

　シェルを使った入出力はスクリプト言語なので，複雑な処理を行うのは難しく，遅延も大きくなります．
　本章では，おなじみのC言語を使ってGPIOを効率良く制御します．

GPIO制御…2種類の方法でトライする

　次の二つの方法を試します（第4章の図1を参照）．

● 方法1：GPIOデバイス・ドライバを使う
　…手軽で安全だけどアクセス速度は遅い

　Raspberry Pi用Linux「Raspbian」にあらかじめ用意されているGPIOアクセス用のデバイス・ドライバを利用します．アプリケーションからGPIOデバイスをオープンして，リード／ライトするという形でアクセスします．
　アクセス速度の面ではレジスタを直接操作する（たたく）方法には劣りますが，レジスタのアドレスなどを気にしなくてもよく，ある程度のチェックはドライバで行えます．アドレスを間違えて，ほかのレジスタやメモリの内容を書き換えてしまうなどといったトラブルが起こりにくいことから，安全性は高くなります．
　ハードウェアの違いはドライバで吸収できるため，ハードウェアの置き換えや仮想化にも対応しやすい方法です．

● 方法2：レジスタを直接たたく
　…手間がかかるがアクセス速度は速い

　GPIOの制御レジスタを直接操作するというものです．アクセス速度の面では一番優れた方法ですし，複数ポートへ同時にデータを設定できるなど，自由度は一番でしょう．MMU（メモリ・マネジメント・ユニット）を持たない8ビットや16ビット・クラスのワンチップ・マイコンを利用してきた方にとっても，一番馴染みのある方法だと思います．
　ただし，RaspbianはLinuxベースであり，仮想記憶機構が動いている中で動いているアプリケーション・プログラムからのアクセスになります．アプリケーション・プログラムから見える仮想メモリ空間から，実際の物理メモリ空間（ハードウェア的なアドレス空間）へのマッピングが必要になるなど，ひと手間かかります．

方法1：デバイス・ドライバを使う

　GPIOデバイス・ドライバを使うときは，基本的にはシェルからアクセスしたときと同じ考え方で，デバイス名も同じです．違うのは，シェルからのときはファイルのオープン／クローズを意識しないで済みましたが，C言語からGPIOデバイス・ドライバを使うときは，GPIOデバイス名を使ってオープン／クローズするなどの処理が必要になることです．

■ プログラムを作成

　サンプル・プログラムをリスト1（gpio_dev.c）に示します．主要な部分を順に紹介します．

● ポートの使用開始を指示する…export
　シェルのときと同じように，まずexportして該当するポートに対する入出力動作を行うことをリスト1①のようにドライバに知らせます．そして，使用するポートを通知して，クローズします．
　シェル・スクリプトでアクセスしたときは使い終わるまでexportしておくので，ついopenしたままにしたくなります．しかし，ドライバ側ではopen/closeではなく，exportデバイスに対するポート番号指定が行われたことで使用可能にしているので，設定が終わったらファイルそのものはクローズしてしまいます．
　C言語のアプリケーションの中からアクセスしている場合，unexportのほうは省略してもエラーにはなりませんが，リスト中ではunexportするのが作法であろうと考えてunexportも入れています．

第3部 ラズベリー・パイでハードウェア制御に挑戦！

リスト1 GPIOデバイス・ドライバを使ったI/Oアクセスのサンプル・プログラム (gpio_dev.c)

```c
#include <stdio.h>
#include <stdlib.h>
#include <fcntl.h>

int fd_val[5];
int fd_in[2];
char indat[2][4];
char s[64];

void init_gpio()
{
    int fd_exp, fd_dir;
    int i;
    fd_exp = open("/sys/class/gpio/export", O_WRONLY);
    if (fd_exp < 0) {
        printf("GPIO export open error\n");
        exit(1);
    }
①  write(fd_exp, "0", 2);
    write(fd_exp, "1", 2);
    write(fd_exp, "7", 2);
    write(fd_exp, "8", 2);
    write(fd_exp, "9", 2);
    write(fd_exp, "10", 2);
    write(fd_exp, "11", 2);
    close(fd_exp);

    for (i=0; i<2; i++) {
        sprintf(s,"/sys/class/gpio/gpio%d/direction",i);
        fd_dir = open(s, O_RDWR);
②' if (fd_dir < 0) {
            printf("GPIO %d direction open error\n",i);
            exit(1);
        }
②      write(fd_dir, "in", 3);
        close(fd_dir);
    }

    for (i=7; i<12; i++) {
        sprintf(s,"/sys/class/gpio/gpio%d/direction",i);
        fd_dir = open(s, O_RDWR);
②" if (fd_dir < 0) {
            printf("GPIO %d direction open error\n",i);
            exit(1);
        }
        write(fd_dir, "out", 4);
        close(fd_dir);
    }

    for (i=0; i<5; i++) {
        sprintf(s,"/sys/class/gpio/gpio%d/value",i+7);
③      fd_val[i] = open(s, O_RDWR);
        if (fd_val[i] < 0) {
            printf("GPIO %d value open error\n",i);
            exit(1);
        }
    }
}

void gpio_in_open()
{
    int i;
    for (i=0; i<2; i++) {
        sprintf(s,"/sys/class/gpio/gpio%d/value",i);
        fd_in[i] = open(s, O_RDWR);
        if (fd_in[i] < 0) {
            printf("GPIO %d value open error\n",i);
            exit(1);
        }
    }
}

void gpio_in_close()
{
    int i;
    for (i=0; i<2; i++)
        close(fd_in[i]);
}

void gpio_close()
{
    int fd_exp;

    fd_exp = open("/sys/class/gpio/unexport", O_WRONLY);
    if (fd_exp < 0) {
        printf("GPIO unexport open error\n");
        exit(1);
    }
⑥  write(fd_exp, "0", 2);
    write(fd_exp, "1", 2);
    write(fd_exp, "7", 2);
    write(fd_exp, "8", 2);
    write(fd_exp, "9", 2);
    write(fd_exp, "10", 2);
    write(fd_exp, "11", 2);
    close(fd_exp);
}

int main()
{
    int i;

    init_gpio();
    for (i=0; i<5; i++) {
        write(fd_val[i],"0",2);
    }
    for (i=0; i<5; i++) {           ④
        sleep(1);
        write(fd_val[i],"1",2);
    }
    gpio_in_open();
    for (i=0; i<2; i++) {
        read(fd_in[i],indat[i],2);  ⑤
        printf("%c",indat[i][0]);
    }
    gpio_in_close();
    puts("\n");

    for (i=0; i<5; i++) {
        sleep(1);
        write(fd_val[i],"0",2);
    }
    gpio_in_open();
    for (i=0; i<2; i++) {
        read(fd_in[i],indat[i],2);  ⑤'
        printf("%c",indat[i][0]);
    }
    gpio_in_close();
    puts("\n");

    for (i=0; i<5; i++)
        close(fd_val[i]);

    gpio_close();
}
```

● ポートの入出力を切り替える…ディレクション設定

　入力2点，出力5点とやや数が多いので，ループで処理してみました．exportのときのデバイス名はポート番号に関わらず同じでしたが，GPIOのディレクション設定やデータ入出力はポートごとに別々のデバイス名が割り付けられています．

今回は，リスト1②のようにsprintfを使ってポート番号部分を差し替えながらopen，設定，closeを行いました．リスト1②'と②"は，エラー処理です．

● データのリード/ライト

ディレクション設定と同じように，データ入出力もデバイスごとに異なるデバイス名になります．出力方向（out方向）の場合には，デバイスをオープンしたままwriteだけすれば良いのですが，入力方向（in方向）のときは，1回データをreadしたあと，いったんcloseして再オープンしないと新規データが読み出せませんでした．今回は，out方向については使用中はオープンしたままとし，in方向は，readするたびにopen，closeを行うようにしました．

ディレクション設定のときは，一つずつopenしてはcloseするという手順でしたので，ファイル・ハンドルは一つでよかったのですが，リード/ライトは使い勝手も考えて，ポートごとにファイル・ハンドルを保存する配列を用意しました．出力ポート側はfd_val[]，入力ポート側はfd_in[]という名称にしました．ファイル・オープン部分は，リスト1③のような具合です（これはout方向のポート）．

out方向は，リスト1④のように，オープンしたまま連続にライトできます．

in方向は連続読み出しが行えず，毎回オープンし直さなければならなかったので，openやcloseをまとめて行う関数を用意して，リスト1⑤と⑤'のようにアクセスの前後でオープン/クローズを行います．

アクセスが終わってプログラムを終了する前には，保存してあるファイル・ハンドルを使ってcloseしておくのが約束です．オープンしているファイルはOSでも管理されていて，プログラムが終了するときに自動的にcloseしてくれるので，忘れても実害はありません．openに対応したcloseは，記述しておく習慣にしたほうがよいでしょう．

● ポートの使用終了を指示する…unexport

シェルから使ったときと同様に，最後にunexportしておきましょう．exportのときと同様です．リスト1⑥のように，unexportデバイスをオープンして，使用終了したデバイスを閉じておきます．

■ 動かしてみよう

● コンパイル&実行

プログラムをコンパイルします．ソース・ファイル名はgpio_dev.cとしたので，次のように入力します．

    cc gpio_dev.c

これでa.outという実行ファイルができます．出力ファイル名を，たとえばgpio_devとしたければ，

    cc -o gpio_dev gpio_dev.c

のように，"-o"オプションの後にファイル名を指定します．

コンパイルが終わったら，次のように実行してみましょう．

    ./a.out

LEDが全部消灯したあと，GPIO7につないだLEDから順に1秒ごとに1個ずつ点灯していき，全部点灯したら，スイッチの状態が表示（'1'でOFF，'0'でON）されます．

引き続き，1秒ごとにGPIO7から順に消灯していき，全部消灯したらもう一度スイッチの状態を表示します．

● アクセス速度を確認

シェルからの出力は1回に8ms程度もかかっていましたが，C言語で書いたプログラムから直接デバイス・ドライバを呼び出すとどのくらいになるのでしょうか．これをテストするために，GPIO7だけを連続してON/OFFするように書き換えてオシロスコープで波形をとってみました．テスト・プログラムは，gpio_dev_c_test.cです．

波形は図1のように，1周期が約6.5μs程度なので，1回のアクセスが約3.3μs程度であることがわかります．

OSのシステム・コールを通ってドライバに到達し，アクセス後に再びアプリケーションのプロセスに戻るという一連の流れを考えると，それほど悪い値ではないでしょう．

ただし，これはほかのプロセスなどがあまり動いていない状態での話です．実際にシステムを組んでいろいろなものが動きだせば，遅延が発生します．どうしても時間が問題になるときは，専用のドライバを組むなどの工夫が必要です．

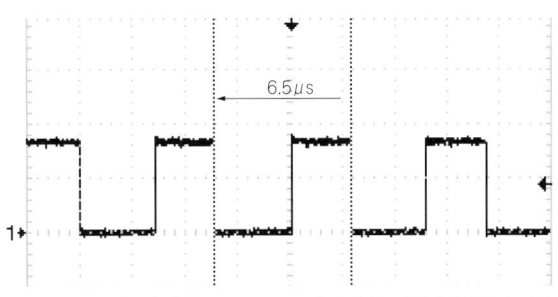

図1 GPIO7だけを連続してON/OFFするように書き換えたときの波形（2V/div，2.5μs/div）

方法2：レジスタを直接たたく

レジスタを直接アクセスする方法は，elinux.orgの「RPi Low-level peripherals」のページ（http://elinux.org/RPi_Low-level_peripherals）で紹介されています．

ちょうど出力で使用しているGPIO端子も同じようなので，このC言語によるサンプル・プログラムGPIO Driving Example (c) をベースに少し手を入れたプログラムを作成しました（リスト2，p.60）．

■ BCM2835の構造

● I/Oのメモリ空間への割り当て

GPIO関連レジスタについては，BCM2835のデータシートに詳しく記載されていますが，データシートを読むうえで少し注意が必要なのがアドレスの表記です．

というのは，ARMアーキテクチャには32ビットの物理アドレス空間がありますが，I/O関係のレジスタはこのうち 0x2000_0000 から 0x20FF_FFFF（読みやすいように4桁目と5桁目の間にアンダースコアを入れた）の領域に配置されています．ところが，これがBCM2835の内部バス上では，0x7e00_0000 から 0x7eFF_FFFF に変換されています．このため，マニュアルでもI/Oアドレスは 0x7e00_0000 から配置されているものとして説明されています．

しかし，CPUから見たときのアドレスは，あくまでも 0x20000_0000 からですので，プログラムにするときには読み替えが必要です．以下の説明ではわかりやすいように，レジスタ・マップは 0x2000_0000 からのアドレスに書き換えておきました．

● GPIOの構造

BCM2835のGPIOの内部構造は，図2のようになっています．シリアル・ポートやI²Cなど，ほかの機能とピンを兼用しているものも含めた図になっていることや，入力側ではレベル検出やエッジ検出機能が含まれているため，少々入り組んでいるように見えます．

汎用I/Oとして使う場合の基本は，図の中で太く囲んだレジスタに注目しておけばよいでしょう．大まかな機能は次のとおりです．

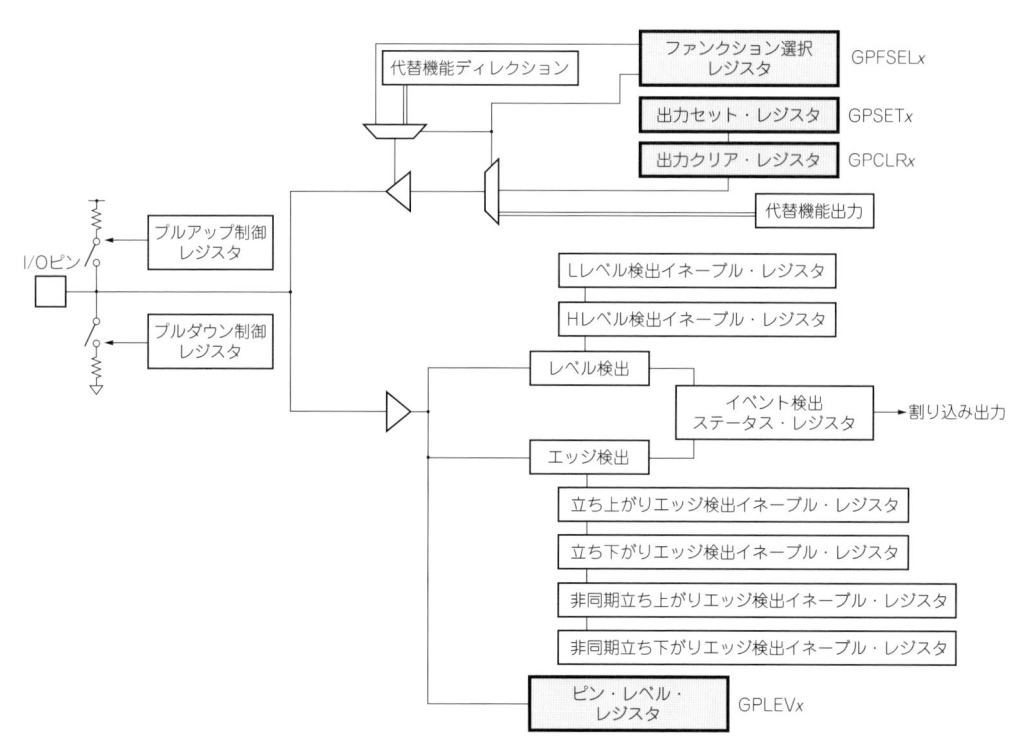

図2　Raspberry PiのメインSoC BCM2835のGPIO端子構造

表1 BCM2835のGPIO関連レジスタ

物理アドレス	レジスタ名	内容	物理アドレス	レジスタ名	内容
0x2020_0000	GPFSEL0	GPIOファンクション選択0	0x2020_0058	GPFEN0	GPIOピン立ち下がりエッジ検出イネーブル0
0x2020_0004	GPFSEL1	GPIOファンクション選択1	0x2020_005C	GPFEN1	GPIOピン立ち下がりエッジ検出イネーブル1
0x2020_0008	GPFSEL2	GPIOファンクション選択2	0x2020_0060	—	(予約済み)
0x2020_000C	GPFSEL3	GPIOファンクション選択3	0x2020_0064	GPHEN0	GPIO High検出イネーブル0
0x2020_0010	GPFSEL4	GPIOファンクション選択4	0x2020_0068	GPHEN1	GPIO High検出イネーブル1
0x2020_0014	GPFSEL5	GPIOファンクション選択5	0x2020_006C	—	(予約済み)
0x2020_0018	—	(予約済み)	0x2020_0070	GPLEN0	GPIO Low検出イネーブル0
0x2020_001C	GPSET0	GPIOピン出力セット0	0x2020_0074	GPLEN1	GPIO Low検出イネーブル1
0x2020_0020	GPSET1	GPIOピン出力セット1	0x2020_0078	—	(予約済み)
0x2020_0024	—	(予約済み)	0x2020_007C	GPAREN0	GPIO非同期立ち上がりエッジ検出0
0x2020_0028	GPCLR0	GPIOピン出力クリア0	0x2020_0080	GPAREN0	GPIO非同期立ち上がりエッジ検出1
0x2020_002C	GPCLR1	GPIOピン出力クリア1	0x2020_0084	—	(予約済み)
0x2020_0030	—	(予約済み)	0x2020_0088	GPAFEN0	GPIO非同期立ち下がりエッジ検出0
0x2020_0034	GPLEV0	GPIOピン・レベル0	0x2020_008C	GPAFEN1	GPIO非同期立ち下がりエッジ検出1
0x2020_0038	GPLEV1	GPIOピン・レベル1	0x2020_0090	—	(予約済み)
0x2020_003C	—	(予約済み)	0x2020_0094	GPPUD	GPIOピン・プルアップ/ダウン・イネーブル
0x2020_0040	GPEDS0	GPIOピン・イベント検出ステータス0	0x2020_0098	GPPUDCLK0	GPIOピン・プルアップ/ダウン・イネーブル・クロック0
0x2020_0044	GPEDS1	GPIOピン・イベント検出ステータス1			
0x2020_0048	—	(予約済み)	0x2020_009C	GPPUDCLK1	GPIOピン・プルアップ/ダウン・イネーブル・クロック1
0x2020_004C	GPREN0	GPIOピン立ち上がりエッジ検出イネーブル0			
0x2020_0050	GPREN1	GPIOピン立ち上がりエッジ検出イネーブル1	0x2020_00A0	—	(予約済み)
0x2020_0054	—	(予約済み)	0x2020_00B0		テスト用

```
ビット31                                                                    0
GPFSEL0 [予約][FSEL9][FSEL8][FSEL7][FSEL6][FSEL5][FSEL4][FSEL3][FSEL2][FSEL1][FSEL0]

GPFSEL1 [予約][FSEL19][FSEL18][FSEL17][FSEL16][FSEL15][FSEL14][FSEL13][FSEL12][FSEL11][FSEL10]
```

FSELx：ポート機能
000：入力ポート
001：出力ポート
100：代替ファンクション#0
101：代替ファンクション#1
110：代替ファンクション#2
111：代替ファンクション#3
011：代替ファンクション#4
010：代替ファンクション#5

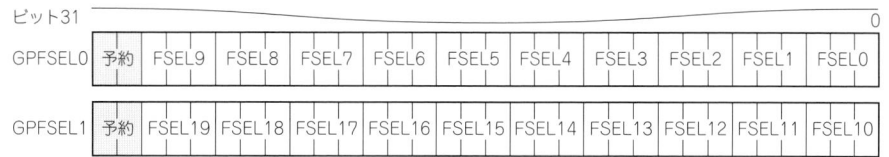

図3 入出力設定用GPFSEL0，GPFSEL1レジスタのビット配置

▶ **入力方向の決定**

ピン・ファンクション・レジスタへの設定で行います．

▶ **出力データ設定**

出力セット・レジスタと出力クリア・レジスタに分かれているのが，少し変わっているところです．セット・レジスタは'1'を書いたビットの出力だけが'1'になり，'0'を書いたビットは現状を維持します（'0'にはならない）．

一方，クリア・レジスタはセット・レジスタと逆で，'1'を書いたビットが'0'になり，'0'を書いたビットは変化しません．

▶ **データ入力**

GPIOピン・レベル・レジスタで読み出されます．

■ GPIO関連レジスタ

次に，具体的なレジスタを見ていきましょう．

BCM2835のGPIO関連レジスタの一覧を表1に示します．GPIO関連レジスタは，0x2020_0000から配置されています．基本的な入出力関係のレジスタは，表の上のほうにある次の四つです．レジスタは，いずれも32ビット長です．

● GPFSELレジスタ…入出力方向の設定

GPIOのピンの動作モードを決めます．ビット配置は図3のように，各ピンごとに1ビットずつ割り付けられています．図3ではGPFSEL0とGPFSEL1だけを示しましたが，GPFSEL2以降も同様です．各ピンごとに，3ビットずつモード設定ビットが割り付けられており，GPIO0～9がGPFSEL0，GPIO10～19がGPFSEL1という具合になります．

ピンを入力モードにするときは'000'，出力にするときは'001'にします．

図4 出力セット／クリア用GPSET/GPCLRレジスタのビット配置

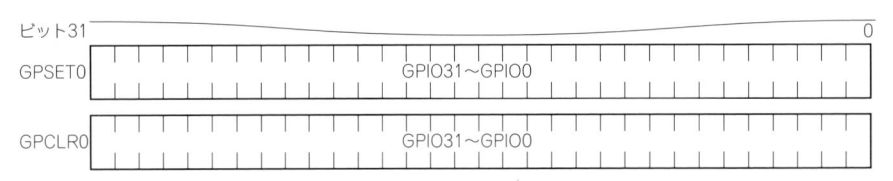

レジスタ名	データ	ピン出力
GPSETn	'1'	'1'
	'0'	変化なし
GPCLRn	'1'	'0'
	'0'	変化なし

図5 ピンの状態読み出し用GPLEVレジスタのビット配置

レジスタ名	ピン出力	レジスタ値
GPLEV0	'1'	'1'
	'0'	'0'

●GPSETレジスタ…'1'をセット
　GPCLRレジスタ…'0'でクリア

　GPIOピンの状態設定用レジスタです．図4のように，ピンごとに1ビットずつ割り付けられています．

　GPSETレジスタに'1'を書いたピンが'1'になり，GPCLRレジスタに'1'を書いたピンが'0'になります．いずれのレジスタも，'0'を書いたピンの状態は変化しません．

　書き込みデータがそのまま反映されるほうが理解はしやすいですし，そのほうが'1'にしたいビットと'0'にしたいビットがある場合に同時に変化させられるという利点はあります．ただしその場合，変更したくないピンがあるとき，リード・モディファイ・ライト（いったん読み出して，変更したいビットだけ変更し，書き込み）しなくてはなりませんし，レジスタが書き込み専用のときには出力状態を記録しておく変数が必要になります．

　BCM2835のような実装方法と比べると，一長一短といったところでしょう．

●GPLEVレジスタ…ピンのレベルを読み出す

　GPIOピンの状態読み出し用レジスタです．ピン配置は図5のように，各ピンごとに1ビットずつ割り付けられています．ピンが"H"レベルなら'1'が，"L"レベルなら'0'が読み出されます．

■ GPIOレジスタのメモリ割り当て

　8/16ビット・クラスのマイコンでは，レジスタにアクセスしたいときでも，ポインタを用意して物理アドレスをセットしてやれば，ポインタ経由で簡単にアクセスできます．

　一方，Linuxのように仮想記憶やメモリ保護機構をもっているOS下でI/Oを直接アクセスしたいときには，物理メ

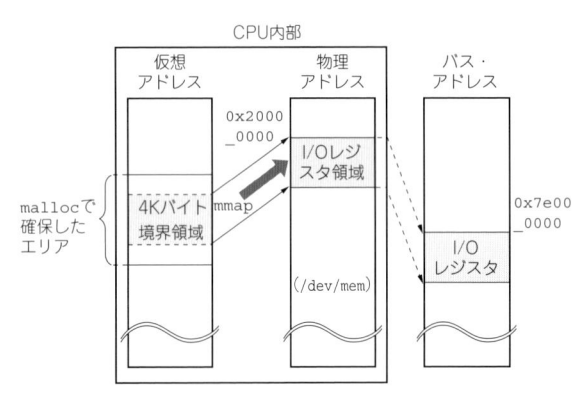

図6 I/Oレジスタ領域のマッピング

モリ空間をアクセスするための手続きに一手間かかります．

　図6は，メモリのマッピングの大まかな考えかたを図示したものです．手順は，次のとおりです．

① malloc()で，仮想メモリ空間（通常のプログラムが動いている空間）にメモリ領域を確保
② /dev/memとmmap()で，仮想空間を物理メモリ空間のGPIOレジスタ領域にマッピング
③ mmapで返されたアドレスをint型へのポインタとして，GPIOレジスタ群にアクセス

●mallocによる仮想メモリ空間の確保

　サンプル・プログラムgpio_c.cからエラー処理などを削除して，切り出してみると，次のようになります．

```
#define PAGE_SIZE (4*1024)
#define BLOCK_SIZE (4*1024)
gpio_mem = malloc(BLOCK_SIZE +
                  (PAGE_SIZE-1));
if ((unsigned long)gpio_mem % PAGE_SIZE)
  gpio_mem += PAGE_SIZE -
  ((unsigned long)gpio_mem % PAGE_SIZE);
```

第5章 おなじみC言語でI/O制御

▶ メモリ領域の確保

まず最初に，mallocでメモリ領域を確保します．これはLinuxに限らず，OS下で動くアプリケーションでは一般的に使われるものですので，それほど違和感はないでしょう．

ここで確保した領域が，GPIOレジスタ領域（0x2020_0000～の領域）になるようにmmap（後述）するわけですが，注意が必要なのはmallocはメモリ領域をなるべく効率良く使おうとするため，「半端な」アドレスから確保されるのが普通だということです．

仮想記憶機構では，仮想アドレスから物理アドレスへのマッピングは，ページ・サイズ（4Kバイト）単位でしか行えません．そのため，4Kバイトの整数倍の「切りのよい」アドレスから確保する必要があります．半端な仮想アドレスをマッピングしてしまうと，困ったことになります．

たとえば，0x0000_1004番地から確保された場合，0x0000_1000～0x0000_1003の領域はほかのデータなどで使用されており，すでに物理アドレス領域が割り付けられている可能性が高いわけです．ここで，もし別の物理アドレスにマッピングしてしまうと，0x0000_1000からの領域を使っているプログラムなどが困ったことになります．

そこで，上記のように，おおよそ2ページぶんの仮想メモリを確保しておきます．これで必ずページ境界をまたいだ先に，ほぼ1ページぶんの仮想メモリ空間が確保できます．

▶ ページ境界のセット

確保したメモリ領域のページ境界を探すのが，次のif文のところです．ページ・サイズで割ってみて，余りがないなら，運良くページ境界から2ページ割り付けられたということです．余りが出たときには，ページ・サイズからの余りぶんを足し込んで，ページ境界にセットします．

例えば，0x0003_0004番地からの領域が確保されたとき，4096（0x1000）で割ると余りは4です．そこで，4096 - 4 = 4092（0x0ffc）を加算してやれば，0x0003_1000となり，ページ境界にくるわけです．

● 物理メモリ領域の割り付け

次に，確保されたページ境界からのメモリ領域を物理メモリにマッピングします．通常のアプリケーションでは関数mallocでメモリ領域を確保しさえすれば，あとは自由に使えるのですが，今回は物理メモリ空間をアプリケーションから決め打ちしなくてはなりません．

▶ 仮想メモリ領域に物理メモリ空間を割り付ける

Linuxには，ファイルやデバイスをメモリに割り付けるmmapというシステム・コールがあります．

たとえば，ファイルの途中のデータを読みたいという場合，通常の考えかたでは，ファイルをopenして，seekコマンドで移動してアクセスするという方法になるでしょう．これに対して，mmapではファイル自体を仮想メモリに割り付けておいて，あたかもメモリ領域であるかのようにアクセスします．OSは，自身が管理している物理メモリを割り付ける代わりに，ファイルのアクセスを行います．

今回は，物理メモリ領域を絶対アドレスで指定してアクセスするわけですが，ここで重要な役割を果たすのが/dev/memという特殊デバイスです．/dev/memは，0番地からの物理メモリそのものを示すデバイスです．物理メモリ空間自体がデバイスというのが，ちょっと変わった感じに思えるかもしれませんが，あまり深く考えずに「OSがそういう風にできている」と流しておいてかまいません．

mmapを使って，/dev/memというデバイスのオフセット0x2020_0000からの領域（GPIO関連レジスタの領域）を，先に確保した仮想メモリ領域にマップさせると，仮想記憶アドレスへのアクセスでGPIO関連レジスタにアクセスできるという理屈です．

エラー処理などを除いてシンプルにしてしまえば，次のようになります．

```
mem_fd = open("/dev/mem",
              O_RDWR | O_SYNC);
gpio_map = (char *)mmap (
           (caddr_t)gpio_mem,
           BLOCK_SIZE,
```

---

column　仮想メモリ空間の確保

仮想記憶がないときは，mallocを呼び出すと即座に物理領域の確保が行われます．仮想記憶がある場合には，mallocを呼び出しても単に仮想空間に「確保領域である」というマークをするだけで，物理メモリ領域の確保などは行われません．

実際の物理メモリ空間の確保や割り付けは，アクセスが行われた段階でOS内部で行われます．「物理メモリに割り付けられていない」という一種のエラー（ページ・フォルト）が発生し，このエラー処理の中で，OSが空いている物理メモリ領域を割り当てるわけです．

```
                    PROT_READ | PROT_WRITE,
                    MAP_SHARED | MAP_FIXED,
                    mem_fd,
                    GPIO_BASE
                );
```

まず，最初にメモリ・デバイスをファイルと同じようにopenします．これと，先ほど確保した仮想メモリ・アドレスを使って，次のmmapによってメモリ・マッピングさせるわけです．

GPIO_BASEからBLOCK_SIZEぶんのメモリ領域を，*gpio_memからの領域にマッピングしています．PROT_READ | PROT_WRITEは，その領域をリード/ライト可能なものとして扱うことを指示します(PROT_EXECは付いていないので，プログラムなどの実行は不可)．

次のMAP_SHARED | MAP_FIXEDは，マップした領域をほかの全プロセスと共有すること(SHARED)で，さらに指定アドレス以外の場所へのマッピングを行わないということになります．

mmapした領域は，unmapを行うシステム・コールであるint munmap(void *addr, size_t length);によって開放するのが作法ですが，このサンプルではプロセス(サンプル・プログラム)終了に伴って自動的に開放されることに期待して，unmapを省略しています．

● mmapで返されたアドレスをint型へのポインタとしてGPIOレジスタ群にアクセス

mmapで返されるのは，voidへのポインタです．実際のレジスタにアクセスするため，次のように，unsigned型へのポインタにキャストして代入し直しています．

```
gpio = (volatile unsigned *)gpio_map;
```

このあとは，gpioを使ってアクセスすればよいわけです．なお，unsigned型は32ビット(4バイト)長ですので，*(gpio+1)と表記すると，gpioの値+4番地へのアクセスになることを忘れないようにしましょう．

■ GPIOアクセス・マクロ

GPIOアクセスのマクロ部分は，次のようになっています．

```
#define INP_GPIO(g)  *(gpio+((g)/10)) \
                     &= ~(7<<(((g)%10)*3))
#define OUT_GPIO(g)  *(gpio+((g)/10)) \
                     |= (1<<(((g)%10)*3))
#define GPIO_SET  *(gpio+7)
#define GPIO_CLR  *(gpio+10)
#define GPIO_GET  *(gpio+13)  // read bits
```

INP_GPIOとOUT_GPIOがポートの入出力方向指定，GPIO_SETとGPIO_CLRがそれぞれGPIO端子のセットとクリア，GPIO_GETがポートの読み込みです．

● INP_GPIO，OUT_GPIO…ポートの入出力方向の指定

ポインタgpioは0x2020_0000，すなわちGPSEL0を指し示しています．レジスタ1個あたり10ポートぶんですので，ポート番号を10で割った商を足したアドレスに操作用のビットがあります．これが(gpio+((g)/10))の部分です．

たとえば，GPIO11をアクセスしたいときは，11/10の商が1なので，*(gpio+1)になります．これは0x2020_0004番地(gpioが32ビット長のunsigned型へのポインタのため，+1すると+4番地を指す)なので，GPFSEL1になります．

このレジスタ中のビット位置は，1ポートあたり3ビットずつなので，ポート番号を10で割った余りを3倍したところから3ビットです．

先ほどと同様にGPIO11であれば，余りは1なので，ビット3～5ということになります．つまり，GPIO11の入出力設定は，GPFSEL1のビット3～5が操作対象になります．このビットを'000'にすれば入力ポート，'001'にすれば出力ポートです．

> **column** mallocを使わない方法
>
> 本章のサンプルでは，mallocした領域にきちんと割り付けてもらうという形をとっており，かなり丁寧な作りになっています．
> 実はmallocを使わず，OSにお任せでマッピングするという方法もあります．方法はごく単純で，下記のリストのように，第1引数を0にすることと，第4引数をMAP_SHAREDのみにする(MAP_FIXEDを削除)だけです．
> 仮想アドレスが指定されないので，OSは適当な仮想アドレスに物理メモリ領域を割り付けて返してきます．以降は，このアドレスを利用してアクセスすればよく，扱いかたは変わりません．
>
> ```
> gpio_map = (char *)mmap(
>     0,            // <= (caddr_t)gpio_mem,
>     BLOCK_SIZE,
>     PROT_READ|PROT_WRITE,
>     MAP_SHARED,   // <= MAP_SHARED | MAP_FIXED,
>     mem_fd,
>     GPIO_BASE
> );
> ```

すべてを '0' にするのは，該当ビットを '0' にした値をANDするだけです．

```
&= ~(7<<(((g)%10)*3))
```

のように，10で割った余りを3倍したビット数だけ7（'111'）をシフトして，'1' / '0' を反転してしまえばよいわけです．たとえば，GPIO11なら，

```
~(7<<(((g)%10)*3)) = ~(7<<(1*3))
                   = ~(7<<3) = 0xffff_ffc7
```

となり，これとANDすれば，ビット3～5が '0' になります．

一方，'001' にするのは，'0' にしたいビットはANDでクリア，'1' にしたいビットはORでセットという，2度の論理演算が必要です．関数にすれば簡単ですが，このサンプルでは，OUT_GPIOの前にINP_GPIOをさせることで，'1' をセットする部分だけ定義しています．GPIO7～11を出力ポートにするのは，次のようになります．

```
for (i=7; i<=11; i++) {
    INP_GPIO(i);
    OUT_GPIO(i);
}
```

● GPIO_SET，GPIO_CLR…GPIO端子のセットとクリア

GPIOのセット/クリアは，GPSET0，およびGPCLR0レジスタをアクセスするだけのマクロです．メモリ・マップ上は二つありますが，レジスタ1個でGPIO0からGPIO31まで対応可能ということで，Raspberry PiのGPIO端子操作はGPSET0とGPCLR0だけで間に合います．

```
#define GPIO_SET *(gpio+7)
#define GPIO_CLR *(gpio+10)
```

(gpio+7) と (gpio+10) は，アドレスにすると 0x2020_001c，0x2020_0028 となり，それぞれGPSET0とGPCLR0を指していることがわかります．

プログラム中では，次のように '1' をポート番号ぶん左シフトした値を書き込むことで，セットやクリアを行っています．

```
if (data == 0)
    GPIO_CLR = 1<<port;
else
    GPIO_SET = 1<<port;
```

● GPIO_GET…ポートの読み込み

GPIO_GETは，GPLEV0レジスタの読み込みです．これもレジスタ・マップ上はGPLEV0とGPLEV1がありますが，GPLEV0でGPIO0からGPIO31までカバーしますので，

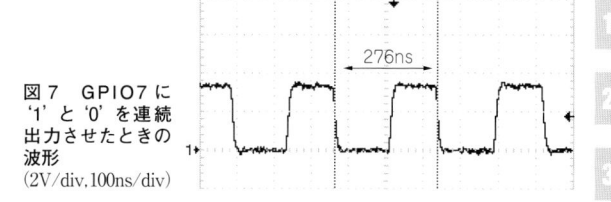

図7 GPIO7に '1' と '0' を連続出力させたときの波形
(2V/div，100ns/div)

GPIO端子の読み込みはGPLEV0を読めば間に合います．

マクロは，次のように+13を読むというものです．

```
#define GPIO_GET *(gpio+13)
```

+13なので，実際のアドレスは 0x2020_0034 となり，GPLEV0レジスタを指しています．ポート読み込み関数では，

```
return( (GPIO_GET & (1<<port)) ? 1 : 0);
```

という具合に，与えられたビットをチェックして '1' か '0' を返すようにしています．

■ 動かしてみよう

● コンパイル&実行

サンプル・プログラムは，リスト2 (gpio_c.c) です．

```
cc gpio_c.c
```

として，

```
./a.out
```

とすると，1秒ごとにGPIO7につないだLEDから順に点灯していき，全点灯するとスイッチの状態を読み出します．このあと，GPIO7のLEDから順に消灯し，すべて消灯すると，もう一度スイッチの状態を表示して終了します．

● アクセス速度はシェルからの操作より圧倒的に速い

シェルからの出力やGPIOデバイスを利用したときと同じように，GPIO7に '1' と '0' を連続出力させて波形を取ってみました．プログラムはgpio_c_test.cです．

波形は，図7のようになりました．1周期が276 nsですので，1回のアクセスは138 nsほどです．シェルからのアクセスの8 ms，デバイス・ドライバ経由の3 μsと比べると，圧倒的に高速になりました．

ただし，デバイス・ドライバのときと同じように，アプリケーション・プロセスの中からのアクセスですので，途中でプロセスの切り替えなどが発生すると大幅に遅れる可能性はあります．

くわの・まさひこ

第3部 ラズベリー・パイでハードウェア制御に挑戦！

リスト2　レジスタを直接アクセスするサンプル・プログラム(gpio_c.c)

```c
// How to access GPIO registers from C-code on the
Raspberry-Pi
// Example program
// 15-January-2012
// Dom and Gert

// Access from ARM Running Linux

#define BCM2708_PERI_BASE  0x20000000
#define GPIO_BASE
    (BCM2708_PERI_BASE + 0x200000) /* GPIO controller */

#include <stdio.h>
#include <string.h>
#include <stdlib.h>
#include <dirent.h>
#include <fcntl.h>
#include <assert.h>
#include <sys/mman.h>
#include <sys/types.h>
#include <sys/stat.h>

#include <unistd.h>

#define PAGE_SIZE  (4*1024)
#define BLOCK_SIZE (4*1024)

int  mem_fd;
char *gpio_mem, *gpio_map;
char *spi0_mem, *spi0_map;

// I/O access
volatile unsigned *gpio;

// GPIO setup macros. Always use INP_GPIO(x) before
//                using OUT_GPIO(x) or SET_GPIO_ALT(x,y)
#define INP_GPIO(g) *(gpio+((g)/10)) \
                        &= ~(7<<(((g)%10)*3))
#define OUT_GPIO(g) *(gpio+((g)/10)) \
                        |=  (1<<(((g)%10)*3))
#define SET_GPIO_ALT(g,a) *(gpio+(((g)/10))) \
            |= (((a)<=3?(a)+4:(a)==4?3:2)<<(((g)%10)*3))

#define GPIO_SET *(gpio+7)  // sets   bits which are
                            1 ignores bits which are 0
#define GPIO_CLR *(gpio+10) // clears bits which are
                            1 ignores bits which are 0

#define GPIO_GET *(gpio+13) // read   bits

#define MAX_PORTNUM 25

char valid_port[] = {
 1,1,0,0,
 0,0,0,1,
 1,1,1,1,
 0,0,1,1,
 0,1,1,0,
 0,1,1,1,
 1,1
};

void setup_io();

int port_avail(int port)
{
    if ((port < 0) || (port > MAX_PORTNUM))
        return (0);
    return ((int)valid_port[port]);
}

int gpio_read(int port)
{
    if (!port_avail(port))
        return(0);
    return( (GPIO_GET & (1<<port)) ? 1 : 0);
}

void gpio_write(int port, int data)
{
    if (!port_avail(port))
        return;
    if (data == 0)
        GPIO_CLR = 1<<port;
    else
        GPIO_SET = 1<<port;
}
//

// Set up a memory regions to access GPIO
int initcount= 0;
void setup_io()
{
    initcount++;
    /* open /dev/mem */
    if ((mem_fd = open("/dev/mem",
                               O_RDWR|O_SYNC) ) < 0) {
        printf("can't open /dev/mem \n");
        exit (-1);
    }

    /* mmap GPIO */

    // Allocate MAP block
    if ((gpio_mem = malloc(BLOCK_SIZE +
                          (PAGE_SIZE-1))) == NULL) {
        printf("allocation error \n");
        exit (-1);
    }

    // Make sure pointer is on 4K boundary
    if ((unsigned long)gpio_mem % PAGE_SIZE)
      gpio_mem += PAGE_SIZE -
                ((unsigned long)gpio_mem % PAGE_SIZE);

    // Now map it
    gpio_map = (char *)mmap(
        (caddr_t)gpio_mem,
        BLOCK_SIZE,
        PROT_READ|PROT_WRITE,
        MAP_SHARED|MAP_FIXED,
        mem_fd,
        GPIO_BASE
    );

    if ((long)gpio_map < 0) {
        printf("mmap error %d\n", (int)gpio_map);
        exit (-1);
    }

    // Always use volatile pointer!
    gpio = (volatile unsigned *)gpio_map;

} // setup_io

void gpio_init()
{
    int i;
    setup_io();
    for (i=0; i<1; i++) {
        INP_GPIO(i);
    }
    for (i=7; i<=11; i++) {
        INP_GPIO(i); // must use INP_GPIO
                       before we can use OUT_GPIO
        OUT_GPIO(i);
    }
}

void testmain()
{
    int p;
    for (p=7; p<=11; p++) {
        gpio_write(p,1);
        sleep(1);
    }
    for (p=0; p<2; p++) {
        printf("%d:",gpio_read(p));
    }
    printf("\n");
    for (p=7; p<=11; p++) {
        gpio_write(p,0);
        sleep(1);
    }
    for (p=0; p<2; p++) {
        printf("%d:",gpio_read(p));
    }
    printf("\n");
}

int main(int argc, char **argv)
{
    gpio_init();
    testmain();
    return 0;
} // main
```

第6章 ネットワークが得意な上位言語Rubyからの I/O 制御にトライ

Cプログラムをライブラリ化し，Rubyで高速に動かす

ネットワークが得意な上位言語 Rubyからの I/O 制御にトライ

桑野 雅彦

ネットワークが得意な上位言語Ruby

● C言語で作成したプログラムをライブラリ化し，Rubyで高速に動かす

　C言語で直接I/Oアクセスするプログラムが動いたので，図1に示すように，これをライブラリ化して利用してみましょう．今回は，上位言語としてRubyを使いました．

　速度が必要な処理やI/Oの直接アクセスなどの低レベルな処理部分は，手続き型のC言語で記述してライブラリ化しておき，より上位にあたる処理はオブジェクト指向のRubyの利点を活かして豊富なライブラリを使って効率良く記述することを目指します．これによりソフトウェア生産性を上げ，高い応答性や細かい低レベルな操作も満足できます．

　Rubyは，日本のまつもと ゆきひろ氏によって開発されたオブジェクト指向のプログラミング言語です．ネットワーク・アクセスやファイルの取り扱いに適しているという特徴があります．JIS規格（JIS X 3017）に続き，ISO/IEC 30170として国際規格としても登録されています．Perlなどと同様，スクリプト処理などの用途のほか，一般的なプログラミングなども行えます．

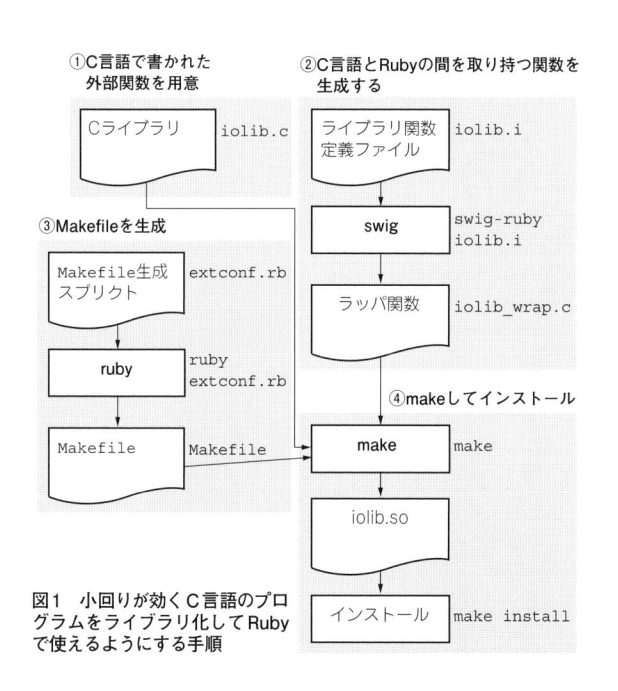

　Rubyと同様のものとしては，Perlのほかに Python（パイソン）やPHPなどがあり，RaspbianでもX Window System上にPythonの開発環境が用意されています．

　C言語などで作成したライブラリ（拡張モジュール）の登録/呼び出しなども，比較的簡単に行えるように配慮されています．Perlなどと同じく，ウェブ・サーバからCGIを使って呼び出される処理プログラムを記述するのにも利用されています．

準備…追加ソフトのインストール

　C言語で作成したプログラムをライブラリ化し，Rubyで動かすためにはRubyをはじめ，いくつかのソフトウェア・パッケージが必要です．これらは初期状態ではインストールされていません．まずは，これらをインストールしておきましょう．次の4種のデータをインストールします．

（1）ruby（Ruby本体）
（2）ruby-dev（拡張モジュール・コンパイル用ヘッダなど）
（3）tcl-dev（tcl関連ヘッダなど）
（4）swig（ソフトウェア・インターフェース用ラッパ生成ツール）

　インストールとはいっても，Linuxのパッケージ管理ツールのおかげで，ややこしいことはほとんどありません．`apt-get install`の後ろに，インストールしたいパッケージ名を付けるだけです．次のような具合です．

```
apt-get install ruby
```

図1　小回りが効くC言語のプログラムをライブラリ化してRubyで使えるようにする手順

61

リスト1　C言語のプログラムをライブラリ化してRubyで動かすサンプル・プログラム(gpio_ruby.rb)

GPIO7を"H/L"してLEDを点灯/消灯する

```
#!/usr/bin/env ruby
require 'iolib'
sw = Array.new(2)
io = Iolib;
for num in 0...5 do
    io.gpio_write(num+7,0)
end
for num in 0...5 do
    sleep 1
    io.gpio_write(num+7,1)
end
sw[0] = io.gpio_read(0);
sw[1] = io.gpio_read(1);
printf("%d %d\n",sw[0],sw[1])
for num in 0...5 do
    sleep 1
    io.gpio_write(num+7,0)
end
sw[0] = io.gpio_read(0);
sw[1] = io.gpio_read(1);
printf("%d %d\n",sw[0],sw[1])
```

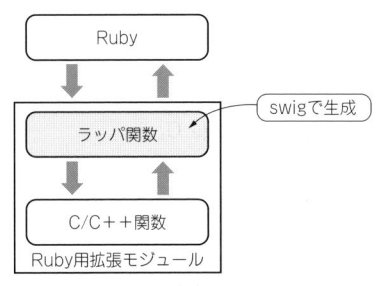

図2　C言語とRubyの間をとりもつラッパ関数と拡張モジュール

```
apt-get install ruby-dev
apt-get install tcl-dev
apt-get install swig
```

インストール中に「ディスク領域を○Mバイト使用するけれども良いか？」と尋ねてきたときは，そのまま"Y(Yes)"で進めます．

CプログラムをRubyで使えるライブラリにする

インストールが終わったら，サンプル・プログラムを作成します．ここではgpio_rubyというディレクトリを作成しておきます．

ここからの作業がちょっと手間がかかるので，作業を図にしました．図1に，ライブラリを登録するまでの手順を示します．

サンプル・プログラムは，リスト1(gpio_ruby.rb)です．ほかのサンプルと同様に，いったんLEDを全部消灯したあと，1秒ごとにGPIO7につながったLEDから順に点灯していきます．全部点灯したらスイッチの状態を表示し，今度は1秒ごとにGPIO7のLEDから順に消灯します．全部消灯したら，スイッチの状態を表示して終了します．

①C言語で書かれた外部関数を用意する(iolib.c)

C言語で書かれた外部関数の中には，main()があってもかまいません．つまり，main()の中に関数のテスト・プログラムを書いて，普通にコンパイルして実行し，動作を確認したものをそのまま利用できます．

今回，C言語によるGPIOアクセス・プログラムでは，次の三つの関数を作成しました．それぞれGPIOの初期化，ライト，リードに対応します．

- void gpio_init();
- int gpio_write(int port, int data);
- int gpio_read(int port);

②C言語とRubyの間を取り持つ関数を自動生成ツールswigで生成する(swigとiolib.i)

C言語で書いた関数は，そのままではRubyから呼び出せません．

既存の関数を流用するには，Ruby流の呼び出し規則で呼び出され，その中でC言語の関数を利用するような関数(いわゆるラッパ関数)を作成すればよいわけです．図2のように，ラッパ関数がRubyとC/C++の間を取り持っているわけです．

たとえば，Rubyがライブラリを呼び出すとき，C言語で書かれた外部関数だからといって，特別扱いはしません．引数や戻り値は，VALUE型のデータです．引数の渡しかたも，main()の引数のように，引数の数データと，引数の配列へのポインタが渡される形であり，C言語の関数として一般的な，直接引数を与える方法とは異なります．

C言語で関数を書いて，Rubyから利用できるようにするには，VALUE型との型変換を行ったり，値の受け渡しの方法をRubyの呼び出し規則に合わせる必要があります．

ラッパ関数は，自力で書けないわけではありませんが，今回のように既存のライブラリ関数をRubyからも使えるようにしたいという程度では，少々面倒で間違えやすいところです．

同じ関数をRubyではなくPythonなどで使いたいというときに，今度はPython流のソフトウェア・インターフェース規則に沿って書き換えなくてはなりません．

このような面倒な手間を省き，ラッパ関数を自動生成してくれるツールがswig (Simplified Wrapper and Interface Generator)です．swigは，C/C++で書かれたライブラリなどを，RubyやPythonをはじめとする，さまざまな処理言語で利用できるようにするラッパやインターフェースを

第6章　ネットワークが得意な上位言語RubyからのI/O制御にトライ

自動生成してくれるツールです．どのような処理系がサポートされているのかは，

```
swig --help
```

とすると，"Target language Options"として表示されます（**図3**）．JavaやC#，Perlなど，比較的馴染みがあるものだけでなく，実にさまざまな言語処理系に対応していることがわかります．

▶swigで使う定義ファイルを生成

swigでインターフェースを自動生成させるために，C/C++で書いた関数のうち，どれが対象なのかを指定します．これを定義しているのがiolib.iという，拡張子が.iのファイルです．ファイル名は任意ですが，わかりやすいようにC言語のライブラリ用のファイル名とあわせておくとよいでしょう．中身は，**リスト2**のようになっています．

なにやらゴチャゴチャとしているように見えますが，大きく四つのブロックに分かれています．

（1）モジュール名の宣言

最初の%moduleでモジュール名を指定します．Rubyからは，このモジュール名を利用してアクセスします．

（2）ヘッダ部分への埋め込み文（省略可）

次が，swigによって自動生成されるラッパ関数ファイルの中に埋め込まれるexternやインクルード・ファイルなどの定義です．特になければ，省略してもかまいません．

externを書いているのは，make したときに，

```
warning:implicit declaration of function
  'gpio_write'
```

という具合に，いちいち関数のプロトタイプ宣言がないという警告が出てしまうためです．無視しても実害はないのですが，目障りなのでここで宣言しました．

どの関数を呼び出すのかはswigがわかっているはずなので，自動生成してくれてもよさそうなものですが，「余計なことはやらない」という方針になっているのでしょうか．

（3）初期化時に呼ばれる関数の宣言（不要なら省略可）

Rubyで"require"したときにモジュールの初期化ルーチンが呼び出されますが，このブロックに関数を登録しておくと，モジュールの初期化時に登録した関数を呼び出してくれます．今回は，この中にgpio_init()関数を置いて，ポートの初期化を行います．

ライブラリの種類によっては，初期化が不要な場合もあるでしょう．この場合には，このブロックは不要です．

（4）ラッパ関数を生成する関数のプロトタイプ

ラッパ関数を生成する対象となるC/C++の関数のプロトタイプ宣言です．swigはこの部分の宣言を元にして，ラッパ関数を生成します．ソフトウェア開発中などにライブラリ側だけ引数や戻り値を変更したときに，swigへの定義ファイル中のプロトタイプ宣言の修正を忘れると，つじつまのあわないことになりますので注意してください．

▶swigでラッパ関数を自動生成する

これで，定義ファイルができましたので，ラッパ関数を生成させましょう．

```
swig -ruby iolib.i
```

という具合に，swigに対してRuby用のラッパ関数を生成させます．今回の場合なら，iolib_wrap.cというラッパ

```
Target Language Options
  -allegrocl    - Generate ALLEGROCL wrappers
  -chicken      - Generate CHICKEN wrappers
  -clisp        - Generate CLISP wrappers
  -cffi         - Generate CFFI wrappers
  -csharp       - Generate C# wrappers
  -d            - Generate D wrappers
  -go           - Generate Go wrappers
  -guile        - Generate Guile wrappers
  -java         - Generate Java wrappers
  -lua          - Generate Lua wrappers
  -modula3      - Generate Modula 3 wrappers
  -mzscheme     - Generate Mzscheme wrappers
  -ocaml        - Generate Ocaml wrappers
  -octave       - Generate Octave wrappers
  -perl         - Generate Perl wrappers
  -php          - Generate PHP wrappers
  -pike         - Generate Pike wrappers
  -python       - Generate Python wrappers
  -r            - Generate R (aka GNU S) wrappers
  -ruby         - Generate Ruby wrappers
  -sexp         - Generate Lisp S-Expressions
                           wrappers
  -tcl          - Generate Tcl wrappers
  -uffi         - Generate Common Lisp / UFFI
                           wrappers
  -xml          - Generate XML wrappers
```

図3　ラッパ関数を自動生成するツールswigでサポートする処理系を表示させた
swig --helpと入力するとTarget language Optionsとして表示される

リスト2　swigで使う定義ファイルiolib.iの内容

```
%module iolib    ←（1）モジュール名
%{
extern void gpio_init();
extern void gpio_write(int port, int data);
extern int gpio_read(int port);
%}                          （2）ラッパ関数
%init                        ファイルの中に
%{                           埋め込まれる
gpio_init();                extern宣言や
%}                           includeなど
                            （省略可）
extern void gpio_write(int port, int data);
extern int gpio_read(int port);
```
（3）初期化時（Rubyではrequireされたとき）呼び出される初期化用ユーザ関数の登録（不要なら省略可能）

（4）ラッパ関数を生成したいCの関数のプロトタイプ

関数のファイルができあがります．

③ **Makefileの生成**（extconf.rb）

C言語で書かれた外部関数iolib.cと，swigで生成されたラッパ関数iolib_wrap.cを使ってライブラリを生成します．このためのMakefileの作りかたは，使用する言語ごとに異なります．

Rubyの場合には，create_makefile()が用意されていますので，次のような2行のRubyスクリプトを実行するだけでOKです．

```
require 'mkmf'
create_makefile('iolib')
```

これをextconf.rbというファイル名でセーブして，

```
ruby extconf.rb⏎
```

とすると，Makefileが生成されます．

④ **makeとインストール**

Makefileができたら，

```
make
make install
```

として，makeしてインストールします．

makeすると，iolib.soというファイルができています．make installでは，このファイルをRubyのライブラリ用のディレクトリにコピーしています．

これで，Rubyにあらかじめ用意されているモジュールと同じように，iolibが利用できるようになります．

Rubyから呼び出して動かしてみる

● 呼び出す方法

C言語から作ったライブラリをRubyから呼び出す方法は，次のとおりです．

```
require 'iolib'
sw = Array.new(2)
io = iolib
io.gpio_write(7,0)
```

図4 Cプログラムを呼び出すことでRubyプログラムを高速化した
（2V/div, 2.5μs/div）
実際のGPIOトグル波形．第5章の図1と同じくらいの周期（6.5μs）が出せている

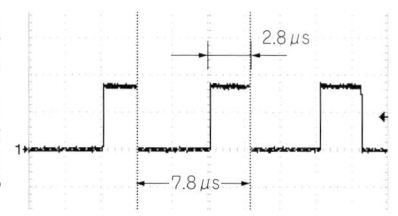

```
sw[0] = io.gpio_read(0)
```

1行目がiolibを利用するためのライブラリの取り込みです．このときに初期化関数が呼び出されます．

sw=Array.new(2)というのは，要素数が2個の配列を新規に作成するというものです．たかだか二つですので，sw0とsw1という二つの別々の変数を使ってもよかったのですが，配列を使ってみたかったので，試しにやってみました．これでsw[0]とsw[1]が使えるようになります．

3行目のio=iolibが，ライブラリ・オブジェクトの生成です．左辺の"io"というのは何でもかまいません．C言語と異なり，Rubyは変数の宣言などは必要ありません．使ったときに，その時点で生成されます．

右辺の先頭の文字は，必ず大文字にすることを忘れないようにしてください．小文字だと，変数名（またはメソッド名）と見なされてしまいます．

あとは，このオブジェクトの中のメソッド，すなわち公開しているライブラリ関数である，gpio_write()やgpio_readを呼び出すわけです．引数の順番などはC言語の関数の順番そのものですし，使い勝手も同じです．io.gpio_write(7,0)ならGPIO7に'0'を書くということですし，io.gpio_read(0)ならGPIO0の読み出しになります．

● アクセス速度の確認

Rubyはインタプリタ型の言語でもあり，処理速度の面ではだいぶ不利になっていますが，とりあえずどの程度のものか測定してみました．次のように，'1'を書いてから'0'を書いてループとしたので，波形としては'0'の期間のほうが'1'の期間よりも長くなる（ループの処理が入るため）ことが想像できます．

```
require 'iolib'
io = iolib;
for num in 0...1000000 do
  dat = io.gpio_write(7,1)
  dat = io.gpio_write(7,0)
end
```

実際の波形が，**図4**です．1周期が7.8μsで，'1'の幅が2.8μsなので，'0'の幅は5μsというところです．C言語からポートを連続アクセスしたときに比べれば遅いのは当然ですが，このくらいのループであれば，GPIOデバイス・ドライバ経由でアクセスするのに近い値が得られています．

くわの・まさひこ

第7章 ブラウザからの動的I/O制御にトライ

処理性能は十分！ちょっと重たいCGIで
ダイナミック制御/計測も簡単！

第7章 ブラウザからの動的I/O制御にトライ

桑野 雅彦

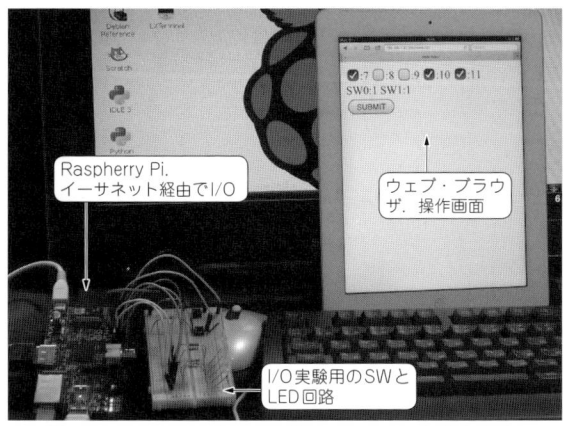

写真1 ブラウザからイーサネットと無線LAN経由でI/O制御するのも簡単！

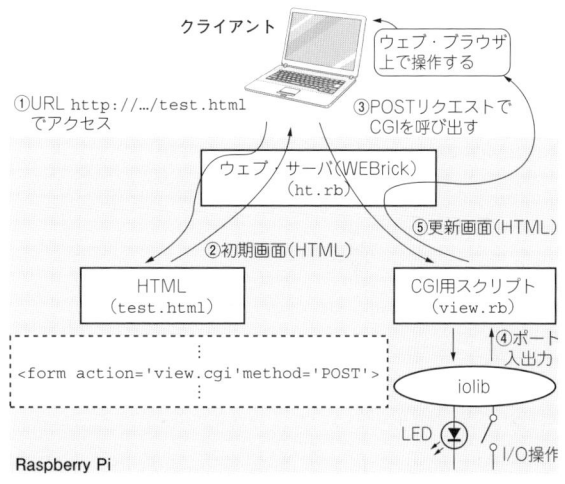

図1 ウェブ・サーバとCGIを介してブラウザからI/Oを操作する

　第6章では，RubyからI/Oできるようになりました．これをもう一歩進めてウェブ・ブラウザからウェブ・サーバ上のプログラムを呼び出し，GPIO出力やスイッチの読み込みを行います．動的にHTMLファイルを生成するプログラムCGI (Common Gateway Interface) から呼び出す方法を試してみます．操作側の機器は，ブラウザさえ動けば，OSや機器の種類も関係ありません．ネットワーク越しにGPIOの操作や入力値の読み込みができます（写真1）．

動的に表示内容を更新できるウェブ・サーバのしくみ

● ここがキモ！動的HTML生成プログラムCGIにI/O制御を任せる

　ブラウザからI/Oを扱うときの動作を図1に示します．ウェブ・ブラウザ（クライアント）からCGIを直接指定してもよいですが，ここではあえてHTMLを用意して，そこからCGIを呼ぶ方法を試してみました．手順は次のとおりです．

① ウェブ・ブラウザからRaspberry Piにアクセス

　Raspberry Pi側のウェブ・サーバが起動している状態で，パソコンなどからブラウザでURLを指定して，Raspberry Piにアクセスします．例えば次のような具合です．

　　http://192.168.1.20:3000/test.html

　IPアドレスの後ろの"":3000""はポート番号です．今回は3000番を使いました．ブラウザには図2のような画面が表示されます．

② Raspberry Piから初期画面のHTMLファイルをウェブ・ブラウザに送る

　クライアント（ウェブ・ブラウザ）側からtest.htmlへのアクセスがあると，test.htmlファイルの内容をクライアントに送ります．これが初期画面になります．

　このHTMLにはチェック・ボックスやボタンを配置して，図2で [SUBMIT] ボタンをクリックされたときにCGI (view.cgi) が呼び出されるようにしておきます．

65

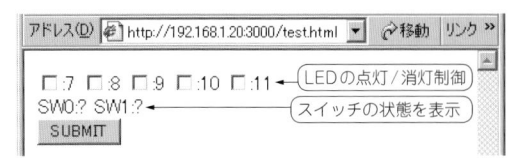

図2 ウェブ・ブラウザでURLを指定してRaspberry Piにアクセスしたときの表示

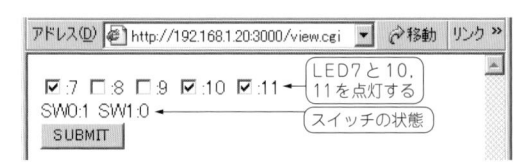

図3 Raspberry Piによりチェック・ボックスの状態を更新されたブラウザの表示画面

③ ブラウザ上のクリックでRaspberry Pi上のCGIファイルを起動してRubyファイルを呼び出す

[SUBMIT]ボタンがクリックされると，POSTリクエストでview.cgiを起動します．今回はWEBrickの定義ファイルでview.cgiが呼ばれるとview.rbが利用されるように指定したので，ここでview.rbが呼び出されます．

④ Rubyファイルでチェック・ボックスの状態に応じてポート入出力を行う

view.rbの中で，チェック・ボックスの状態を見てiolib経由でポート入出力を行って，LEDの点灯/消灯やスイッチの読み出しを行います．

⑤ Rubyファイルでチェック・ボックスの状態を表示するHTMLファイルをウェブ・ブラウザに送る

このままだと，スイッチの状態などが表示されないので，view.rbでスイッチの状態が更新されたHTMLファイルを生成します．Rubyで作成したこのHTMLがウェブ・ブラウザ上で表示されることで，スイッチの状態表示が更新された入力画面になります（図3）．

ネットワークを介してI/Oを操作するための3ステップ

❶ ウェブ・サーバの準備

まずは，ウェブ・サーバの準備です．ウェブ・サーバとして最も有名で広く利用されているApache（Apache HTTP Server）は，多機能である反面，設定も少々面倒です．

このようなときに便利なのが，Rubyとともに配布されているWEBrickです．WEBrickはRubyで書かれたウェブ・サーバ・モジュールで，これを利用すると簡単にウェブ・サーバを立ち上げられます．リスト1がウェブ・サーバ用のRubyスクリプトht.rbです．抜粋ではなく，これで全部です．特別な設定ファイルなども必要ありません．

WEBrickを取り込んだあとは，`s=HTTPServer.new()`でオブジェクトを作り，最後に`s.start`で動作開始させるだけです．`s.mount`はview.cgiによってview.rbが呼び出されるようにするための指定です．`trap("INT")`によって，キーボードなどから停止させたときに，ウェブ・サーバが終了されるようにしています．

❷ ウェブ・ブラウザ表示用HTMLファイルを作る

テスト用のHTMLはtest.htmlとしてみました（リスト2）．これをそのままindex.htmlとすれば，ブラウザで指定するときに，"test.html"の指定を省略できます．

テスト画面は図2に示した簡素なものです．チェック・ボックスがLEDの点灯/消灯を制御し，SW0：とSW1：がスイッチの状態を表示します．HTMLを読み込んだ時点

リスト1 ウェブ・サーバ用のRubyスクリプトht.rbの内容

```
#!/usr/bin/env ruby
require 'webrick'          ┐WEBrickの取り組み
include WEBrick            ┘
s=HTTPServer.new({
  :Port => 3000,
  :BindAddress =>'192.168.1.20',
  :DocumentRoot => "./",
  :CGIInterpreter => '/usr/bin/ruby',
})                          ┘オブジェクトを作る
s.mount('/view.cgi', WEBrick::HTTPServlet
                          ::CGIHandler, 'view.rb')
                          View.cgiによってView.rbが呼ばれる
trap("INT") {s.shutdown}
s.start                   動作を開始
```

リスト2 ウェブ・ブラウザ表示用HTMLファイル（test.html）

```
<html>
<head>
<meta http-equiv="Content-Type" content
                ="text/html"; charset=UTF8" />
</head>
<body>
<form action = 'view.cgi' method = 'POST'>
<input type = "checkbox" name = "cb7" value = "ON">:7
<input type = "checkbox" name = "cb8" value = "ON">:8
<input type = "checkbox" name = "cb9" value = "ON">:9
<input type = "checkbox" name = "cb10" value =
"ON">:10
<input type = "checkbox" name = "cb11" value =
"ON">:11<br>
 SW0:? SW1:?<br>
<input type = "submit" name = "exec" value =
"SUBMIT">
</body>
</html>
```

第7章　ブラウザからの動的I/O制御にトライ

リスト3　CGI経由で実行されるRubyファイル（view.rb）

```
#!/usr/bin/env ruby
require 'cgi'
require 'iolib'

io = Iolib;
cgi = CGI.new('html3')           ←①CGIオブジェクトの作成
cb = Array.new(5)
sw = Array.new(2)
cb[0] = cgi['cb7']
cb[1] = cgi['cb8']
cb[2] = cgi['cb9']               ←②LEDへの値のセット
cb[3] = cgi['cb10']
cb[4] = cgi['cb11']

m="<form action = 'view.cgi' method = 'POST'>\n"
for num in 0...5 do              ←④表示文字列の作成を開始
  d = num+7
  m=m+"<input type = \"checkbox\" name = \"cb#{d}\"
                                   value = \"ON\""
  if cb[num] == "ON" then
    m=m+" Checked"
  end
  m=m+">:#{d}\n"
end                              ←⑤チェック・ボックスを描画
m=m+"<br>\n"
for num in 0...5 do
  if cb[num] == "" then
    io.gpio_write(num+7,0)
  else
    io.gpio_write(num+7,1)       ←③LEDの点灯/消灯
  end
end
sw[0] = io.gpio_read(0);
sw[1] = io.gpio_read(1);         ←⑥スイッチの読み込みと表示
m=m+"SW0:#{sw[0]} SW1:#{sw[1]}<br>\n"
m=m+"<input type = \"submit\" name = \"exec\"
                    value = \"SUBMIT\">\n"
cgi.out {                        ←⑦SUBMITボタンの表示
  cgi.html {
    cgi.head {
      cgi.title {
        "Hello Ruby!"
      }                          ←⑧HTML形式で出力
    } +
    cgi.body {
      m
    }
  }
}
```

ではCGIが呼び出されないので，とりあえずチェック・ボックスはすべてOFF状態として，SW0とSW1は値不明ということで"?"にしました．

❸ Raspberry Piに書き込むRubyファイルを作る

LEDの点灯/消灯を設定し，[SUBMIT]ボタンをクリックすると，CGI経由でRubyファイルview.rbが実行されます（リスト3）．ここで，view.rbでポイントとなる部分について補足しておきましょう．

▶CGIオブジェクトの生成

ブラウザからの情報の取得などのために，CGIを利用します．これもRubyの場合はごく単純にリスト3の①のようにします．このCGIオブジェクトのメソッドなどを利用していけば，以下はかなり簡単にできます．

▶CGI経由でのデータの受け取りとLEDへの値のセット

LEDの状態を設定するため，チェック・ボックスの状態を知らなくてはなりません．test.htmlの中ではLEDの状態チェック・ボックスは，

```
<input type = "checkbox" name = "cb7"
  value = "ON">:7
```

となっています．このname欄のところに書いたもの（"cb7"や"cb8"など）がオブジェクトのインデックスとなり，チェックが入っているときにはこの中のvalueに設定した値（文字列）がセットされます．

リスト3の②のように，

```
cb[0] = cgi['cb7']
```

とすると，チェック（✓）が入っているとき，cb[0]が"ON"になり，チェックが入っていなければnull（""）になります．

実際のLEDの点灯/消灯の処理はリスト3③のようにしています．ここでは単にnullか否かによって'1'/'0'を振り分けているだけです．LEDへのセットは，RubyによるI/Oアクセスのときとまったく同じです．

▶表示文字列の作成

今回は，スイッチの状態表示などを含めた画面をブラウザ側に返さなくてはなりません．標準出力がCGI側になっているので，通常のスクリプトを書いているのと同じ感覚で，printなどを使ってHTMLの文法に沿った文字列を出力すればよいだけです．

ここではHTMLのbody部分にあたるものをすべて一つの変数（m）にまとめて，最後に出力する方法をとっています．内容は，基本的にtest.htmlと同じなので，見比べながら読んでいくとわかりやすいと思います．

---

column　IPアドレスを入力するだけでRaspberry PiのHTMLファイルをブラウザに表示する方法

今回のサンプルではウェブ・サーバに対して，
　http://192.168.1.20:3000/test.html
という具合にポート番号とHTMLファイルを指定してアクセスしていますが，WEBrickでも，通常のウェブ・サイトのように，
　http://192.168.1.20
だけで動くようにすることもできます．

このための変更はht.rbに記述したポート番号を80に変更し，test.htmlをindex.htmlというファイル名にするだけです．

67

第3部 ラズベリー・パイでハードウェア制御に挑戦！

リスト4 ブラウザ上でチェック・ボックスの7，10，11にチェックしたときに出力されたHTMLファイル

```
<!DOCTYPE HTML PUBLIC "-//W3C//DTD HTML 3.2
        Final//EN"><HTML><HEAD><TITLE>Hello Ruby!
</TITLE></HEAD><BODY><form action
                       = 'view.cgi' method = 'POST'>
<input type = "checkbox" name = "cb7"
       value = "ON" Checked>:7
<input type = "checkbox" name = "cb8"
       value = "ON">:8
<input type = "checkbox" name = "cb9"
       value = "ON">:9
<input type = "checkbox" name = "cb10"
       value = "ON" Checked>:10
<input type = "checkbox" name = "cb11"
       value = "ON" Checked>:11
<br>
SW0:1 SW1:1<br>
<input type = "submit" name = "exec"
       value = "SUBMIT">
</BODY></HTML>
```

（1）先頭部分

まず，リスト3の④が先頭です．

（2）チェック・ボックスの描画

続いてリスト3の⑤のようにチェック・ボックスの描画を行います．\マークがいくつかありますが，これはC言語のときと同様で，単に「"」を使うと文字列の開始/終端と見なされてしまうため，\でエスケープして「"」という文字として扱わせるための対策です．

C言語を使っている方にはちょっと目新しい表現として #{d} というものがありますが，これは{}で囲まれた部分を評価して，値[注1]を展開するというものです．cb#{d}で，dが0ならばcb0，dが1ならcb1，…という具合になるわけです．

次に，cb[]が"ON"か否かをチェックして，ONなら "Checked" の文字列を追加で入れています．例えば，cb8がONなら出力されるHTMLの中では，

```
<input type = "checkbox" name = "cb8"
         value = "ON" Checked>:8
```

[注1]：Rubyでは値といっても数値に限定されない．たとえば，dが "ABCD" という文字列だった場合には，cbABCDという具合になる．

この "Checked" があると，チェック・ボックスにあらかじめチェックが入った状態になります．test.htmlのように，Checkedの文字がなければ非チェック状態なので，この確認を省略すると[SUBMIT]ボタンを押すたびにチェック・ボックスが非チェック状態に戻った画面が表示されることになります．今回のようにLEDのセットをしたときは，セット状態が保持されていると見栄えが良いので，送られてきたチェック状態を保持しています．

（3）スイッチの読み込みと表示

続いてスイッチの状態の読み込みと表示です．読み込みは，RubyでI/Oアクセスしたときと同じで，リスト3の⑥のようにgpio_read()を使っています．これで '1' か '0' が読み出されますので，値を表示すればよいわけです．

（4）[SUBMIT]ボタンの表示

HTMLファイルの中と同じようにリスト3の⑦で[SUBMIT]ボタンを追加します．

▶ HTML形式での出力

body部分に表示する文字列はできたので，最後にHTML形式で出力します．文字列に過ぎないので，<html>だの<head>だのといったタグをmに追加してprintしても構いませんが，CGIオブジェクトにはこの手間を省く方法が用意されています．これを利用したのが最後のところにあるcgi.outから始まるリスト3の⑧のブロックです．

これで，お決まりのタグが自動的に作られ「Hello Ruby!」というタイトルが付けられ，body部分には今まで作ってきたmの内容が埋め込まれて，ブラウザ側に渡されます．

試しにcb7，cb10，cb11の三つをチェック状態にしてSUBMITしたあと，ソース・コード表示で見ると，リスト4のようになり，予定したとおりの出力結果となりました．

くわの・まさひこ

---

column　アイコン・ファイルfavicon.icoの制作方法

WEBrickを起動したあと，コンソールに表示されるメッセージを見ていると，test.htmlにアクセスされたあとなどに，

```
ERROR '/favicon.ico' not found.
```

と出てくることがあります．favicon.icoは，ウェブ・サイトに関連付けられたアイコンです．favicon.icoファイル作成ツールやFavIcon from Pics（http://favicon.htmlkit.com/favicon/）などのサイトなどで作成できます．

これをht.rbなどと同じディレクトリに置いておけば自動的に読み込まれ，ブラウザ上にも表示されます．コンソールのメッセージでも，

```
GET /favicon.ico HTTP/1.1" 200 5686
- -> /favicon.ico
```

のように，favicon.icoファイルが読み込まれたことが示されます．

第8章 自作LinuxドライバでI/O制御を簡単・確実に！

アプリケーション・ソフトから自在にGPIOにアクセス！
自作LinuxドライバでI/O制御を簡単・確実に！

桑野 雅彦

● 試すこと…Linuxドライバを自作する

　Raspberry Pi用のLinuxであるRaspbian（ラズビアン）標準のGPIOドライバを使うと，アプリケーション・ソフトウェアから簡単にGPIOにアクセスできます．I/Oレジスタを直接操作すれば，処理を高速にすることも可能ですが，次の3点のデメリットがあります．
▶デメリット①…複数のビットを操作するときやシリアル通信などで一つの信号を何度も操作するときは，いちいち設定しなければいけない
▶デメリット②…他のタスクを動かすために，OSがGPIOを中断することがある
▶デメリット③…I/Oレジスタを直接操作すると，複数のアプリケーションからGPIOにアクセスした場合，最悪フリーズすることがある

　図1に示すように，使いたい用途に合わせたGPIOドライバを自作して一括で処理できるようにすれば，これらの問題を回避できます．
　そこで本章では，Linux用GPIOドライバの自作にトライします．必要最小限のドライバなら，比較的簡単に作ることができます．

ドライバを自作するメリット

　前章までは，以下の方法によりGPIOへアクセスを行いました．
(1) シェルからechoやcp (copy)でGPIOアクセス
(2) Cプログラムからシェル・コマンドを発行してGPIOアクセス
(3) CプログラムからI/Oドライバを呼び出してGPIOアクセス
(4) Cプログラムから直接GPIOレジスタ・アクセスしてGPIOアクセス

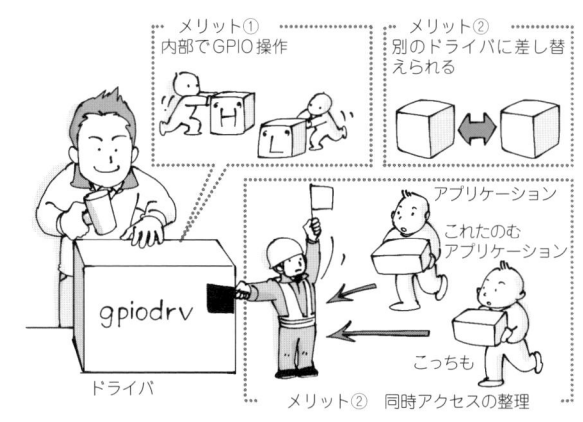

図1 自分でドライバを作ると，GPIO操作をまとめて処理ができ，中断やフリーズを防げる
インターフェースが変わったときはドライバを差し替えるだけでよい．root権限のないユーザのアプリケーション・ソフトウェアからも使える

(5) Cで書いたI/O操作関数をRubyの拡張ライブラリ化して，RubyからGPIOアクセス
(6) RubyをCGIとして簡易Webサーバを起動して，ネットワーク経由でGPIOアクセス

　上記の方法により，アプリケーション・レベルからのGPIOの操作は一応できますが，不便な面もいろいろとあります．

● 標準GPIOドライバやI/Oレジスタ直接操作の制約
▶制約1…信号ごと，I/O操作ごとにいちいち設定が必要

　上記の(1)～(3)は，Raspbian標準のGPIOアクセス・ドライバである/sys/class/gpioデバイスを使って入出力を行いました．これらの方法では，複数のビット操作やシリアル通信など，一つの信号線を何度も操作するときにはいちいち設定しなければなりません．
▶制約2…I/O操作が中断されることがある
　Linuxはマルチタスク OSなので，さまざまなタスク（プロセス）が動作します．このため，gpioデバイスを操作中

69

に，他のアプリケーション動作に切り替わって中断されてしまうこともあります．

▶制約3…I/Oレジスタはroot権限がないと操作できない

上記の(4)～(6)では，I/Oアクセス用のライブラリを作成して，アプリケーションから直接I/Oレジスタを操作しました．しかし，これは実行時にroot権限が必要なので，piユーザなど，通常の一般ユーザ・モードで動かすプログラムからはGPIOアクセスは行えません[注1]．

▶制約4…I/Oレジスタを直接操作していると，複数のアプリから同時にアクセスしたときに最悪フリーズする

複数のアプリケーションから同時にGPIOアクセスをすると，フリーズするなど，予期しない結果を招くことがあります．

● 自分でドライバを作るとアプリケーションから自由にGPIOを操作できる！

図1にドライバを作成するメリットを示しましたが，独自にドライバを作成すると，自分が希望するGPIO操作をドライバ内部にまとめて処理できます．(1)～(3)の方法のように，いちいち設定が必要ということはありません．アプリケーションからは，単に「…を行え」というリクエストだけ行えばよいわけです．

また，実際のI/Oレジスタへのアクセスはドライバ内部で行うので，一般ユーザ・レベルのアプリケーションからでも自由にアクセスできます．複数のアプリケーションからの同時アクセスも，ドライバ側で排他制御などを行えばフリーズなどの問題を回避できます．

使用するポートが変更になったような場合や，ポートを節約するためにSPIなどのシリアル・インターフェースで入出力するようになった場合でも，ドライバを差し替えるだけでよく，アプリケーションはそのまま使えます．

● ドライバの作成はハードルが高い？

ドライバを作成するメリットはあるものの，作成するのはとても難しいものと思われている方は多いと思います．確かに，ドライバは「OSが利用するためのソフトウェア」であり，Linuxカーネルの動作と密接に絡んでいるので約束事も多く，またハードウェアと密接に絡むため複雑な部分があることは確かです．

この決まりごとの類は，年々増えています．Linuxのドライバのバイブルとも言えるドキュメントである「LINUX Device Driver」も，1998年の初版に比べて2005年の第3版では1.3倍程度も分量が増えており，細かい部分まで把握するのはなかなか大変です．

また，ドライバの場合，些細なミスや配慮が足りないと，OS全体の動作に影響を与えることが少なくありません．通常のアプリケーションであれば，多少のミスがあっても，アプリケーションが止められるだけで済みますが，ドライバの場合にはちょっとした勘違い程度でも電源をOFF/ONし直さなくてはならなくなるのは珍しいことではありません．

● 最小限の機能だけのドライバなら簡単

このようなことを考えていくと，つい腰が引けてしまいそうなドライバ作成ですが，GPIOのリード/ライトのようなごくシンプルなハードウェアの処理を，あまり欲張らずに最小限の機能だけ実装するならば，比較的簡単に作成できるのです．

また，Linuxでは「ローダブル・カーネル・モジュール」という，ドライバ・モジュールとしてOS起動後に簡単に取り付け/取り外しができる仕組みがあります．どちらもごく簡単なコマンドを入力するだけです．ドライバを作って動かしてみて，駄目なら修正したものと差し替えてテストするということも簡単です．

もちろん，キーボードも何も全く使えなくなる，フリーズ状態になってしまうこともありますが，手動で取り外している分には問題解決が簡単です．OS起動時にドライバが自動的に組み込まれないので，組み込んだドライバのおかげで動かなくなった場合でも，再起動すればドライバが組み込まれる前の状態に戻ります．

作成するドライバ

● お約束のLEDチカチカ&スイッチ読み込みにトライ

自作ドライバを作成し，LEDの点滅とスイッチの読み込みをやってみることにします．配線図を図2に，写真1につないだ様子を示します．

ポートの使用方法と動作は，次のようになります．

- LED出力×5点：GPIO7～11を使用．'1'で点灯
- スイッチ入力×2点：GPIO0とGPIO1を使用．
  　　　　　　　OFFで'1'，ONで'0'

アクセスが1バイト単位のリード動作とライト動作だけ

注1：スーパユーザ・モードで作成し，SUID (Set User ID) 属性を付けて一般ユーザ・モードからの実行時にroot権限を持たせるという手はあるが，一般ユーザが自由にGPIOアクセスするプログラムを書けないということは変わらない．

というドライバを実装してみます．

・ライト

デバイスに書き込んだデータの下位5ビットをGPIO7～11にセットする．ビット0がGPIO7，ビット4がGPIO11で，'1'になったビットのLEDが点灯する．

・リード

デバイスを読み込むと，0x30～0x33（ASCIIコードで'0'～'3'）を返す．下位2ビットがスイッチのステータス．ビット0がGPIO0，ビット1がGPIO1で，スイッチが押されていると該当ビットが'0'，押されていなければ'1'になる（両方OFFなら0x33になる）．

例えば，デバイス名を「/dev/gpiodrv」として（デバイス名は自由につけられる），echoコマンドに-nオプション（自動的に改行コードを送らない）を使い，

```
echo -n a > /dev/gpiodrv
echo -n b > /dev/gpiodrv
```

とします．'a'のASCIIコードは0x61なので，GPIO7のLEDだけが点灯し，'b'のASCIIコードは0x62なのでGPIO8のLEDだけが点灯します．

スイッチの読み込みは，

```
cat /dev/gpiodrv
```

とすれば，スイッチが両方ともOFFなら'3'，GPIO0側だけONなら'2'が表示されます．

▶お試しドライバはダウンロードできる

以下で解説するドライバは，CQ出版社のダウンロード・ページ(http://www.cqpub.co.jp/interface/download/Rpi)から入手できます．

作成の準備

● ドライバを作成するにはカーネルのソース・コードとmakeが必要

ドライバを作成するには，ソース・コードが必要です．Linuxのドライバ自体をmakeするときには，さまざまなヘッダファイルや/usr/src/linux/Module.symversなどのファイルが必要です．

ところが，Raspbianの起動用SDカードを作成した状態では，一般ユーザには必要がないので，Linuxのソース・コードなどは含まれていません．SDカードという限られたメモリ領域を食いつぶすのはもったいないのですが，今回はドライバを作成するので，Raspberry Piのソース・コードを入手して，再度makeし直す必要があります．

このmake作業は一回だけやればよいのですが，時間がかなりかかります．SDカードのアクセス速度にもよりますが，筆者の環境ではおおむね8時間ほどかかりました．夜，寝る前に仕掛けておくなどしたほうが良いかもしれません．Linuxのソース・コードを追加し，さらにmakeし直すので，SDカードの容量はある程度余裕のあるものを利用する方が良いでしょう．筆者は，8Gバイトのものを使用しました．

ローダブル・モジュールの機能により，ドライバを書き

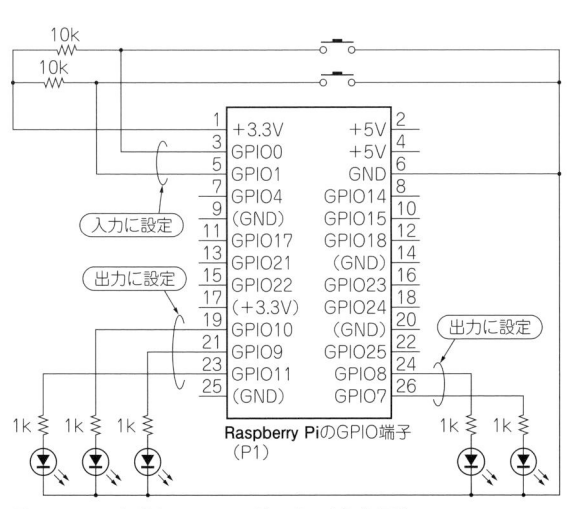

図2 LEDの点滅とスイッチの読み込みを行う回路

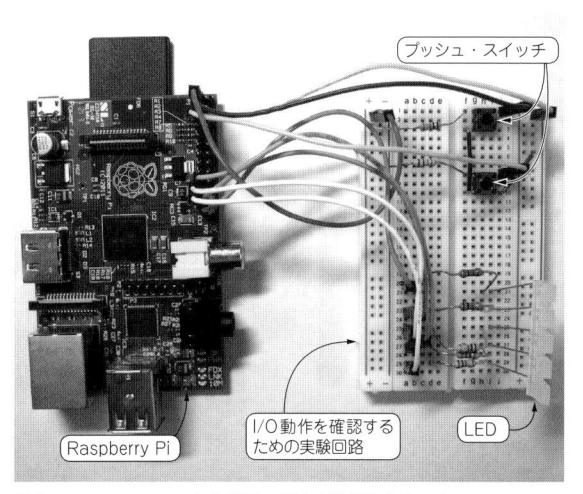

写真1 Raspberry Piと実験用の回路を接続したところ

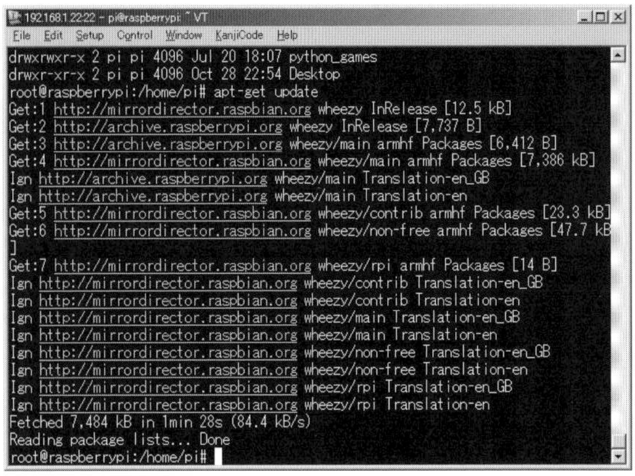

第3部 ラズベリー・パイでハードウェア制御に挑戦！

図3 apt-get updateを実行すると3〜4分で終了する

リスト1 Raspbianのソース・コードをgitで入手する

```
cd /usr/src
git clone --depth 1 https://github.com/raspberrypi/linux.git
cd linux
zcat /proc/config.gz > .config
```

図4 make oldconfigにより表示されるメッセージで最後の（NEW）で'y'を入力する

```
Broadcom BCM2708 Development Platform (MACH_BCM2708)
[Y/?] y
  BCM2708 gpio support (BCM2708_GPIO) [Y/n/?] y
  Videocore Memory (BCM2708_VCMEM) [Y/n/?] y
  Videocore L2 cache disable (BCM2708_NOL2CACHE) [N/y/?] n
  BCM2708 DMA helper (BCM2708_DMAER) [N/m/y/?] (NEW)
Y
```
（'y'を入力する）
（自動で進む）

換えるたびにLinuxのカーネルをmakeし直す必要はありません．できあがったドライバを組み込んで利用するには，ドライバ本体だけがあればよいのです．

● OSイメージの準備とmake

今回使用したOSは，本稿執筆時点における最新版である，Raspbian wheezyの2012年12月16日版です．ファイル名は2012-12-16-wheezy-raspbian.zipです．Raspbianは細かいアップデートが続いていますが，基本的なところは大きく変わらないと思います．

また，以下の操作はroot権限のあるユーザ（スーパユーザ）であることが必要です．この際，スーパユーザのパスワードも設定しておきましょう．

```
sudo su
passwd
```

以下，パスワードを2回入力した後，logoutし，改めて，

```
su
```

として先ほど設定したパスワードを入力してスーパユーザになっておきます．

(1) パッケージ取得ツールapt-getでソース・コード管理ソフトgitを入手する

OSのソース・コードを管理するのためには，git（ギット）が必要です．gitは，分散型のソース・コード・バージョン管理システム（Distributed Revision Control System）で，Linuxカーネルの開発者であるリーナス氏が開発したものです．Raspbianのソース・コード管理は，基本的にこのgitで行うものと思っておいてよいでしょう．

初期状態では，gitがapt-getで入手できるパッケージのリストにはないので，まずアップデートを行います．

```
apt-get update
```

とすると，図3のように進行します．かかった時間は，筆者の環境ではおおむね3，4分程度でした．

次に，gitのインストールを行います．これも10分もかからず終わるでしょう．

(2) ソース・コードをgitで入手する

リスト1に示すように，Raspbianのソース・コードをgitで手に入れます．ちょっと容量が大きいので，ダウンロードに時間がかかります．

(3) makeする

カレントのディレクトリ/usr/src/linuxにmakeすれば良さそうに思いますが，実際にmakeしてみると，make oldconfigを行いなさいというメッセージが出るので，それに従っておきます．

make oldconfigを行うと，図4に示すようなメッセージが出ます．初めの四つまでは自動的に入力されて先に進み，最後の（NEW）のところで入力を求められます．今回はDMAを使わないので特に関係ありませんが，'y'を入力しておきました．

これ以降はmakeすれば良いのですが，ちょっと注意が必要です．USBキーボードを使ったコンソールは大丈夫なのですが，SSH (Secure SHell) でリモート・ログインした状態でmakeしていると，しばらく何の入力もないということで勝手にログアウトされ，これにともなってmakeも途中で終了してしまいます．これを避けるには，コマンドの前にnohup (no hung up) をつけます．さらに，バック

第8章　自作Linuxドライバで I/O 制御を簡単・確実に！

```
root@raspberrypi:/home/pi/drvtest/nothing# ls -l           make: Entering directory `/usr/src/linux'
total 12                          作成したファイル一覧      CC [M]   /home/pi/drvtest/nothing/nothing.o
-rw-r--r-- 1 pi pi 19 Nov 29 00:24 Makefile                Building modules, stage 2.
-rwxr-xr-x 1 pi pi 38 Nov 29 00:25 mk                      MODPOST 1 modules
-rw-r--r-- 1 pi pi 58 Nov 29 00:24 nothing.c               CC       /home/pi/drvtest/nothing/nothing.mod.o
root@raspberrypi:/home/pi/drvtest/nothing# cat ./mk        LD [M]   /home/pi/drvtest/nothing/nothing.ko
make -C /usr/src/linux M=$PWD modules   mkファイルの内容   make: Leaving directory `/usr/src/linux'
root@raspberrypi:/home/pi/drvtest/nothing# cat ./          root@raspberrypi:/home/pi/drvtest/nothing# ls -l
Makefile                          Makefileの内容           total 32                          make後のファイル一覧
obj-m := nothing.o                                         -rw-r--r-- 1 pi    pi      19 Nov 29 00:24 Makefile
root@raspberrypi:/home/pi/drvtest/nothing# cat ./          -rwxr-xr-x 1 pi    pi      38 Nov 29 00:25 mk
nothing.c                         ソース・コード           -rw-r--r-- 1 root  root    43 Dec 20 08:01 modules.order
#include <linux/module.h>                                  -rw-r--r-- 1 root  root     0 Dec 20 08:01 Module.symvers
MODULE_LICENSE("Dual BSD/GPL");                            -rw-r--r-- 1 pi    pi      58 Nov 29 00:24 nothing.c
                                  makeの実行               -rw-r--r-- 1 root  root  1918 Dec 20 08:01 nothing.ko  ← できたモジュール
root@raspberrypi:/home/pi/drvtest/nothing# ./mk            -rw-r--r-- 1 root  root   554 Dec 20 08:01 nothing.mod.c
                                                           -rw-r--r-- 1 root  root  1677 Dec 20 08:01 nothing.mod.o
                                                           -rw-r--r-- 1 root  root   874 Dec 20 08:01 nothing.o
                                                           root@raspberrypi:/home/pi/drvtest/nothing#
```

図5　それぞれのファイルを連結したあとmakeした結果

グラウンドで動作させるために後ろに&をつけます．

　　`nohup make&`

　nohupを付けたときのメッセージはコンソールには表示されず，`nohup.out`というファイルに格納されます．とりあえずmakeを開始した後，

　　`cat ./nohup.out`

として，いきなりエラーが出たりしていないかを確認しておくと良いでしょう．

ステップ1　何もしないnothingモジュールを作ってみよう

　まず最初に，最もシンプルで中身の何もないドライバ（カーネル・モジュール）を作成してみましょう．

　本当に中身が何もないので，組み込まれても何もせず，ただ存在しているだけになります．まずはこれを使って，モジュールの作成の手続きや組み込み/取り外しの練習をしてみましょう．

● ソース・コードは2行だけ

　Cのソース・コードを，とりあえず「nothing.c」という名称で作成します．中身は次の2行だけで，プログラム本体はありません．

　　`#include <linux/module.h>`
　　`MODULE_LICENSE("Dual BSD/GPL");`

　1行目でモジュールを使う上で最小限必要となるヘッダ・ファイルを取り込みます．

　2行目は，作成したモジュールがGPL（General Public License）などのライセンス条件に準拠しているか否かを示すものです．LinuxカーネルはGPL条件下で作成されているので，取り込まれるモジュールもGPLに準拠しているか否かをチェックする仕組みが設けられています．GPLに準拠していないものは，「tainted modules」である旨の警告が出ます．汚れたモジュールという意味です．

　MODULE_LICENSEの中に記述するライセンス関係を示す文字列については，`/usr/src/linux/include/linux/module.h`の中でコメントとして説明されています．ざっと目を通しておきましょう．

- **Makefile**

　ソース・コードがnoting.cだけなので，Makefileもごく単純です．

　　`obj-m := nothing.o`

- **シェル・スクリプト**

　これで準備ができたので，makeを起動します．

　　`make -c /usr/src/linux M=$PWD Modules`

　オプションなどが少々長いので，これを"mk"という名前（ファイル名は任意）のファイルで作成しておきます．

　　`chmod +x ./mk`

としてシェル・スクリプト（Windows/MS-DOSのバッチ・ファイルに相当）として実行できるようにしておくと，makeするたびに長いオプションを付けず，単に`./mk`とするだけでmakeできて便利です．

　図5は，それぞれのファイルをcatコマンドで連結したあと，makeした結果の例です．

73

第3部 ラズベリー・パイでハードウェア制御に挑戦！

```
root@raspberrypi:/home/pi/drvtest/nothing# lsmod     ← モジュール一覧表示
Module                  Size  Used by
snd_bcm2835            12808  0
snd_pcm                74834  1 snd_bcm2835
snd_seq                52536  0
snd_timer              19698  2 snd_seq,snd_pcm
snd_seq_device          6300  1 snd_seq
snd                    52489  5 snd_seq_device,
                snd_timer,snd_seq,snd_pcm,snd_bcm2835
snd_page_alloc          4951  1 snd_pcm
evdev                   8682  1
root@raspberrypi:/home/pi/drvtest/nothing# insmod
nothing.ko                                       ← モジュール追加
root@raspberrypi:/home/pi/drvtest/nothing# lsmod ← モジュール一覧表示
Module                  Size  Used by
nothing                  400  0          ← nothingモジュール
snd_bcm2835            12808  0
snd_pcm                74834  1 snd_bcm2835
snd_seq                52536  0
snd_timer              19698  2 snd_seq,snd_pcm
snd_seq_device          6300  1 snd_seq
snd                    52489  5
```

```
            snd_seq_device,snd_timer,snd_seq,snd_pcm,snd_bcm2835
snd_page_alloc          4951  1 snd_pcm
evdev                   8682  1                  ← さらにnothingモジュールを追加
root@raspberrypi:/home/pi/drvtest/
                            nothing# insmod nothing.ko
Error: could not insert module nothing.ko: File exists
root@raspberrypi:/home/pi/drvtest/       ← モジュール削除
                            nothing# rmmod nothing
root@raspberrypi:/home/pi/drvtest/nothing# lsmod
Module                  Size  Used by     ← モジュール一覧表示（nothingが無くなった）
snd_bcm2835            12808  0
snd_pcm                74834  1 snd_bcm2835
snd_seq                52536  0
snd_timer              19698  2 snd_seq,snd_pcm
snd_seq_device          6300  1 snd_seq
snd                    52489  5 snd_seq_device,
                snd_timer,snd_seq,snd_pcm,snd_bcm2835
snd_page_alloc          4951  1 snd_pcm
evdev                   8682  1            ← 二重登録となるので拒絶される
root@raspberrypi:/home/pi/drvtest/nothing#
```

図6 何もしないnothingモジュールを作成して，組み込み，一覧表示，取り外しのコマンドを実行したようす

● モジュールの一覧表示，組み込み，取り外し

無事にmakeが終わると，nothing.koというファイルができています．これがローダブル・モジュールです．とりあえず，ここでは次の三つのコマンドを使ってみましょう．

- insmod <モジュール・ファイル名>
  …モジュールの組み込み
- lsmod …組み込まれているモジュールの一覧表示
- rmmod <モジュール名> …モジュールの取り外し

試しに，モジュールの組み込みを行ってみます．

```
insmod nothing.ko
```

としてみます．特に何のメッセージも出なければ，組み込みは正常に終了しています．次に，

```
lsmod
```

と入力してみると，現在組み込まれているモジュールの一覧が表示され，この中にnothingがあるはずです．この状態で，さらにinsmodでnothing.koを組み込もうとすると，すでに存在しているというメッセージが出ます．つまり，OS側ですでに存在しているかどうかチェックされており，二重登録はできないようになっています．

最後に取り外し方です．

```
rmmod nothing
```

としてからlsmodしてみると，先ほどあったnothingが消えています．図6に，以上のコマンドを実行した例を示します．

リスト2 作成したモジュール版のHello World

```c
#include <linux/init.h>      ← module_init/module_exitの定義など
#include <linux/module.h>
#include <linux/kernel.h>    ← printkを使うときに必要

MODULE_LICENSE("Dual BSD/GPL");

int i
static int hello_init(void)
{
    printk("Hello world! %d\n",i++);
    return 0;
}

static void hello_exit(void)
{
    printk("Bye Bye world %d\n",i);
}

module_init(hello_init)
module_exit(hello_exit)
```

ステップ2 簡単なHello Worldのモジュールを作ってみる

● 組み込み，取り外しでメッセージを出力するモジュールを作る

nothingは中身が全くないので，ドライバがきちんと組み込まれ，動いているという実感に乏しかったかもしれません．次は，print文（printk）を使ってモジュールの組み込み時と，取り外し時にメッセージ出力するようにします．

アプリケーションと比べると，ドライバのデバッグはなにかと面倒ですが，任意の場所でメッセージを出したり，

第8章 自作LinuxドライバでI/O制御を簡単・確実に！

```
root@raspberrypi:/home/pi/drvtest/hello# cat Makefile
obj-m := hello.o

root@raspberrypi:/home/pi/drvtest/hello# cat ./mk
make -C /usr/src/linux M=$PWD modules

root@raspberrypi:/home/pi/drvtest/hello# ./mk
make: Entering directory `/usr/src/linux'
  CC [M]  /home/pi/drvtest/hello/hello.o
  Building modules, stage 2.
  MODPOST 1 modules
  CC      /home/pi/drvtest/hello/hello.mod.o
  LD [M]  /home/pi/drvtest/hello/hello.ko
make: Leaving directory `/usr/src/linux'

root@raspberrypi:/home/pi/drvtest/hello# insmod hello.
ko
root@raspberrypi:/home/pi/drvtest/hello# lsmod
Module                  Size  Used by
hello                    754  0        ← helloのモジュールができている
snd_bcm2835            12808  0
snd_pcm                74834  1 snd_bcm2835
snd_seq                52536  0
snd_timer              19698  2 snd_seq,snd_pcm
snd_seq_device          6300  1 snd_seq
snd                    52489  5 snd_seq_device,
                snd_timer,snd_seq,snd_pcm,snd_bcm2835
snd_page_alloc          4951  1 snd_pcm
evdev                   8682  2
root@raspberrypi:/home/pi/drvtest/hello# rmmod hello
```

```
root@raspberrypi:/home/pi/drvtest/hello# lsmod
Module                  Size  Used by
snd_bcm2835            12808  0
snd_pcm                74834  1 snd_bcm2835
snd_seq                52536  0
snd_timer              19698  2 snd_seq,snd_pcm
snd_seq_device          6300  1 snd_seq
snd                    52489  5 snd_seq_device,
                snd_timer,snd_seq,snd_pcm,snd_bcm2835
snd_page_alloc          4951  1 snd_pcm
evdev                   8682  2
root@raspberrypi:/home/pi/drvtest/hello#

root@raspberrypi:/home/pi/drvtest/hello# dmesg
…中略…                                ← ロギングされたメッセージを表示
[   20.442493] bcm2835 ALSA chip created!
[   20.452955] bcm2835 ALSA chip created!
[   20.463165] bcm2835 ALSA chip created!
[   24.658556] mmc0: missed completion of
cmd 18 DMA (512/512 [1]/[1]) - ignoring it
[   24.670069] mmc0: DMA IRQ 6 ignored - results were
reset
[   28.742299] smsc95xx 1-1.1:1.0: eth0: link up,
100Mbps, full-duplex, lpa 0x41E1
[   33.422092] Adding 102396k swap on /var/swap.
Priority:-1 extents:129 across:1754856k SS
[  207.617181] Hello world! 0      ← initの関数が呼び出された
[  214.394725] Bye Bye world 1     ← exitの関数が呼び出された
root@raspberrypi:/home/pi/drvtest/hello#
```

図7 デバッグ用printkを組み込んだHelloモジュールを作成し，makeした後，実行したようす

内部の変数を表示するなど，いわゆるprintkデバッグというのはかなり有力な手段です．

- **hello.c**

リスト2は，C言語の入門書で最初に出てくるプログラムであるHello Worldのモジュール版です．変数iはprintkで数値が表示できることを確認するためだけのもので，動作には特に関係ありません．

- **Makefile**

Makefileは，nothing.oがhello.oとなるだけです．

```
obj-m := hello.o
```

- **mkシェル・スクリプト**

これはnothingと全く同じです．

```
make -C /usr/src/linux M=$PWD modules
```

▶初期化と終了時の処理関数の指定

helloでは，モジュールの組み込み時や切り離し時にメッセージを出るようにしました．ソース・コードの中のどれを初期化(init)とするのか，終了処理(exit)とするのかは，最後の2行にある，

```
module_init(hello_init)
module_exit(hello_exit)
```

で指定します．module_initとmodule_exitは，いずれも/usr/src/linux/include/linux/init.hの中

でマクロで定義されています．

▶ printk

printkは，カーネル向け(ドライバ版)のprintfです．printkした結果は内部でロギングされていて，dmesgコマンドを使って後から確認できます．

printfと同じような書式も使うことができるので，いろいろな情報を残しておいて，後からどのような動きをしたのかを確認するのにも便利です．リスト2では，仮にiという変数を用意しています．

● 実行結果

実際にmakeして動かしてみると，図7のようになりました．最後にdmesgで確認すると，確かにモジュールのinitとexitの関数が呼び出されていることが分かります．

ステップ3　gpioドライバを作ろう

さて，ここまでできたら，いよいよreadとwriteを実装したものを作って，GPIOをアクセスできるようにします．名称は，gpiodrvとしました．

さらにいくつか必要な知識もありますが，頑張っていきましょう．ドライバとしてアクセスできるものを作る上で知らなくてはならないことがあるので順を追ってみていき

75

```
root@raspberrypi:/home/pi/drvtest/gpiodrv# ls -l /dev
total 0
crw-------  1 root root    10, 235 Jan  1  1970 autofs
drwxr-xr-x  2 root root        580 Jan  1  1970 block
crw------T  1 root root    10, 234 Jan  1  1970 btrfs-control
…中略…
crw-rw----  1 root fuse    10, 229 Jan  1  1970 fuse
crw-rw-rw-  1 root root    60,   0 Dec 20 14:26 gpio      ←gpio
drwxr-xr-x  4 root root        160 Jan  1  1970 input
…中略…
brw-rw---T  1 root disk     7,   0 Jan  1  1970 loop0
brw-rw---T  1 root disk     7,   1 Jan  1  1970 loop1
brw-rw---T  1 root disk     7,   2 Jan  1  1970 loop2
brw-rw---T  1 root disk     7,   3 Jan  1  1970 loop3
…以下略…
```

先頭の文字がデバイスやディレクトリの種類を示す
　c…キャラクタ型デバイス
　b…ブロック型デバイス
　d…ディレクトリ

図8 先頭の文字がcならキャラクタ型デバイス，bになっているものがブロック型デバイス，dはディレクトリを示す
Raspberry Piの/dev以下のファイルの抜粋

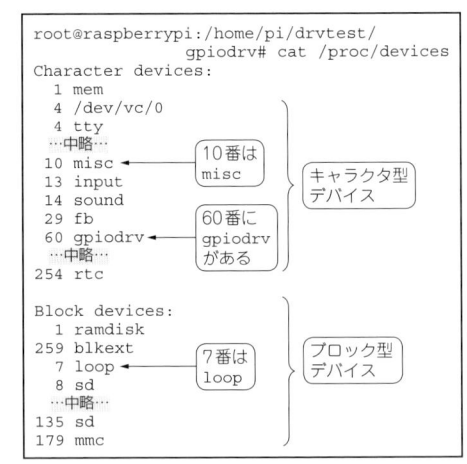

```
root@raspberrypi:/home/pi/drvtest/
    gpiodrv# cat /proc/devices
Character devices:
  1 mem
  4 /dev/vc/0
  4 tty
 …中略…
 10 misc      ←10番はmisc    ┐キャラクタ型
 13 input                    │デバイス
 14 sound                    │
 29 fb                       │
 60 gpiodrv   ←60番にgpiodrv ┘
 …中略…         がある
254 rtc

Block devices:
  1 ramdisk
259 blkext
  7 loop      ←7番はloop     ┐ブロック型
  8 sd                       ┘デバイス
 …中略…
135 sd
179 mmc
```

図9 gpioドライバであるgpiodrvが60番を使っている
/proc/devicesファイルに書き込まれた内容をcatコマンドで出力したところ

ます．

● **ドライバは通常のファイルとは区別する**

　ドライバは，大きく分けるとキャラクタ型デバイスとブロック型デバイスの二つに分類できます．ブロック型デバイスは，固定サイズのブロック単位で，任意の場所をアクセスできるハードディスクのようなものです．ブロック型以外のものは，全てキャラクタ型デバイスと思っておいてかまいません．今回作成するGPIOドライバもキャラクタ型デバイスです．

　デバイスの一覧は，通常/devディレクトリにあります．**図8**は，Raspberry Piの/dev以下のファイルの一部です．先頭の文字がcはキャラクタ型デバイス，bになっているものがブロック型デバイスです．dになっているものはディレクトリを表しています．

　キャラクタ型デバイスやブロック型デバイスの右端には，通常のファイルと同じように名前がついていますが，これはファイルとは異なり，ドライバにアクセスするための名称です．通常のファイルと区別するために「スペシャル・ファイル」や「デバイス・ファイル」などと呼ばれます．

　今回作成したgpioドライバ用のスペシャル・ファイルであるgpioを作った後の状態なので，gpiodという名称のキャラクタ・デバイスのスペシャル・ファイルがあることが分かります．

● **デバイスの属性を見分ける2種類の番号がある**

　ステップ1のnothingやステップ2のhelloドライバでは，lsmodを使って名称を確認しました．実は，このモジュール名と/dev以下に置かれるスペシャル・ファイル名

の間には直接何の関係もありません．この両者を結び付けているのは，メジャー番号とマイナ番号と呼ばれるものです．

　nothingやhelloモジュールの場合には外部からアクセスされることはないので，このような関連付けは不要です．しかし，外部からアクセスされる通常のデバイス・ドライバであれば，必ず組み込まれたときにそのデバイスのメジャー番号とマイナ番号をOSに対して登録します．

　OSは，/dev以下のスペシャル・ファイルにアクセスされると，そのメジャー番号を見て[注2]該当する番号を登録しているモジュールを呼び出すわけです．

　例えば，/dev/autofsのメジャー番号が10なので，10番を登録しているデバイスを探して呼び出します．どの番号を誰が使っているのかは，/proc/devicesファイルに書き込まれています．これをcatして閲覧したようすを**図9**に示します．gpioドライバであるgpiodrvが60番を使っています．キャラクタ型デバイスの10番は，miscデバイスとなっています．loop0などが使っているブロック型デバイスの7番は，loopデバイスということです．

　Linuxでは，このようにメジャー番号を仲立ちとしてスペシャル・ファイル名とドライバの間を関連付けし，実際のデバイスの選択にマイナ番号を使用しているわけです．今回のGPIOドライバであれば，/dev/gpioがメジャー番号60番のキャラクタ型デバイスを示しており，gpiodrvがメジャー番号60番に登録しています[注3]．

　ここで，/dev/gpioにアクセスすると，60番を使って

リスト3　メジャー番号，マイナ番号の確保と登録を行う方法
gpiodrv.c からの抜粋

```
struct cdev *gpiodevice;
    …中略…
dev_t dev;
dev = MKDEV(gpiodrv_major, gpiodrv_minor);
sts = register_chrdev_region(dev, 1, "gpiodrv");  ← rsgister_chrdev_regionで確保
if (sts < 0) {
    printk("<1>gpiodrv: cannnot register
        gpiodrv device major number %d",gpiodrv_major);
    return(sts);
}
    …中略…
gpiodevice = cdev_alloc();
gpiodevice->owner = THIS_MODULE;
gpiodevice->ops = &gpiodrv_fops;
sts = cdev_add(gpiodevice, dev, 1);  ← cdev_addで番号を登録
if (sts < 0) {
    printk("<1>gpiodrv : cannnot obtain major number
%d",gpiodrv_major);
    return(sts);
}
```

リスト4　メジャー番号，マイナ番号を削除する方法
gpiodrv.c からの抜粋

```
dev_t dev;
dev = MKDEV(gpiodrv_major, gpiodrv_minor);
cdev_del(gpiodevice);  ← cdev_delで削除する
unregister_chrdev_region(dev, 1);
```

いるドライバ，すなわちgpiodrvが呼び出されるわけです．

● **メジャー番号とマイナ番号の確保と登録**

モジュールで使用するメジャー番号，マイナ番号の確保と登録は，別々に行います．まず，メジャー番号，マイナ番号を使う範囲を確保しておいて，それぞれのメジャー，マイナ番号を使うデバイスを順次登録していくわけです．

番号の確保は，

　　register_chrdev_region()

開放は，

　　unregister_chrdev_region()

登録は，

　　cdev_add()

削除は，

　　cdev_del()

を使います．

なお，以前のものでは，登録と削除はこのcdev_add()やcdevdel()ではなく，register_chrdev()，unregister_chrdev()を使っていました．過去に作られたドライバも動くようにするため，この関数は現在でも使用可能ですが，新規に作成するドライバで使う必要はないでしょう．

ソース・コード中では，この確保と登録は**リスト3**のようにしています．削除部分は**リスト4**です．MKDEV()は，メジャー番号とマイナ番号を与えると，両者を結合したデバイス番号（dev_t型の値）を返すマクロです．register_chrdev_region()などでは，このdev_t型のデ

バイス番号を利用します．

なお，ドライバを終了するときにunregister_chrdev_region()を忘れると，確保した領域が開放されないままになり，次に同じ番号で登録できなくなってしまいます．

● **リード／ライトなどの必要な操作関数を登録する**

ドライバは，さまざまなハードウェアとOSの仲立ちをしたり，OSに対するサービスを提供するものです．一方，OS側からは，それらのさまざまなデバイスを一つずつ異なるものとして扱うのではなく，統一されたインターフェースで扱うのが便利です．このため，ドライバとOSの間でさまざまなファイル操作（ファイル・オペレーション）を利用できるようになっています．

もちろん，ドライバ側でこれらの全てをサポートしなくてはならないということはありません．ドライバは自身で使用できる操作だけを登録しておきます．

この操作関数の一覧は，/usr/src/linux/include/linux/fs.hの中にある，file_operations構造体にまとめられています．**図10**に，この構造体を示します．上の方に，llseekやread, writeなど，おなじみの操作が並んでいます．いろいろなものがありますが，いずれも必要な場面があって設けられてきたものです．

今回は，read(), write(), open(), release()を登録しています．open()とrelease()は特に行うことがないので，printkでメッセージを出力させているだけです．ソース・コード（gpiodrv.c）の中では，**リスト5**に示すようにしています．

通常のC言語であれば，構造体の初期化では全てのメン

注2：Linuxの伝統で，メジャー番号は実際のドライバ（モジュール）を示し，マイナ番号は一つのドライバの下で複数のデバイスが動くときにそれぞれを区別するためのものとしている．例えば，シリアル・コントローラがポートを二つ持っているとき，ドライバとしては一つのシリアル・ポート・コントローラ・ドライバだが，その中で二つのポートの面倒を見ている．このようなときに，どちらのポートへのアクセスなのかをマイナ番号で区別する．

注3：今回はメジャー番号として60番を固定的に使ったが，さまざまなデバイス・ドライバを作っていくことを考えると，メジャー番号は動的に確保するほうが便利．Linuxには，このための切り口もきちんと設けられている．参考文献(2)の3.2.3章を参考にするとよい．

77

```
struct file_operations {
        struct module *owner;
        loff_t (*llseek) (struct file *, loff_t, int);
        ssize_t (*read) (struct file *, char __user *, size_t, loff_t *);   ← 今回使うread
        ssize_t (*write) (struct file *, const char __user *, size_t, loff_t *);   ← 今回使うwrite
        ssize_t (*aio_read) (struct kiocb *, const struct iovec *, unsigned long, loff_t);
        ssize_t (*aio_write) (struct kiocb *, const struct iovec *, unsigned long, loff_t);
        int (*readdir) (struct file *, void *, filldir_t);
        unsigned int (*poll) (struct file *, struct poll_table_struct *);
        long (*unlocked_ioctl) (struct file *, unsigned int, unsigned long);
        long (*compat_ioctl) (struct file *, unsigned int, unsigned long);
        int (*mmap) (struct file *, struct vm_area_struct *);
        int (*open) (struct inode *, struct file *);   ← 今回使うopen
        int (*flush) (struct file *, fl_owner_t id);
        int (*release) (struct inode *, struct file *);   ← 今回使うrelease
        int (*fsync) (struct file *, loff_t, loff_t, int datasync);
        int (*aio_fsync) (struct kiocb *, int datasync);
        int (*fasync) (int, struct file *, int);
        int (*lock) (struct file *, int, struct file_lock *);
        ssize_t (*sendpage) (struct file *, struct page *, int, size_t, loff_t *, int);
        unsigned long (*get_unmapped_area)(struct file *, unsigned long,
                          unsigned long, unsigned long, unsigned long);
        int (*check_flags)(int);
        int (*flock) (struct file *, int, struct file_lock *);
        ssize_t (*splice_write)(struct pipe_inode_info *, struct file *, loff_t *, size_t, unsigned int);
        ssize_t (*splice_read)(struct file *, loff_t *, struct pipe_inode_info *, size_t, unsigned int);
        int (*setlease)(struct file *, long, struct file_lock **);
        long (*fallocate)(struct file *file, int mode, loff_t offset,
                          loff_t len);
};
```

図10 ドライバで利用できる操作関数の一覧は /usr/src/linux/include/linux/fs.h の file_operations 構造体にある

リスト5 タグ付きメンバ初期化の機能で操作関数を登録するコード
gpiodrv.c からの抜粋

```
struct file_operations gpiodrv_fops = {
    owner: THIS_MODULE,
    read: gpiodrv_read,
    write: gpiodrv_write,
    open: gpiodrv_open,
    release: gpiodrv_release
};
```

バをリストアップしなくてはなりませんが，ここではLinuxの標準Cコンパイラgccの拡張機能であるタグ付きメンバ初期化の機能を使っています．左側に書かれたメンバの部分だけ書けば，残りは省略してもかまわないというものです．

● 物理メモリをアクセスできるようにしておく

GPIOをアクセスするドライバなので，GPIO用のレジスタが配置されている物理メモリ空間にアクセスできなくてはなりません．これには，次の関数を利用します．

- ioremap()
- iounmap()
- ioread32()
- iowrite32()

今回使うGPIOレジスタは，32ビット単位でアクセスするのでioread32()やiowrite32()を使っていますが，32の部分を16や8にした，16ビット/8ビット単位でのアクセス関数も用意されています．

ioremap()を使って，物理メモリ空間の一定領域を確保します．このときに返されたアドレスを使ってioread()やiowrite()すれば良いわけです．

返されたアドレスをポインタに入れて直接いじってみるとアクセスできるようですが，これはあまり行儀の良いやり方ではないようで，あくまでもioread()やiowrite()

---

column   ドライバ作成のための参考書

Linuxも世の中で確固たる地位を築いており，Linuxのデバイスドライバを作成する上で参考になる資料はいろいろあると思いますが，原本は「Linux Device Drivers, Third Edition」です．オープン・ソースのLinuxらしく，英語版はhttp://lwn.net/Kernel/LDD3/から無償で全ページをダウンロードできます．今回作成する範囲では，Chapter2とChapter3があればよいでしょう．日本語版は「Linuxデバイスドライバ 第3版」です．この手の書籍としては比較的読みやすい翻訳ですが，意味が通りにくいところなどをチェックするときのために，英語版もダウンロードして手元に置いておくとよいでしょう．

また，この中で作成しているドライバのソース・コードなどは，ftp://example.oreilly.com/pub/examples/linuxdrive3/からダウンロードできます．

を使うことが推奨されています．

使い終わった領域は，`iounmap()`を使って開放しておきます．

● ユーザ空間とのデータのやりとりを書いておく

ドライバは，ユーザのアプリケーションからOSを経由して処理を依頼されますが，データのライトやリードのときにユーザが書き込もうとしたデータや，読み込んだデータの格納先などはユーザ空間にあります．一方，ドライバのほうはカーネル空間にあります．つまり，ユーザ空間とカーネル空間の間でデータのやり取りをしなくてはならないわけです．このために用意されているのが，次の二つのコピー用関数です．

- `copy_from_user()`
- `copy_to_user()`

転送先のアドレスとサイズを指定してコピーします．今回は，入出力とも1バイトだけなので，サイズは1です．

ステップ4 gpioドライバを動かす

● ドライバの作成

それでは実際に，ドライバを書いて`make`します．ファイル名は，`gpiodrv.c`としました．Makefileやmkスクリプトは，`nothing`や`hello`で作ったものと同様でかまいません．

● スペシャル・ファイルの作成

スペシャル・ファイルの作成は，`mknod`を使用します．

```
mknod /dev/gpio c 60 0
chmod 666 /dev/gpio
```

最初の引数がスペシャル・ファイル名です．名称は`gpio`としましたが，好きな名称にしてかまいません．次の'c'は，キャラクタ・デバイスであることを示すものです．さらに，メジャー番号，マイナ番号が続きます．

作成したらパーミッションを666として，誰でもリード/ライトできるようにしておきます．

● ドライバを組み込んで確認する

ドライバを`insmod`して，`lsmod`で組み込めたかどうか確認します．図9（p.76）のように，`/proc/devices`で`gpiodrv`がメジャー番号60を確保していることも確認しておきましょう．

うまく組み込めていたら，動作を見てみましょう．

```
echo -n a > /dev/gpio
                    ←GPIO7のLEDのみ点灯
echo -n b > /dev/gpio
                    ←GPIO8のLEDのみ点灯
echo -n _ > /dev/gpio
                    ←全LED（GPIO7～11）点灯
echo -n @ > /dev/gpio   ←全LED消灯
cat /dev/gpio    ←スイッチの状態読み込み
```

＊　　＊　　＊

今回作成したドライバで，とりあえずGPIOの入出力という基本中の基本ができます．単なるLEDのON/OFFですが，GPIOの先に何らかのデバイスをつないでコントロールするなど，いろいろな応用が効くものです．

くわの・まさひこ

第3部 ラズベリー・パイでハードウェア制御に挑戦！

第8章 APPENDIX

アプリを本来の処理に集中させるために！
ハード/OS固有の処理はドライバにおまかせ

ハードウェアを接続するときに必要な「デバイス・ドライバ」の役割

畑 雅之

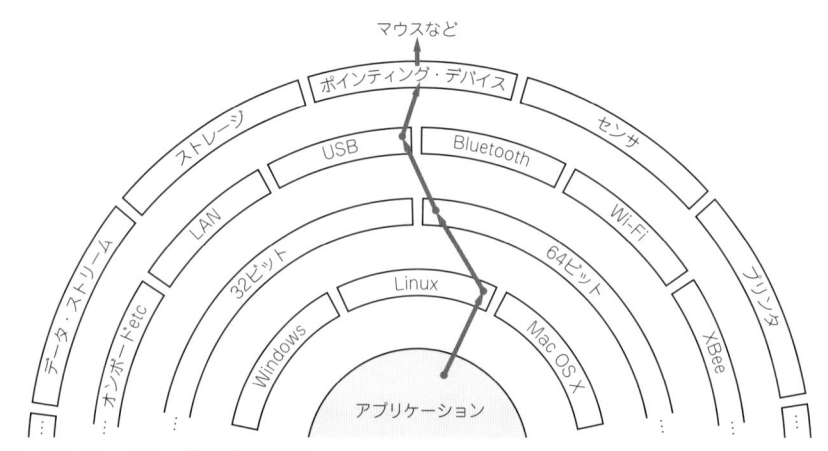

図1 デバイス・ドライバの種類の広がり
あるマウスをパソコンに接続することを想定した例．OSの種類やOSのビット数など多岐にわたる条件ごとにドライバの用意が必要

デバイス・ドライバが必要な理由

　デバイス・ドライバ（以下，ドライバ）は，正しく装置をドライブ（制御）するための「専用」プログラムです．追加する機能や装置ごとに必要となります．ここでいう追加接続する装置は，外部記憶装置やカメラなどですが，USBやRS-232-Cなどのインターフェースにもドライバが必要です．

　ドライバが必要な理由は次のとおりです．

1. 装置で実際に行う処理内容とアプリケーション側での操作との処理単位の差を埋める（抽象化）
2. 追加接続する装置の仕様変更や新機種への対応を，ソフトウェアで吸収する
3. 扱いづらいデータ形式や割り込み処理，入出力タイミングを吸収し，アプリケーション・ソフトウェアから扱いやすくする
4. 追加装置の非公開技術情報を，ブラック・ボックス化する

● 理由1…ハード固有の処理はドライバに任せてアプリはスッキリ！

　ドライバの役割として最も大きいのは，詳細な処理の抽象化です．割り込み制御やバイト列データ送受信のような細かな処理，接続する装置の機能差の吸収などをアプリケーション・プログラムで実装してしまうと，装置の応用範囲を狭めてしまいます．アプリケーション・プログラムの個別開発で開発コストも増大します．ゆえに，処理が煩雑なデータ・フォーマットを，ドライバで整形することでアプリケーションの開発を容易にすることが重要です．

　割り込み処理をドライバが吸収することで，割り込み処理の苦手なプログラマも開発に参加できます．物理的な接続方法の違いもドライバが吸収し抽象化することで，さまざまなホスト・システムに繋げるようになります．抽象化（仮想化）設計とその実装の善し悪しでドライバの価値が決まり，そしてアプリケーションの品質も決まる事でしょう．

● 理由2…OSなどの違いもドライバで吸収！

　デバイス・ドライバは，WindowsやLinux，Mac OS X

第8章 APPENDIX　ハードウェアを接続するときに必要な「デバイス・ドライバ」の役割

など，OSごとに必要です（図1）．さらにOSのバージョンによっても専用のドライバが必要になることもあります．CPUが変わったり，OSが32ビットから64ビットに変わることで必要になることもよくあります．

Linuxの場合は，ディストリビューションの違いやインストーラの違いで利用できない場合もありますが，バージョン依存がなければかなり広範囲に適応します．ただ，発売されたばかりの周辺装置や新しい規格に合わせたドライバは，WindowsやMac OS Xに比べると，リリースが遅く，その責任範囲も不明確になりがちです．

汎用的な規格，例えばUSB-HID（USB-Human Interface Device）のようなインターフェースを使う装置は，接続するだけでそのまま使えるケースがありますが，特殊なセンサやプロトコルが必要なものは，なかなかサポートされないこともあって少々不安な面もあります．

▶ WindowsよりLinuxの方が抽象的

抽象化設計ではLinuxの方がWindows系よりも詳細と抽象化の格差が大きくなります．

役割の実際…3Dモーション・センサを外付けする例より

通常，OSやアプリケーションのレベルにおいて，センサなどで提供している機能は非常に抽象化されたものになっています．言い換えると「人間に扱いやすい機能」にまとめられています．ですから，一般にドライバがセンサ装置とやりとりする処理の種類よりも，アプリケーションがドライバとやりとりする処理の方が少なくなっています．

センサ装置の詳細な処理を，API（Application Program Interface）の実体であるライブラリによって少ない種類の抽象化されたインターフェースで利用できるようにするのが，ドライバの役割の一つです．

機能の抽象化の具体例として，3Dモーション・センサのデータをアプリケーションで使うまでを考察します（図2）．

中心となるアプリケーション・ソフトウェアが，直接センサを制御しているように見えますが，実はそうではありません．装置とアプリケーションの間には，しっかりとドライバが機能しています．

3Dモーション・センサは，動きの加速度・角速度・地磁気を電圧として出力します．アプリケーション・ソフトウェアにデータを提供するまでに，センサの電圧出力を

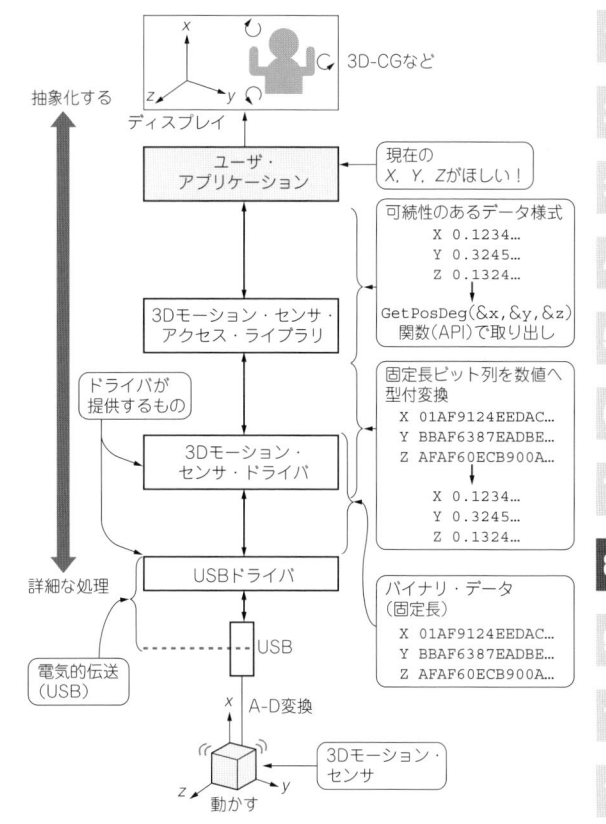

図2　3Dモーション・センサからアプリケーション・ソフトウェアまでのドライバによるデータ抽象化の流れ

A-D変換，数値化してUSBなどを経由します．

このとき，電圧を数値に変換するのもドライバですし，USBインターフェース上で数値を取得できるようにするのもドライバです．加速度の値を電圧のA-D変換値から具体的な加速度[g]に変換するのもドライバです．さらにこの後，ドライバ・プログラムを呼び出すライブラリAPIを通して，オイラー角などの演算に都合の良いデータを取得し，データ様式の整形もします．

例えば「X, Y, Z軸の加速度をくれ」とAPIを呼び出すだけで，浮動小数点に整形された加速度を変数に取り出せます．もし，ドライバを使わず直接センサを呼び出すとすると，アプリケーション・ソフトウェアから直接センサの動作を決めるパラメータのセットやデータ取得時の割り込み制御を頻繁にしなくてはなりません．

はた・まさゆき

第3部 ラズベリー・パイでハードウェア制御に挑戦！

第9章

I/Oのちょっとした監視に便利！
タイマ割り込みで数十ms定周期ポーリング

桑野 雅彦

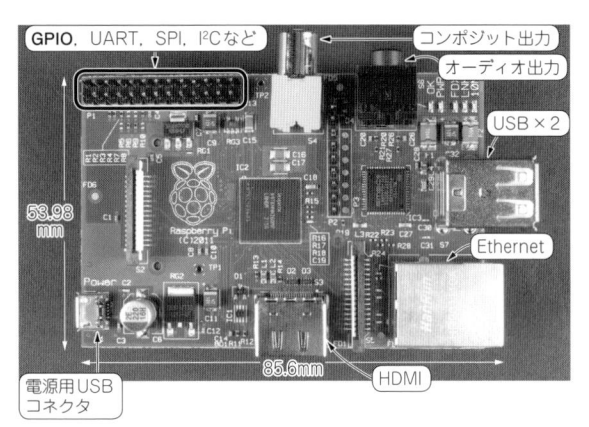

写真1 Raspberry Pi（タイプB）のGPIOを数十ms間隔でポーリングする

待ち時間の長いハードウェアの処理方法

● その1：イベント割り込み
　…イベントが発生したら処理を行う

　Linuxを使った環境でGPIOに複数のデバイスを接続していると，処理にある程度長い待ち時間が必要だったり，信号の変化待ちに待ち時間が必要になったりします．アプリケーション・レベルであれば，ひたすら信号ステータスのチェックを繰り返し行い，条件成立まで待つという手もあります．しかし，ドライバのように優先度の高い処理の中でこのようなことをするのは，CPUにかかる負荷が増えることもあり，誉められたことではありません．ドライバでハードウェアのイベント待ちを行う場合，以下のステップが効率のよい方法です．

(1) イベント発生でCPUに対して割り込み要求を発生するような回路を用意する
(2) ドライバは割り込み発生待ち状態にしたまま一旦OSに戻る
(3) 割り込み処理の中で続きの処理を行う

　しかし，割り込みは必ずしもユーザが期待できる条件で発生できるようになっているとは限りません．複数の条件が絡んでいたり，メモリ上のデータがある値になったときに割り込みを発生したいというときには特別な回路が必要になります．かなり特殊な細工をしないと割り込みを発生させること自体が難しいということもあります．

● その2：ポーリング
　…数十ms周期で定期的に状態監視

　このような場合，タイマ割り込みを使って定期的にチェックを行い，ある条件が成立したときにユーザ・アプリケーションに対して通知するという手法が次善の策として考えられます．このように一方から相手側の状態を尋ねていく

● 試すこと…タイマ割り込みで一定間隔で端子出力を監視する定周期ポーリング

　タイマによる周期的な動作や，セマフォによるプログラムの動作制御を利用して，Raspberry Pi（写真1）上のLinuxでGPIOの定周期ポーリングを行います．Raspberry Piはハードウェア的には割り込みを発生できますが，専用Linux「Raspbian」でのサポートが原稿執筆時点ではされていなかったため，ポーリングで処理しました．

　タイマとセマフォはいろいろな場面で応用が利くので，一度使い方を知っておくと便利でしょう．例えば，スイッチ入力のチャタリングのような，ドライバの中で一定時間待って再チェックするような使い方もタイマで簡単に実現できます．I²Cバスなどの先に複数のデバイスを接続した時に，一連のアクセス動作を順に処理させるというのもセマフォを使えば簡単です．

　第8章で作成したドライバを元にした，ごくシンプルなつくりですが，セマフォやタイマの基本的な使い方や挙動を知るためのサンプルとして活用できます．

やりかたをポーリング（Polling）と呼びます．

　ポーリングによるチェックは割り込みを使った場合に比べると数十倍以上低速ですが，それほど処理速度を必要としないようなスイッチのON/OFFチェックや，周囲温度監視などの用途では充分です．

　さらに，割り込み処理方式とは異なり，ポーリングはハードウェアのサポートが不要であり，チェック対象や成立条件の自由度が高いという大きな利点があります．例えば，メモリ上のデータに応じてチェックするI/Oや判定条件を変えるということを割り込みで実現しようとすると大変ですが，CPUによる定周期ポーリング方式なら簡単に実現できます．

▶チェック周期の目安は数十ms程度にする

　ポーリングは便利ですが，欠点もあります．チェック周期が短すぎると，他のプログラムの動作が遅くなるなどの悪影響が生じます．現実的なチェック周期は数十ms（ミリ秒）程度が目安です．

作成する定周期ポーリングの仕様

● ステップ1…タイマ処理は簡易的にCPUにさせる

　定周期監視には，大まかに分けると以下の二つの方法が考えられます．

（A）ドライバの初期化時にタイマをセットして定周期の動作を開始させておき，アプリケーションから監視スタートを掛けるまでは何もせず，スタートがかかった後でタイマ・チェック処理に入る

（B）監視スタートがかかったときにタイマをセットし，以降条件が成立するまでタイマ処理を行う

　（A）の場合，ドライバが組み込まれている間はずっとタイマ処理関数が動くのでCPUの使用効率は下がります．しかし，最近のCPUは高性能になっていますし，今回のような単純チェックしか行わないのであれば，実際に動作に与える影響はほとんどないでしょう．どちらの実装方法でもかまいませんが，今回は（B）の方法で実装してみました．動作は図1のようになります．

（1）スタート・コマンドが来た時点でタイマをセットしてセマフォのdown操作を行い，開放待ちでブロック

（2）動き始めたタイマ処理関数の中で条件成立をチェック

（3）成立すればセマフォをup()してセマフォを開放（セ

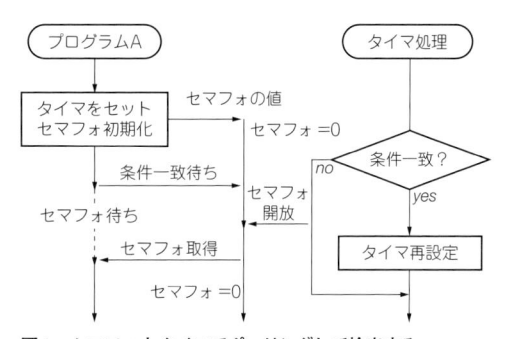

図1　セマフォとタイマでポーリングして検出する

マフォでブロックされていたコマンド処理が再開）

（4）条件が成立しなければ再びタイマをセットして再度タイマ待ち

　この定周期ポーリングを実現するには，以下の三つの動作が鍵となります．

・一定周期でI/Oの条件を監視する…タイマを使う
・ドライバ内部の書き込み要求処理中にイベント待ちで停止する…セマフォを使う（その1）
・定周期監視の中で再開させる…セマフォを使う（その2）

● ステップ2…結果をアプリケーションに通知する

　アプリケーションにタイマで監視した結果を条件成立を通知する方法にはいろいろなものがありますが，ここでは，最も簡単な書き込みデータをコマンドとして解釈する方法を試します．この手のドライバの動作モード制御はioctrl（I/Oコントロール）を用いるのが一般的です．ここでは，書き込みデータの上位ビットを使ってコマンドかデータかを判別してみます．

　第8章で作成したドライバでは，GPIOは出力が5ビット，入力を2ビット使っています．そのため，出力の上位3ビットが余っています．入力も2ビットだけなので，変化検出や一致の検出用データも2ビットあれば間に合います．そこで，ビット割り当てを次のようにしました．

（1）0x40～0x5F：GPIO出力データ用ビット
（2）それ以外：一致動作検出用ビット．下位4ビットが0x00～0x03の場合は一致の検出待ち（下位2ビットが検出データ），0x04～0x07の場合はマスク・データ書き込み（下位2ビットがマスク・データ）

　一致の検出マスク・データをセットした後に，一致の検出待ちコマンドを書き込むと，一致するまで停止します（ブ

第3部 ラズベリー・パイでハードウェア制御に挑戦!

ロックされる).一致の検出データやマスク・データ書き込みと一致検出コマンドを分離するような実装方法もありますが,今回は一致データの書き込みと一致の検出待ちを兼用してみました.

▶ドライバが全て停止する心配はない

ドライバが一致検出待ちで単純にブロックされてしまうと,GPIOへのアクセスが全て停止してしまうような気がするかもしれませんが,実際には心配ありません.

実際に今回作成したGPIOドライバで実際に二つのプロセスからドライバにアクセスしてみると,片方がブロックされていても,もう一方からの要求処理が行われます.つまり,今回のように一致検出待ちでブロックした状態で,他からGPIOへのリード/ライト要求を行ってもきちんと動作するわけです.

▶ASCIIコードでGPIO出力設定や一致の検出待ちを行う

0x40～0x5Fは,ASCIIコードでは表1のように英大文字や記号が割り付けられています.また,数字の'0'は0x30,'1'は0x31,…なので,これらを使えば文字コードでGPIO出力設定や一致の検出待ちが行えます.例えばデバイス名を/dev/gpiotimerとすればシェル(WindowsでいうDOSプロンプト)からリスト1のように操作できます.例えば,

```
cat /dev/gpiotimer
```

とすれば,入力値が'0'～'3'のASCII数字で返されます.

予備知識1…タイマの使いかた

●タイマ操作はドライバで関数を呼び出すのが基本

今回の定周期ポーリングの一つの鍵となるのがタイマ割り込みの利用です.アプリケーション・レベルではsleep()(秒単位)やusleep()(μ秒単位),nanosleep(),clock_nanosleep()などを呼び出すと,指定した時間,動作が停止します.一方,ドライバで使えるカーネル・タイマの場合には,指定時刻とタイマ処理関数へのポインタを渡しておくと,指定した時刻になったときにタイマ処理関数を呼び出してくれます.

タイマ操作関数にはいろいろありますが,ここでは表2の四つだけ覚えておけばよいでしょう.

カーネル・タイマを利用するドライバなどはOS内部にたくさんあるので,これらをまとめて管理するためにOS内部でtimer_list構造体が利用されます.ユーザはtimer_list構造体を用意しておき,これをOSに渡してOSのタイマ管理テーブルに登録してもらうわけです.

表1 ASCIIコードを利用してGPIO出力設定や一致の検出待ちを行う

下位4ビット \ 上位4ビット	3	4	5
0	0	@	P
1	1	A	Q
2	2	B	R
3	3	C	S
4	4	D	T
5	5	E	U
6	6	F	V
7	7	G	W
8	8	H	X
9	9	I	Y
A	:	J	Z
B	;	K	[
C	<	L	\
D	=	M	]
E	>	N	^
F	?	O	_

リスト1 ASCIIコードでGPIO出力設定や一致の検出待ちを行える

```
echo -n C >/dev/gpiotimer    ←5ビットのGPIOを0x03('C'の
                                ASCIIコードが0x43のため)に設定
echo -n 3 >/dev/gpiotimer    ←マスク・データを0x3に設定
echo -n 2 >/dev/gpiotimer    ←一致検出データを0x2に設定して,
                                一致検出待ち状態になる
```

表2 主なタイマ操作関数は四つある

用途	関数
タイマ構造体	struct timer_list *timer;
タイマ構造体の初期化	init_timer(struct timer_list *timer)
タイマの登録	add_timer(struct timer_list *timer)
タイマの削除	del_timer_sync(struct timer_list *timer)

注:変数timerは仮の名称なので適宜変更する

表3 タイマを使うときにはメンバ変数の設定が必要

変数	意味
expires	タイマ処理関数が呼び出される時刻
function	タイマ処理関数へのポインタ
data	タイマ処理関数に渡される値

● タイマ利用の3ステップ

タイマを利用する方法は大まかには以下の3ステップです．
(1) `init_timer()`で基本的な部分の初期化
(2) メンバ変数(表3)を設定する
(3) `add_timer()`でタイマを登録(`timer_list`構造体を登録)

これでタイマがカーネルに登録されます．メンバ変数`expires`で指定した時刻になると，`function`で設定した関数が呼び出され，このとき引数として`data`が渡されます．

タイマ処理関数が実行された時点で，`timer_list`構造体は，OSから開放されています．タイマ処理関数の中で再び`add_timer()`で`timer_list`構造体を登録すれば，再び指定時間にタイマ処理関数が呼ばれます．これにより，一定周期で呼ばれ続けるようになります．今回はこれを利用してドライバが組み込まれた時点からタイマ処理関数が一定周期で動作するようにしています．

(4) `del_timer_sync()`でタイマを削除

実はLinuxの場合，ドライバが多重に呼ばれる可能性があります．gpioの単純なリード/ライトなので，ユーザ側で一本化してもよいですが，タイマを登録したままもう一度組み込もうとしてしまうことがあると困るため，タイマの削除が必要です．このための関数が`del_timer()`や`del_timer_sync()`です．前者は強制削除，後者はマルチプロセッサ・システムで他のCPUでタイマが利用されていないこと保証するタイプの削除関数です．後者の場合，タイマが使用中であれば完了まで待たされるので，使い方によってはデッドロックを引き起こす可能性もあります．

予備知識2…セマフォ

■ セマフォのおさらい

● プログラムにとっての通行許可証

セマフォ(Semaphore)の本来の意味は手旗信号や鉄道などで使われる腕木信号ですが，こちらの世界では簡単に言えば「通行許可証」や「整理券」のようなものを想像するとわかりやすいでしょう．セマフォを獲得できたときだけある領域(クリティカル・セクション)を通行でき，クリティカル・セクションを抜けたらセマフォを元に戻し，次の人がそのセマフォを手にしてクリティカル・セクションを通

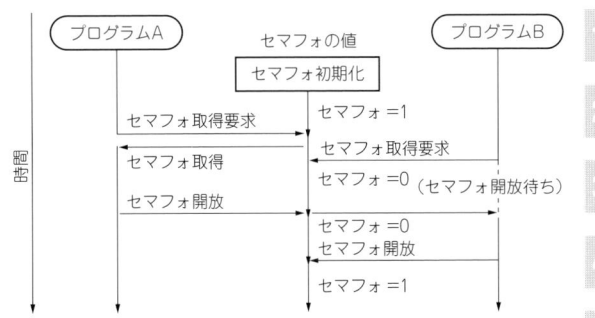

図2 二つのプログラムをセマフォで制御できる

れるというものです．

つまり，マルチタスクOSであってもセマフォを使うと，クリティカル・セクションは常にセマフォの数(一般的には1個にする場合が多い)以下のタスクしか実行されないようになるわけです．

● セマフォで二つのプログラムを制御する例

図2は，プログラムAとプログラムBという二つのプログラムがセマフォを利用した時の動作例です．セマフォの値が通行許可証の数と考えてください．

最初，セマフォの値は'1'で初期化します．ここでプログラムAがセマフォの獲得要求を行うと，セマフォが'1'になっているので取得できます．この時点でセマフォの値は'0'になります．続いてプログラムBがセマフォを取得しようとしますが，セマフォの値が'0'なので，取得できず，セマフォ開放待ちでブロックされます．プログラムAがセマフォを開放すると，セマフォ値が'1'に戻り，ここでセマフォ待ちのプログラムBがセマフォを取得状態になります．セマフォ値は'0'になり，プログラムBの動作が再開されます．最後にプログラムBがセマフォを開放すると，セマフォ値が'1'に戻ります．

● セマフォの利用場面

セマフォが必要になる典型的な例の一つが，メモリやI/Oなどの操作です．たとえば，
- プログラムAがある変数のビット0を'1'に
- プログラムBが同じ変数のビット1を'1'に

しようとしたとします．このとき，変数の初期値が'0'で，AとBの操作が順番に行われれば，下位2ビットは00→01→11となります．ところが，ここで両方のプログラムの動きが交錯し，

(1) プログラムAの読み込み（00が読める）
(2) プログラムBの読み込み（00が読める）
(3) プログラムAの書き込み（01を書く）
(4) プログラムBの書き込み（10を書く）

という順序になると，(3)のプログラムAの書き込みがなかったのと同じことになってしまいます．これは，メモリの読み込み，演算，書き込みの3ステップのクリティカル・セクションが一つのまとまった処理（アトミックな処理と呼ぶ）にならないためです．このようなときにセマフォを利用すると，

(1) プログラムAがセマフォを取得
(2) プログラムBがセマフォを取得しようとするが，取得できずウェイト
(3) プログラムAが変数の値を変更（00→01になる）
(4) プログラムAがセマフォを返却
(5) プログラムBがセマフォを取得
(6) プログラムBが変数の値を変更（01→11になる）
(7) プログラムBがセマフォを返却

となり，期待通りの動作（11）になるわけです．

■ セマフォを使う

● セマフォの基本操作

Linuxのセマフォはこの通行許可証の考え方をそのまま具現化したようなものになっています．表4の三つがセマフォの基本的な操作関数です．

なお，セマフォの獲得は`down_interruptible()`の他に`down()`もあります．両者の違いは，`down()`がセマフォ獲得以外の脱出ができないのに対して，`down_interruptible()`の場合にはSIGNALによる中断ができることです．例えばコマンドラインから`cp`(copy)などを行っている時に^C（Ctrlキー＋Cキー）によって強制終了させることができるという点です．特に理由がない限りは`down_interruptible()`を使う方がよいでしょう．

ファイル・アクセスなどの場合にはファイル・ディスクリプタなどのIDを受け取り，それを使って以降のアクセスを行いますが，セマフォの場合には単にセマフォ型の構造体を用意して，そこに対してinit, up, downの操作を行うだけなので，セマフォ構造体のスコープの中であればどこからでもアクセスできます．

また，Linuxのドライバの場合，同じドライバ内部でもライトとリードは別扱いなので，例えばread動作が`down()`でブロックされた状態で，write動作やioctrlで`up()`して解除することもできるわけです．

● セマフォの少し変わった使い方

セマフォは初期値'1'でスタートさせることが多いのですが，今回の定周期ポーリングでは，条件成立待ちのコマンドが発行されたときにセマフォ値を'0'で初期化します．つまり，すでにセマフォが取得されている状態にするわけです．この状態でタイマを仕掛け，`down()`によってセマフォを取りにいきます．初期値が'0'なので，取得できずブロックされて処理動作が停止します．これはあくまでもセマフォによるブロックなので，システム全体の動作には影響はありません．

仕掛けられたタイマの処理の中で一定周期で条件成立をチェックします．条件が成立したことが判定されたら，セマフォを`up()`します．これでセマフォが開放されたことになり，先ほどブロックされていたコマンドの処理が再開されます．

このように，ある処理を先にブロックしておき，これを後から解除することでプログラムの動作を指定した場所で停止させておき，別のコマンドなどで再開させるといった使い方ができます．

また，セマフォに初期値が使えることを利用して，あるチェックポイントを指定した回数通過した後，次に来たら止めるという使い方もできます．例えば初期値を'5'にしておけば，最初の`down()`操作で'4'になり次に'3'になり…，5回目に'0'になり，6回目の`down()`でブロックされてそこから先に進まなくなるわけです．

表4 セマフォの基本的な操作関数は三つある

項　目	関数／処理内容
セマフォの初期化	`sema_init(struct semaphore *sema, int initial_value)`
	セマフォの初期値を設定する
セマフォの獲得	`down_interruptible(struct semaphore *sema)`
	セマフォの値をチェックして，0なら1以上になるまで待つ．1以上ならセマフォの値を1減らす．
セマフォの開放	`up(struct semaphore *sema)`
	セマフォの値を1増やす

第9章 タイマ割り込みで数十ms定周期ポーリング

リスト2 タイマの登録/削除はregister_timer()とdelete_timer()で行う（gpiotimer.c）

```
static struct timer_list iochk_timer;
static void delete_timer(void)  ← タイマの削除
{
    del_timer_sync(&iochk_timer);
}

static void register_timer(void)  ← タイマの登録
{
    init_timer(&iochk_timer);
    iochk_timer.expires = jiffies + HZ;
    iochk_timer.function = timer_handler;
    iochk_timer.data = 0x40;    //jiffies
    add_timer(&iochk_timer);
}
```

リスト3 timer_handler()関数でタイマ処理を行う（gpiotimer.c）

```
static void timer_handler(unsigned long d)   ← タイマ処理を行う関数
{
    char dat;                                     ← GPIO入力値を取得
    if (iochk_poll) {       ← 割り込み処理を行うかを判定
        dat = (char)(GPIO_GET & 0x3);
        if ((dat & iochk_mask) == iochk_cval) {   ← 結果を比較
            up(&sema_wait);
            iochk_poll = 0;   ← 一致待ち検出用のセマフォをUP
        } else {
            register_timer();  ← 再度タイマを登録して
        }                       指定時間後の再チェックを行う
    }
}
```

実験！定周期ポーリングを実装してみる

それではRaspberryPiで実装してみましょう．第8章のgpioドライバをベースに変更します．

● 変更1…タイマの登録と削除

タイマの登録と削除は，

（1）timer_list構造体を用意
（2）init_timer()で初期化
（3）必要なフィールドを設定
（4）add_timer()で登録
（5）del_timer_sync()で削除

という手順です．これを行っているのが，リスト2に示すregister_timer()とdelete_timer()です．

timer_list構造体のiochk_timerを用意して，init_timer()で基本設定を行います．次に以下の三つのメンバの設定を行います．

▶タイマ処理関数が呼び出される時刻…expires

右辺のjiffiesは起動時に0に初期化され，その後タイマ割り込みが発生するたびにインクリメントされていく変数です．HZは1秒分のカウント値を示すマクロです．

jiffies+HZならば1秒後のjiffies値を示し，jiffies+HZ/10なら100ms後のjiffies値になります．

▶タイマ処理関数へのポインタ…function

functionはタイマ処理関数へのポインタをセットしておきます．ワンチップ・マイコンなどでは割り込み処理の関数は#pragmaなどを使って割り込み関数であることを宣言して特殊なコード生成を行わせたりしますが，Linuxのドライバのタイマ処理関数の場合には通常と同じ関数でかまいません．ここでは，timer_handler()関数を登録し

ました．

▶タイマ処理関数に渡される値…data

expiresで指定した時刻になり，functionで設定した関数が呼び出されるときに引数として与えられる値を設定します．ここでは特に使用していないので，何を与えてもかまいません．

これらの設定が終わったら，add_timer()でタイマを登録します．これでjiffies値がexpires値になるとtimer_handler()関数が呼び出されます．

● 変更2…タイマ処理

タイマ処理はリスト3のようにtimer_handler()関数で行っています．

引数には，先ほどtimer_list構造体のdataフィールドに与えた値が引き渡されます．iochk_pollは，一致検出待ちのところで説明した，割り込み処理を行うか否かを決めるフラグで，'0'以外の時には処理を行います．

割り込み処理内では，まずGPIO入力値を取得します．これをマスク・データiochk_maskとANDし，結果が比較値iochk_cvalと等しければ，一致検出待ち用のセマフォsema_waitをup()して，検出待ちでブロックしているコマンド処理を再開させます．

結果が一致しなければ，再度タイマを登録して指定時間後の再チェックを行うようにします．

タイマ処理関数が呼び出された時点で，timer_list構造体は非登録状態に戻されているので，再登録しないで終了すれば再度登録するまでタイマ処理関数は呼び出されません．

● 変更3…セマフォを使って書き込み操作のマスク/一致検出コマンド処理を追加

gpiodrv_write()関数の中で，通常のGPIO出力に加

第3部　ラズベリー・パイでハードウェア制御に挑戦！

リスト4　ドライバのソース・コードにマスク/一致検出コマンド処理を追加する（gpiodrv.c）

```
if ((c & 0xe0) == 0x40) {     // "@"-"_" : GPIO Write
    for (sts=0; sts<5; sts++) {
        gpio_write(sts+7, c & (1<<sts));
    }
} else {                        ← else以下がコマンド処理
    d = c & 0x3;
    if (c & 0x4) {             // "4"-"7": Mask Value
        iochk_mask = d;
    } else {                    // "0"-"3": Data Value & Wait
        if (down_interruptible(&sema_wr)) {
            return(-ERESTARTSYS);
        }                       // "0"-"3": FMatch Detection
        iochk_cval = d;
        sema_init(&sema_wait, 0);
        iochk_poll = 1;
        register_timer();
        if (down_interruptible(&sema_wait)) {
            iochk_poll = 0;
            delete_timer();       ┐ シグナルによって
            up(&sema_wr);         │ 中断された時の処理
            return(-ERESTARTSYS); ┘
        }
        up(&sema_wr);           ← 正常に一致検出された時の処理
    }
}
```

リスト5　一致検出の成立を待つためのセマフォsema_waitを使う（gpiodrv.c）

```
iochk_poll = 1;
register_timer();
if (down_interruptible(&sema_wait)) {   ← 一致検出を待つためのセマフォ
…
```

リスト6　セマフォ開放待ちの処理（gpiodrv.c）

```
iochk_poll = 0;           ← 制御フラグを0にする
delete_timer();           ← タイマを削除
up(&sema_wr);
return(-ERESTARTSYS);     ← セマフォを開放
```

えて，**リスト4**のようにマスク/一致検出コマンド処理を追加します．最初のif文は0x40～0x5Fの，GPIO書き込みコマンドを切り分けています．このif文のelse以下がコマンド処理になります．マスク・データの書き込みは単に変数への設定なので簡単です．

少し面倒なのは最後の一致検出のところです．ここでは2種類のセマフォを利用しています．sema_wrと，sema_waitの二つです．

▶**一致検出コマンド処理用セマフォ…sema_wr**

一致検出コマンド書き込み用のセマフォを使って，セマフォを獲得できた時だけ一致検出処理が行えるようにして，一致検出データの不整合やタイマの多重登録をしないように保護しています．初期値を'1'として初期化しておきます．

このセマフォが開放されるのは，down_interruptible()から戻ってきた時です．if文が成立するのはシグナル（シェルからリクエストした時の^C送信など）によって中断された時，if文の外に行くのは正常に一致検出されたときです．いずれの場合もセマフォを開放する必要があるので，両方にup(&sema_wr)が入っています．

セマフォ待ちで止まってしまって手が出せなくなるのを防止するため，down_interruptible()を使っています．

▶**一致検出待ちセマフォ…sema_wait**

一致検出の成立を待つためのセマフォです．こちらは'0'で初期化しておいて，ブロックされた後に一致検出を

待たせるためのものです．**リスト5**のようにしています．

▶**割り込み処理動作制御用フラグ：iochk_poll**

iochk_pollはタイマ割り込みの中で，一致検出処理を行うか否かの制御フラグです．iock_pollを'0'にすることで，以降のタイマ割り込み処理の中でのセマフォ操作やタイマの再登録などを行わないようになります．これにより，開放したはずのセマフォを再解放してしまったり，削除したはずのタイマが再登録されてしまわないようになるわけです．

▶**タイマの登録…register_timer()**

スタート時点では，またタイマは動作開始していません．タイマ動作を許可しておいてから，register_timer()でタイマをセットして，タイマによる定周期監視動作を開始させています．register_timer()の中身については後で説明します．

▶**一致検出待ち…down_interruptible()**

続いて一致検出待ちのセマフォをdownして，セマフォ開放待ちに移行します．down_interruptible()は，シグナルなどによって中断されることがあります．このとき，0以外の値が帰ってきます．

iochk_pollを0に戻してタイマ割り込みでの処理を行わないようにします．この後delete_timer()でタイマを削除し，さらに一致検出コマンド処理用セマフォである，sema_wrをup()してセマフォを開放し，最後にエラー・ステータスを返して終了します．この部分の処理は**リスト6**のようになっています．

一致検出が行われ，終了した時にはタイマはすでに外れ

第9章 タイマ割り込みで数十ms定周期ポーリング

リスト7 Makefileを作成すれば準備が簡単になる

```
TARGET = gpiotimer
obj-m := $(TARGET).o

$(TARGET).ko: $(TARGET).c
    make -C /usr/src/linux M=$$PWD modules

all:    $(TARGET).ko

install: $(TARGET).ko
    insmod $(TARGET).ko        ← ドライバの取り込み

remove:
    rmmod $(TARGET)            ← gpiotimerを取り外す

clean:
    rm *.ko
    rm *.o
    rm *.mod.*                 ← 中間ファイルを削除
    rm *.order
    rm Module.symvers
```

た状態なので，`sema_wr`を`up()`して終了します．

● 変更4…ioremap/iounmapを修正

　第8章のドライバでは毎回GPIOアクセス前にioremap/iounmapしていましたが，タイマ割り込みの中でGPIOにアクセスしたりするときに時間を費やすのも考えものなので，GPIOアクセス用のポインタを確保するioremap()を初期化の`gpio_init()`の中で，開放するiounmapは終了時の`gpio_exit()`に入れ込んでおきました．

動かしてみよう

● 動かす前の準備…Makefileの作成

　出来上がったプログラムを動かしてみましょう．コンパイルやドライバの組み込み方は同じですが，作業を簡単にするため，サンプルではリスト7のMakefileを作成してみました．単にmakeすれば，gpiotimer.koを作成します．makeの後にコマンドを入力すると，次のような動作を行います．

- make install…gpiotimer.koの作成とドライバの組み込み（insmod）までまとめて行う．
- make remove…gpiotimerを取り外す（rmmod gpiotimerと同じ）．
- make clean…ソース・ファイルを除く中間ファイルなどを削除する．

rootでログインして，make installしたら，

```
mknod /dev/gpiotimer c 60 0
chmod 666 /dev/gpiotimer
```

などとして，メジャー番号60，マイナ番号0のキャラクタ・デバイス・ファイルを作成します．作成場所や名称は自由にしてかまいません．rootのまま実験するならchmodは不用ですが，一応一般ユーザからも操作できるように，アクセス・モードを666としておきました．

● ポーリングを試す

```
cat /dev/gpiotimer
```

とすると，ポートの値が'0'～'3'の文字コードで返されます．プルアップされたままなら'3'が返ってきます．

```
echo -n 7 >/dev/gpiotimer
```

によって，マスク・データが設定され，

```
echo -n 2 >/dev/gpiotimer
```

とすると，値が'2'になるまでブロックされます．この状態でもう一つLAN経由などでログインしてdmesgすると，1秒ごとにGPIOをアクセスしてチェックしているメッセージが表示されます．ここで，GPIOの値を'2'にする（ビット0を0Vと接続）と，条件成立になり，先ほどのechoコマンドから戻ってきます．

　LAN経由でのログインなどができないときは，

```
echo -n 2 >/dev/gpiotimer&
```

のように最後に&をつけて，バックグラウンドで動かして，dmesgなどで確認してみるとよいでしょう．

　ブロックされている状態でも，他からGPIOのリード/ライトなどが正しく行われることも確認してください．
また，

```
echo -n 2 >/dev/gpiotimer&
echo -n 3 >/dev/gpiotimer
```

のように複数の一致検出待ちを行った場合には，セマフォによって2番目以降の検出要求はブロックされるので，最初のものが終了した後に2番目のチェックを行うという動作になります．

くわの・まさひこ

第3部 ラズベリー・パイでハードウェア制御に挑戦！

第10章 外付けシリアル変換ICでUSBカンタンI/O！

普通のシリアル・インターフェースより速くて扱いが楽ちん

桑野 雅彦

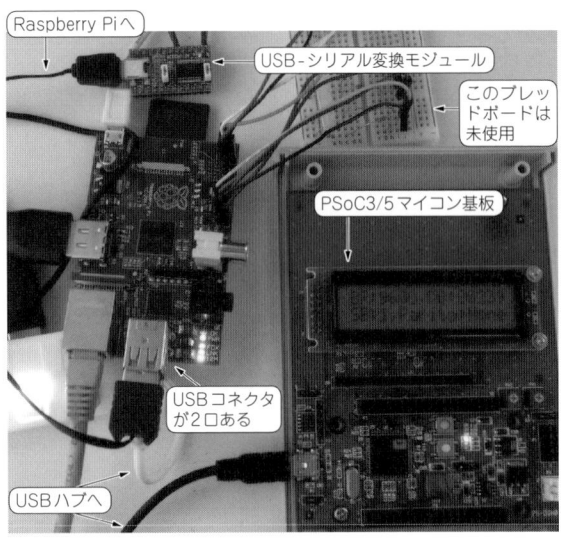

写真1 Raspberry PiでUSB-シリアル変換を実験する

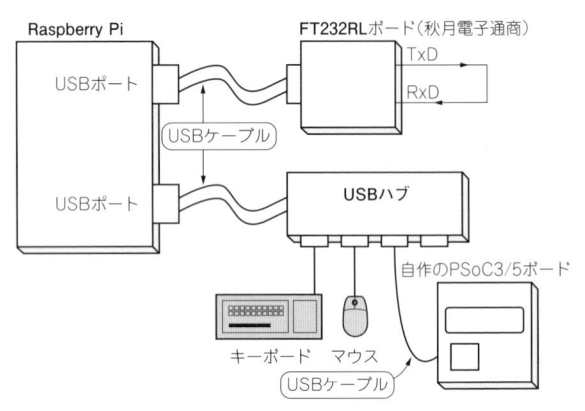

図1 USB-シリアル変換ICでRaspberry Piとマイコン基板を接続する

　本章では，Raspberry PiのUSBポートを試します．Raspberry Piの標準Linux「Raspbian」にはUSBの標準規格に準拠したドライバが用意されています．特別なドライバが用意されていなくても利用できる機器もいろいろあります．USBで接続する周辺機器を作成するときも，機器側を規格に準拠させて作成するだけでOSが標準で持っているドライバで動かせます．ホスト側のOSの種類やバージョンなどに気を使わなくてもよく，非常に便利です．

　ここでは，いろいろなUSB機器作成時に便利なUSBシリアル機器（CDC；Communication Device Class）の利用を紹介します．CDCにはいわゆるUSB-シリアルのほか，USB-Ethernet変換アダプタなども含まれますが，ここでは特に断りのない限り，CDCはUSB-シリアルを指すものとします．

● 二つの方法がある…USBのCDCに準拠するか，USB-シリアル変換ICを使う

　LinuxでUSB-シリアルとして見える機器を作成する手段としては，次の二つの方法が考えられます．
(1) USBのCDC規格に準拠するようにマイコン・プログラムを作成
(2) LinuxでサポートされているUSB-シリアル・デバイスICを使う

　(1)はUSBファンクションを内蔵したワンチップ・マイコンを使うときに，(2)はUSBファンクション機能を持っていないものや，ごく小規模なマイコンを利用するときに便利です．

　ここでは，マイコン・ボードや定番のUSB-シリアル変換ICを使って写真1，図1のように接続し，Raspberry Piとマイコン間の通信実験をしてみます．

USB-シリアル変換のメリット

　USB-シリアル変換には，以下のメリットがあります．
(1) ホスト側からはRS-232-Cポートに見える
(2) USBのバルク伝送モードを使える
(3) 受け取ったデータを自由に扱える

(4) USBの伝送速度で通信できる

(5) データ欠落の心配がない

(1) ホスト側からはただのRS-232-Cポートに見える

USB-シリアル・デバイスはホストのパソコン側からはCOMポート（RS-232-Cポート）として見えます．そのため，シリアル・ポート経由で接続した機器と同じ扱いでリード／ライトすればデータのやりとりが行えます．

(2) USBのバルク伝送モードを使える

CDCではデータ伝送にUSBのバルク伝送モードを利用します．これはUSBメモリやUSBハード・ディスクのような大量のデータ伝送に向いたモードです．ターゲットとの間である程度大きなデータをやり取りするときでも，CDCを利用するのが便利です．

(3) 受け取ったデータを自由に扱える

CDCを使う場合，ホストからはUSB-シリアル・インターフェースに見えますが，ターゲット側で本当にシリアル通信を行う必要はありません．ホストから受け取ったデータは自分で自由に処理してかまいません．演算結果などをホストに渡してやれば，ホスト側ではシリアル・インターフェース経由で送られてきたデータや文字列だとして扱ってくれるわけです．

また，USB-シリアルとして見せかけた場合には，ビット・レートの設定やDTR（Data Terminal Ready；データ端末レディ）やRTS（Request To Send；送信リクエスト）といった制御信号は特に意味を持ちません．例えば，1200bpsにしたらLEDを点灯，2400bpsで消灯といったように，通信パラメータ設定をコマンドとして流用するという手法も使えます．

(4) USBの伝送速度で通信できる

このようなUSBの仮想シリアル・ポートが，本物のシリアル・ポートより便利なのは伝送速度が速いことです．

通常のシリアル伝送はある程度頑張っても100kbps程度ですが，USBのデータ伝送速度はフルスピードで最大12Mbps，ハイスピードでは480Mbpsと，圧倒的に高速です．

(5) フロー制御が必要なく，データが欠落しにくい

通常のシリアル・ポートの場合，一方が連続送信したときにもう一方が受け取り，処理するのが間に合わないとオーバーフローしてエラーになり，データが欠落してしまいます．USB-シリアルを使う場合にはフロー制御はUSBのプロトコル上で行われるので，データ欠落の心配はありません．ホストは受け取れる時に読みに来ますし，ターゲットがデータを受け取らなければ自動的に再送してきます．しかも送受信処理はアクセス権付きのバッファ・メモリのリード／ライトをするようなもので，非常に簡単です．

このような特徴により，USBの場合双方のほぼ限界に近いところまで伝送性能が引き出せるわけです．

Raspberry Piで使うには

● Raspbianでは接続すればすぐ使えて便利

Raspberry Pi標準のLinux「Raspbian」を使う場合には，CDCデバイスを接続すればすぐ使えます．Windowsの場合にはCDCデバイスのドライバは用意されていますが，ドライバのIDなどを記述したINFファイルは必要で，最初に接続したときに表示されるウィザードに従ってINFファイルを読み込ませなくてはなりません．Raspbianの場合にはこのようなファイルすら不要なのです．

▶ RaspbianではCDCに準拠したものは/dev/ttyACM

CDC規格に準拠するUSB-シリアル・デバイスはACM（Abstract Control Model）として実現します（コラム参照）．Raspbianに接続すると/dev/ttyACM0として自動的に認識されます．ttyACMの後に付いている数字は，2台目，3台目以降の場合にはこの値が増えていきます．

```
ls -l /dev/tty*
```

などとすると，見つけられます．

● シリアル・ポートの設定を変える方法

シリアル・ポートは通信速度やパリティの有無などさま

---

column　CDCとACMの意味

CDCは「Communication Device Class」の略で，その名のとおり，EthernetやISDNなどの通信インターフェースにも対応できるような仕様になっています．

USBシリアル機器は，ACM（Abstract Control Model）として実現します．ACMというのはCDCに含まれる，POTS（Plain Old Telephone Service）モデルの中の一つで，昔からある電話回線用のモデムを想定したものと思えばよいでしょう．

昔ながらのモデムの通信インターフェースとして利用されてきたインターフェースがRS-232Cで，パソコンではCOMポートとしてよく知られていますが，これをUSBバス上で模擬的に実現するというわけです．

リスト1　シリアル・ポートの設定内容を`stty`**コマンドで確認した**

```
pi@raspberrypi ~ $ stty -F /dev/ttyACM0 -a     ←[設定内容を表示するコマンド]
speed 9600 baud; rows 0; columns 0; line = 0;
intr = ^C; quit = ^\; erase = ^?; kill = ^U; eof = ^D; eol = <undef>;
eol2 = <undef>; swtch = <undef>; start = ^Q; stop = ^S; susp = ^Z; rprnt = ^R;
werase = ^W; lnext = ^V; flush = ^O; min = 1; time = 0;
-parenb -parodd cs8 hupcl -cstopb cread clocal -crtscts
-ignbrk -brkint -ignpar -parmrk -inpck -istrip -inlcr -igncr icrnl ixon -ixoff
-iuclc -ixany -imaxbel -iutf8
opost -olcuc -ocrnl onlcr -onocr -onlret -ofill -ofdel nl0 cr0 tab0 bs0 vt0 ff0
isig icanon iexten echo echoe echok -echonl -noflsh -xcase -tostop -echoprt
echoctl echoke
pi@raspberrypi ~ $
```
→[設定内容が表示される]

ざまな設定が行えます．Raspbianではこれらのモード設定はsttyコマンドを使用します．設定内容は，

　`stty -F /dev/ttyACM0 -a`

というように，-aオプションを付けると表示されます．リスト1は実行例です．-parenbなどのように，頭に「-」がついているものが，その機能がOFF状態ということを示します．設定内容は，

　`stty --help`

とすると説明が表示されます．詳細は別途Linux（UNIX）の解説書などを参照してください．

▶ デフォルトから変更したほうがよい設定

ほとんどはデフォルトのままでよいのですが，特に注意が必要なのは，echoとonlcrの二つです．図2のようにして，両方ともOFF状態にしておくのがよいでしょう．

　`stty -F /dev/ttyACM0 -echo -onlcr`

前者は，送られてきたデータをエコー・バックするか否か，後者はNewline（値は0x0a）コードを復帰改行（0x0d + 0x0a）として扱うか否かを設定するものです．リスト1のsttyの結果にも表れているように，デフォルトでは両方ともONになっています．

Raspberry Piの先にターミナルがつながるような場合には，エコー・バックは入力された文字が送り返されるので，便利なこともあります．しかし，Raspberry Pi側から周辺機器にコマンドを送り，結果を得るような場合には不便です．周辺機器側から送られてきたデータがそのままエコー・バックされ，それを周辺機器側がコマンドとして誤認識し，エラー・メッセージを送ると，再びそれがエコー・バックされ…というようになってしまいます．

onlcrの方はON状態の方が適していることもありますが，ターミナル・ソフトなどの設定で対処できるのが普通なので，OFFにしておくのがよいでしょう．

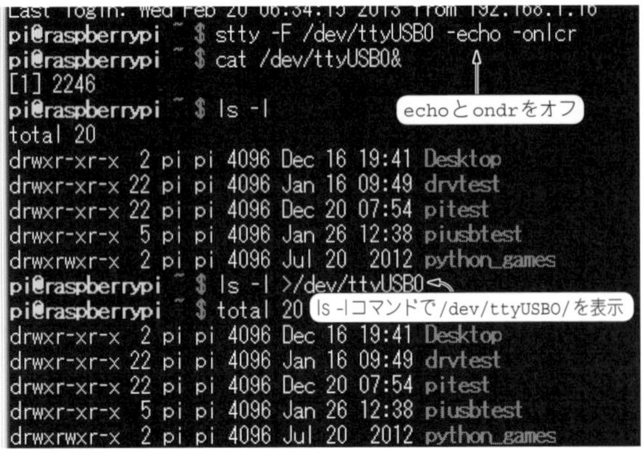

図2　シリアル・ポートの設定は`echo`**と**`onlcr`**をオフにしておく**

実験！USB-シリアルでマイコンと通信

CDCを利用して，Raspberry PiとPSoC3マイコンCY8C3866（サイプレス）でUSB-シリアル通信を実験してみます．図1に示すようにRaspberry Piとキーボード，マウス，そして筆者が自作したPSoC3/5ボード（CY8C3866マイコン搭載）と接続します．

文字「A」を送るとA-D変換値を，`ADC=02A4H:0676`というように，16進数と10進数で戻すようなものを作成します．

ネットワーク経由で複数のsshターミナル・ウィンドウを開いて，いずれかのウィンドウから，

　`stty -F /dev/ttyACM0 -echo -onlcr`

としてから，一方で，

　`cat /dev/ttyACM0`

とするか，あるいは，

　`cat /dev/ttyACM0&`

のように，最後に&をつけてバックグラウンドで動かします．

図3 A-D変換した結果が16進数と10進数で表示された

リスト2 A-D変換をバックグラウンドで動かした結果

```
pi@raspberrypi ~ $ cat /dev/ttyACM0&
[1] 2150
pi@raspberrypi ~ $ echo -n a >/dev/ttyACM0
pi@raspberrypi ~ $ ADC=0239H:0569    ← A-D変換値を取得する
pi@raspberrypi ~ $
```

ここで，もう一方から，

```
cat -n a >/dev/ttyACM0
```

とすると，"a"という文字が送られ，相手からA-D変換した結果が図3に示すように表示されます．バック・グラウンドで動かしたときはリスト2のようになります．

● RaspbianではFTDI社 定番のUSB-シリアル変換IC FT232シリーズは接続するだけで使える

USB-シリアル変換ICのFT232シリーズ（FTDI社）は広く利用されており，写真2のようなUSB-シリアル変換モジュールも安価に入手できます．

Windows用のFT232専用ドライバがFTDI社から用意されていますが，Raspbianでは最初からドライバが用意されているので別途用意する必要はありません．接続すると/dev/ttyUSB0（末尾は数字）として認識されます．扱い方は/dev/ttyACM0のときと同じです．

試しにFT232RLを使ったボードでTxDとRxDを接続して折り返した状態で，

```
stty -F /dev/ttyUSB0 -echo -onlcr
cat /dev/ttyUSB0&
```

として，catをバックグラウンドで入力待ちにしておいてから，

```
ls -l /dev/ttyUSB0
```

とすると，lsした結果がFTDIチップに送られ，そのままエコー・バックされてcatによって表示が行われます．

このほか，ビット・レートなどはsttyのオプションで指定できます．主なものは次のとおりです．

● 伝送速度

speedオプションを使います．9600bpsならspeed 9600という具合です．

● パリティ種別

パリティの有無をparenb（-を付けるとパリティなし）で，偶数パリティか奇数パリティかをparoddで指定しま

す．-がなければ奇数パリティ，-を付けると偶数パリティです．

● キャラクタ長

cs$N$（Nは5〜8）でキャラクタ（データビット）長を設定します．例えばcs8とすれば，キャラクタ長は8ビットになります．

● ストップビット長

cstopbで2ビット，-cstopで1ビットになります．

● X-ON/OFFフロー制御

xonでイネーブル，-xonでディセーブルです．

● システム・コールioctlを使ってsttyコマンドをいちいち使わないようにする

sttyによる設定は便利ですが，プログラムでシリアル・ポートにアクセスするときに毎回sttyで事前に設定するのもあまり格好のよいものではありません．システム・コールioctlを使えばsttyと同等の設定はドライバ内で行えます．以下はエコー・バックの禁止設定（sttyの-echoオプションと同等）を行う例を示します．

シリアル・ポートのioctlでは，termios構造体を使います．第一引数がファイル・ディスクリプタで，第二引数がコマンドです．ここでは設定取得のTCGETSと設定のTCSETSの二つを使用します．なお，どのようなコマンドが使えるのかは，対象となるデバイスのドライバによって

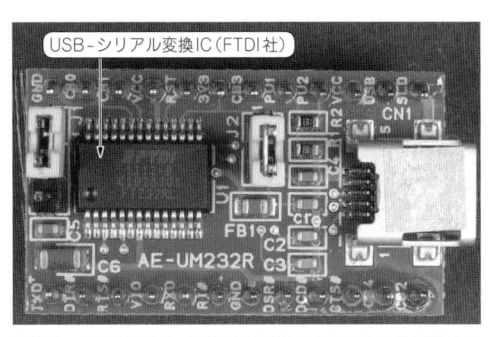

写真2 定番のUSB-シリアル変換IC FT232RLを搭載するモジュール（秋月電子通商）

リスト3　ioctlでエコー・バック停止を設定するにはFILE構造体からファイル・ディスクリプタへの変換が必要

```
#include <termios.h>
    :
FILE *fd;
int  fdi;
struct termios oldT, newT;           ┌fopenはFILE構造体
                                     │へのポインタを返す
fd  = fopen("/dev/ttyACM0","r+");
fdi = fileno(fd);        ┌ioctlはint型のファイル・ディスクリ
ioctl(fdi,TCGETS,&oldT); │プタが必要なのでFILE構造体からファ
newT=oldT;               │イル・ディスクリプタへの変換を行う
newT.c_lflag &= ~ECHO;
ioctl(fdi,TCSETS,&newT); ┌TCGETSコマンドで設定内容を取得
    :
ioctl(fdi,TCSETS,&oldT); ┌TCSETSコマンドで設定
```

リスト4　ACMによる仮想モデムで定義されているリクエストはこれだけ

```
SEND_ENCAPSULATED_COMMAND(00h)：必須
GET_ENCAPSULATED_RESPONSE(01h)：必須
SET_COMM_FEATURE(02h)：オプション
GET_COMM_FEATURE(03h)：オプション
CLEAR_COMM_FEATURE(04h)：オプション
SET_LINE_CODING(20h)：オプション
GET_LINE_CODING(21h)：オプション
SET_CONTROL_LINE_STATE(22h)：オプション
SEND_BREAK(23h)：オプション
```

異なります．

　TCGETS，TCSETSのいずれも第三引数はtermios構造体へのポインタです．termiosの中にはさまざまな情報が収められていますが，エコー・バック関係はc_lflagsメンバのECHOフラグになります．termios構造体や，ECHOフラグビットはtermbits.hに定義されています．興味のある方は眺めてみるとよいでしょう．

　ioctlでエコー・バック停止を設定するポイントとなる部分を切り出すとリスト3のようになります．

　ここでは，fgets()などのOSに依存しない高水準ライブラリを利用しやすいように，fopen()を使用しています．fopen()で返されるのはFILE構造体へのポインタです．しかし，ioctlはOSに依存する低水準入出力関数なので，fopen()ではなく，open()で得られるのと同じint型のファイル・ディスクリプタ（識別子）を要求します．このFILE構造体からファイル・ディスクリプタへの変換を行うのがfileno()です．最初からopen()を使ってファイル・ディスクリプタを取得するのであれば，この変換操作は不要です．

　このファイル・ディスクリプタを使って，ioctlでTCGETSコマンドを発行して設定パラメータを取得し，c_flagのECHOビットをクリアしてTCSETSコマンドで設定します．これでエコー・バックは停止するので，通常のシリアル・ポートと同じように入出力を行えばよいわけです．使用が終わったら，最後に元の設定パラメータを書き戻して終了しておきます．

　echo以外の設定も同じような方法で行えます．

● **RaspbianでCDCデバイスを動かすにはRTSやDTRの出力制御が必要**

　CDCデバイスで発行される可能性のある要求処理はいろいろありますが，全てを実装するというのはなかなか面倒です．特にワンチップ・マイコンではメモリ容量も限られていることが多く，必要最小限の実装にしたいところです．

　ACMによる仮想モデムではリスト4に示すようなリクエストが定義されています．括弧内はリクエスト・コード値です．実際にWindowsに接続して動かしてみると，必須とされているSEND_ENCAPSULATED_COMMANDやGET_ENCAPSULATED_RESPONSEは必須とありますが，実際には使われていません．必須だったのは，Optional扱いとなっているSET_LINE_CODINGとGET_LINE_CODINGの二つでした．これらはシリアル・ポートの伝送モード（ビット・レート，パリティ種別，ストップビット長など）の設定や現在の設定値の読み出しを行うものです．一応Optionalという扱いなので，実装は必須ではありません．

　仮想シリアルとして扱うだけで実際にUSB-シリアル変換をするのでなければ，SET_LINE_CODINGで与えられたものを保存しておいてGET_LINE_CODINGの時に保存しておいたものを送り返すだけです．

　この二つだけを実装したものをRaspberry Piに接続してみると，ドライバの組み込みまではうまくいきますが，送受信がI/Oエラーになってしまいます．いろいろ調べてみると，Raspbianの場合には，SET_CONTROL_LINE_STATEをサポートしなくてはならないことがわかりました．これは制御信号であるRTS（Request To Send）やDTR（Data Terminal Ready）の出力を行うというものです．Windowsではこれらはサポートせず，エラーに相当するSTALL応答をしても構いませんが，Raspbian（Linux）ではSTALLで返すとデータ送受信がI/Oエラーになってしまうようです．

くわの・まさひこ

第10章 APPENDIX
定番シリアルI²Cでカンタン接続！

3本の信号線を接続するだけで
センサやメモリを数珠つなぎにできる

桑野 雅彦

　I²C (Inter-Integrated Circuit) バスは，2線式（グラウンドを入れると3本）の同期型シリアル・インターフェースです．I²C対応デバイスには，A-DコンバータやD-Aコンバータ，温度センサ，デジタルI/O，シリアルEEPROMなどがあります．

　I²Cの2本の信号線のうち，1本がクロック信号，もう一方が双方向のデータ信号線で，1本のI²Cバス上にいくつものデバイスを接続できます．各デバイスの出力は，オープン・ドレイン（オープン・コレクタ）出力で，バスを駆動していなければ，プルアップ抵抗によって"H"になります．

　Raspberry PiのGPIO（汎用I/O）ポートにも，I²Cとして使えるピンがあり，ドライバも準備されているので，比較的簡単にI²Cバスを利用できます．

Raspberry PiでI²Cを使う手順

● 5ステップで準備は完了

　Raspbianでは，以下の手順でI²Cを扱えます．

▶ ステップ1…rootユーザにしておく

　Raspberry Piをネットワーク接続された状態にして，suコマンドを使って，ログイン画面のユーザ名をrootにして，rootユーザになっておきます．

▶ ステップ2…blacklistから外す

　Raspbianでは，I²CやSPIバス用のドライバが用意されているのですが，デフォルトでは，ディセーブル状態になっています．このディセーブル設定を行っているのが，

/etc/modprobe.d/raspi-blacklist.conf

です．blacklistファイルで，I²Cが登録されているので，リスト1のように，先頭に"#"をつけてコメント・アウトしておきます．ついでに，SPIの方もコメント・アウトしておくと，SPIも利用できるようになります．

▶ ステップ3…i2c-devの追加

　続いて，モジュール・ファイル/etc/modulesに，i2cデバイスを追加します．リスト2のように，/etc/modulesファイルに，i2c-devを追記します．

▶ ステップ4…i2c-toolsのダウンロードとインストール

　ドライバが用意できたので，これでプログラムを作って動かすこともできますが，より簡単にI²Cバス・デバイスにアクセスできるユーティリティであるi2c-toolsをインストールしておくと便利です．

　ネットワーク接続された状態で，リスト3のように，

```
apt-get install i2c-tools
```

とすれば，i2c-toolsがダウンロードされ，展開とインス

リスト1　準備1…raspi-blacklistからi2cを外す

```
root@raspberrypi:/home/pi# cat /etc/modprobe.d/
                                       raspi-blacklist.conf
# blacklist spi and i2c by default (many users don't
                                                need them)
#blacklist spi-bcm2708
#blacklist i2c-bcm2708
root@raspberrypi:/home/pi#
```
頭に#をつけてコメントアウト

リスト2　準備2…etc/modulesにi2c-devを追加

```
root@raspberrypi:/home/pi# cat /etc/modules
# /etc/modules: kernel modules to load at boot time.
#
# This file contains the names of kernel modules
                              that should be loaded
# at boot time, one per line. Lines beginning with
                                      "#" are ignored.
# Parameters can be specified after the module name.
snd-bcm2835
i2c-dev
root@raspberrypi:/home/pi#
```
i2c-devを追加

リスト3　準備3…i2c-toolsのインストール

```
root@raspberrypi:/home/pi# apt-get install i2c-tools
Reading package lists... Done
Building dependency tree
...
```
i2c-toolsの取得とインストール

リスト4 準備4…モジュール（ドライバ）が組み込まれたかどうかを確認する

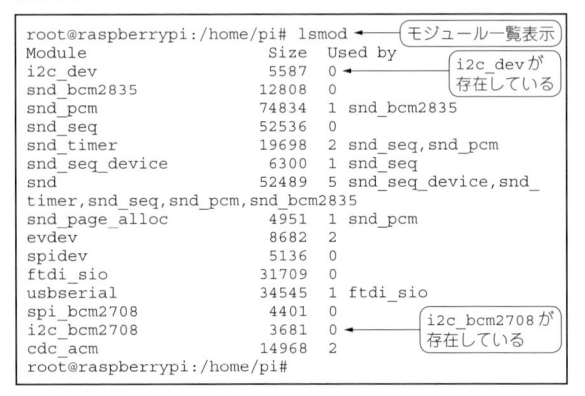

```
root@raspberrypi:/home/pi# lsmod        ← モジュール一覧表示
Module                  Size  Used by
i2c_dev                 5587  0          ← i2c_devが存在している
snd_bcm2835            12808  0
snd_pcm                74834  1 snd_bcm2835
snd_seq                52536  0
snd_timer              19698  2 snd_seq,snd_pcm
snd_seq_device          6300  1 snd_seq
snd                    52489  5 snd_seq_device,snd_
timer,snd_seq,snd_pcm,snd_bcm2835
snd_page_alloc          4951  1 snd_pcm
evdev                   8682  2
spidev                  5136  0
ftdi_sio               31709  0
usbserial              34545  1 ftdi_sio
spi_bcm2708             4401  0
i2c_bcm2708             3681  0          ← i2c_bcm2708が存在している
cdc_acm                14968  2
root@raspberrypi:/home/pi#
```

リスト5 準備5…デバイス・ファイルを確認しておく

```
root@raspberrypi:/home/pi# ls -l /dev/i2c*
crw-rw---T 1 root i2c 89, 0 Feb 25 23:57 /dev/i2c-0
crw-rw---T 1 root i2c 89, 1 Feb 25 23:57 /dev/i2c-1
root@raspberrypi:/home/pi#
```

▶ ステップ5…ドライバがインストールされたかどうかを確認しておく

ステップ4までが終わったら，Raspberry Piを再起動します．再起動した後，suコマンドでrootユーザになっておきましょう．そして，次の2点を確認しておきます．

- I²Cドライバが組み込まれていることを確認

リスト4のように，lsmodでモジュール一覧を表示すると，i2c_devとi2c_bcm2708が組み込まれていることが確認できます．i2c_bcm2708と一緒に，blacklistから外したspi_bcm2708も組み込まれています．

- デバイス・ファイルの確認

ドライバへのアクセスは，デバイス・ファイルという特殊なファイル経由で行います．これが作成されているかどうかも確認しておきましょう．リスト5のように，/dev/i2c-0と/dev/i2c-1が存在しているはずです．

Raspberry PiでI²Cを使うポイント

● Raspberry Piは外付けのプルアップ抵抗が不要

Raspberry Piの汎用I/Oコネクタに，I²C信号が引き出されています．I²Cバスは，データ線，クロック線ともプル

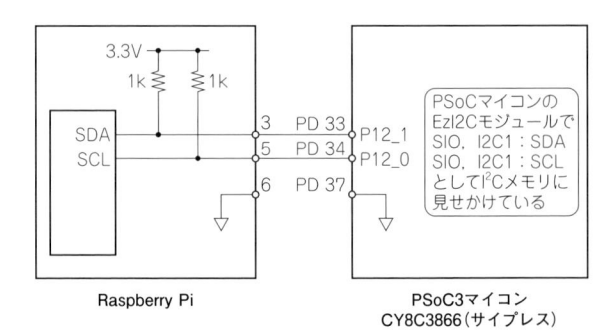

図1 Raspberry PiではI²Cデバイスの接続にプルアップ抵抗は不要

リスト6 i2cdetectでデバイスを検出

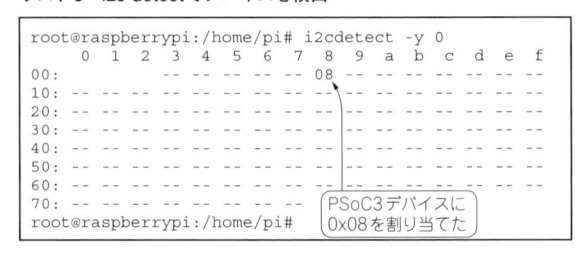

```
root@raspberrypi:/home/pi# i2cdetect -y 0
     0  1  2  3  4  5  6  7  8  9  a  b  c  d  e  f
00:                         -- -- 08 -- -- -- -- -- -- --
10: -- -- -- -- -- -- -- -- -- -- -- -- -- -- -- --
20: -- -- -- -- -- -- -- -- -- -- -- -- -- -- -- --
30: -- -- -- -- -- -- -- -- -- -- -- -- -- -- -- --
40: -- -- -- -- -- -- -- -- -- -- -- -- -- -- -- --
50: -- -- -- -- -- -- -- -- -- -- -- -- -- -- -- --
60: -- -- -- -- -- -- -- -- -- -- -- -- -- -- -- --
70: -- -- -- -- -- -- -- --                      ← PSoC3デバイスに0x08を割り当てた
root@raspberrypi:/home/pi#
```

アップ抵抗が必要ですが，Raspberry Piの回路図を見ると，Raspberry Piの内部で1kΩの抵抗で3.3Vにプルアップされているので，外付けのプルアップ抵抗は不要です（図1）．

● I²Cデバイスの存在を確認するコマンド i2cdetect

I²Cバスは，7ビットのスレーブ・アドレス指定機能があり，複数のデバイスが接続可能です．I²Cバス上のどのアドレスにデバイスがあるかを調べるツールがi2cdetectです．

Raspberry Piには，I²Cバスが2チャンネルあるので，i2cdetectの場合もどちらのI²Cバスなのかを番号（0または1）で指定します．

リスト6は，i2cdetectの実行例です．0x08にデバイスがあることが検出されています．なお，i2cdetectの後の-yは，無条件実行の指示です．これをつけない場合には，

```
WARNING! This program can confuse your
I2C bus, cause data loss and worse!
I will probe file /dev/i2c-0.
I will probe address range 0x03-0x77.
Continue? [Y/n]
```

のように，実行を続けてよいかどうかというメッセージが出ます．

column　SPIバスを使おう

●周辺IC接続用のシリアル・インターフェース

　SPI (Serial Peripheral Interface) は，モトローラ（現フリースケール・セミコンダクタ）が提唱した，周辺IC接続用のシリアル・インターフェースです．SPIの基本的な考え方は単なるシフト・レジスタ同士の接続です．これに対して，I²Cはデバイス・アドレスやACK/NAKなど，低レベルのプロトコルを規定しています．

▶ SPIの信号線は3本

　SPIでもマスタとスレーブがはっきり決まっています．SPIの信号線は次の3本です．
- SCK…クロック信号（マスタが駆動）
- MOSI (Master-OUT Slave-IN) …マスタからスレーブへのデータ信号
- MISO (Master-IN Slave-OUT) …スレーブからマスタへのデータ信号

●スレーブの仕様に合わせてマスタの動作を決める

　SPIはクロックに同期してデータ送受信を行いますが，注意が必要なのは，
- 独立したチップ・セレクト信号 (SS) を持っている（極性は不定）
- データ送受信が同時に行われる
- SCKと，MOSIやMISOのタイミングが4通り（モード0～モード3）ある
- ビット順が決められていない
- 1ワードのビット長も決められていない

という点です．

　送受信の区別がないというのは，送受信データ線が分離されており，マスタ，スレーブともクロック信号に応じてデータ・ラインを駆動するということです．MOSIをスレーブが取り込み，利用するかどうかやMISOをマスタが取り込んで利用するかどうかは，それぞれのデバイス仕様にあわせて決めることなのです．たとえば，MOSIで最初に送ったデータ・バイトをコマンドとして利用して，次のバイト伝送はスレーブがデータを出力するために使う（MOSIはスレーブは無視する）という具合です．

　このため，SPIデバイス（スレーブ機器）を接続する場合には，スレーブがどのような仕様になっているのかを調べ，マスタ側はそれに合わせて動作する必要があります．RaspberryPiのSPIドライバではモードやビット順など，これらを柔軟に設定できるようになっています．

● I²Cデバイスの読み書きコマンド　i2cset，i2cget

　I²Cメモリへの書き込みはi2cset，読み出しはi2cgetです．i2cdetectと同じように-yをつけておくと無条件に実行され，省略すると実際のアクセス前に実行してもよいかどうかを問い合わせてきます．1バイトだけ書き込むときは，

　　i2cset -y（バス番号）（スレーブ・アドレス）
　　　　　　　　　　（先頭アドレス）（データ）

とします．複数バイトの連続書き込みなら，

　　i2cset -y（バス番号）（スレーブ・アドレス）
　　　　　　　　（先頭アドレス）（データ）（データ）・・i

というように，最後に「i」をつけます．

　読み出しは，i2cgetです．こちらは，

　　i2cget（バス番号）（スレーブ・アドレス）
　　　　　　　　　　　　　　　（先頭アドレス）

で，指定したアドレスの1バイトが読み込まれます．

▶ プログラムでリード/ライト

　i2cgetやi2csetによるリード/ライトは便利ですが，プログラム中から使うには少々不便です．そこで，I²Cデバイスをアクセスする簡単なプログラム（i2ctest.c）を用意しました．本書のダウンロード・サイト（http://cqpub.co.jp/interface/download/rpi）から入手できます．

　基本的には，以下の四つのコマンドを覚えておけばよいでしょう．
- open() で，デバイス（/dev/i2c-0）をオープン
- ioctlで，アクセス対象のスレーブ・アドレスを設定
- write() で，I²Cライト
- read() で，I²Cリード
- close() で，デバイスをクローズ

　writeやreadは，通常のファイルのリード/ライトと同じですが，write時に与えるバッファの先頭バイトがメモリ・アドレスで，実際に書き込むデータは2バイト目以降です．ioctlで使えるコントロールは，i2c-dev.h (/usr/include/linux/i2c-dev.h) にあります．

くわの・まさひこ

第3部 ラズベリー・パイでハードウェア制御に挑戦！

Wi-Fiドングル/USBカメラ…
パソコン周辺アクセサリ&オープン・ソース・ソフトで拡張が超簡単！

第11章 スマホでササッ！動画中継ラジコン・カーの製作

知久 健

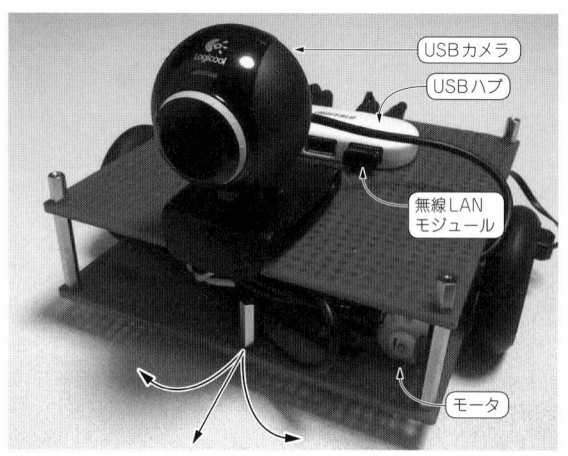

写真1 スマートフォンで動かすRaspberry Piラジコン・カー

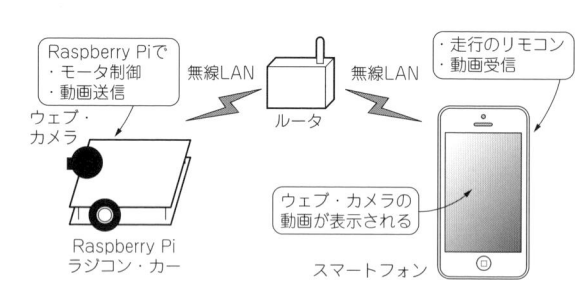

図1 製作したスマホ・ラジコン・カーはWi-Fiで操作したり画像転送したりする

本章では，Raspberry Piを使って，スマートフォンから制御できるカメラ付きのロボットを製作します（写真1）．Raspberry Piを使うと，SDメモリーカード・スロット，USB，Ethernet，GPIO，シリアル・ポートなどを通常のLinuxパソコンと同じように使えます．今回はOSとして，Raspberry Pi用のLinux "Raspbian" をインストールしました．

スマートフォンの画面にラジコン・カーが取得したカメラの映像をストリーミング表示し，画面に表示されたボタンによってラジコン・カーを操作できます．ルータを介してスマートフォンとラジコン・カーを無線LAN通信させています（図1）．

モータ制御にはRaspberry Piのシリアル・ポート，I²C，GPIOを使えますが，今回はGPIOポートを使います．

製作したモータ・ドライバをRaspberry Piに接続し，USBポートにウェブ・カメラと無線LANドングルを接続してハードウェアは完成です．

これに簡単なオープン・ソースのソフトウェアを導入し，これらを組み合わせることによって，マイコン単体では実現が難しかったものを低コストで簡単に製作できます．

ハードウェアの製作

信号の流れを図2に示します．Raspberry Piに，次の四つのモジュールを接続してロボットを作ります．

(1) セルフ・パワー付きUSBハブ
(2) 無線LANドングル
(3) USBカメラ（UVC対応）
(4) モータ・ドライバ/電源（GPIOで駆動）

● セルフ・パワー付きUSBハブ…電流不足を解決，Raspberry Piと各モジュールを接続

Raspberry Piの各USBポートの最大出力電流は140mAです．定格以上の電流を出力すると，ポリスイッチによりUSB接続が切断される仕様になっています．

今回の構成のように，USBバス・パワーに無線LANドングルとウェブ・カメラを接続すると電流容量が足りなくなり，接続されているUSB機器が認識されなくなります．これを予防するため，セルフ・パワーのUSBハブの使用が必須となります．

● 無線LANドングル…ルータを介してスマートフォンと通信

Raspberry Piには無線LANが導入されていないため，

第11章　スマホでササッ！動画中継ラジコン・カーの製作

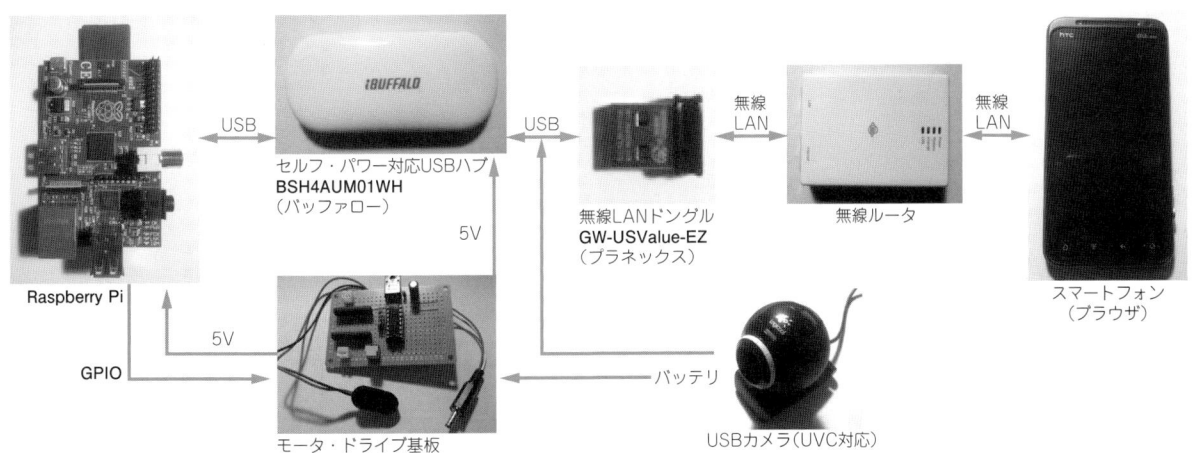

図2　ハードウェア構成と動画および制御信号の流れ

USBタイプのものを選び，無線LANドライバをインストールする必要があります．

今回は，Raspberry Piのウェブ・フォーラムで導入事例が確認されている，RTL8188（Realtek）というチップ・セットが搭載されている無線LANドングル"GW-USValue-EZ"を使います．

● USBカメラ…動画をUSB経由でRaspberry Piへ送信

カメラは，UVC（USB Video Class）対応であれば使えます．"Raspbian"という，DebianをRaspberry Pi用にカスタムされたLinuxベースのOSから，初期状態でUVC対応カメラのドライバがサポートされるようになりました．このため，USBポートにカメラを接続するだけでカメラが使えます．

● モータ・ドライバ/電源

GPIOから，"H/L"信号を供給してモータを駆動するためのドライブ回路を製作しました（写真2）．回路図を図3に示します．GPIO端子は，全体で2m～16mAしか出力できないので，ドライブ回路が必要です．

Raspberry Piやモータ，USBハブへの電源は，この基板から供給します．Raspberry Piへの電源供給は，GPIOピンの5V用の端子PIN2から行います．

▶ GPIOのドライバ

GPIO端子のドライブに，トランジスタ・アレイTD62004APG（東芝）を使います．これをGPIOポートに接続すれば，駆動に大きな電流が必要なものも動作させられます．Raspberry PiでLEDを点滅させる場合にも必要な回路です．

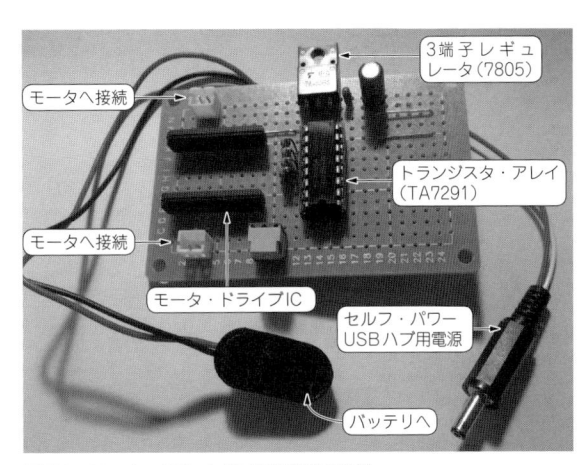

写真2　モータ・ドライブ＆電源基板の外観

▶ モータ・ドライバ

先述したGPIOのドライバを通したGPIOピンの出力を使います．

GPIO端子の出力を切り替えることによって，モータの正転と反転を制御できます．

モータ・ドライバには，定番のTA7291（東芝）を使いました．可変抵抗VRは，モータ・ドライバからモータへ出力する電圧を調整するものです．使用するモータの定格に合うように調整します．

ソフトウェア環境の準備

Raspberry Piをインターネットに接続して，以下のイン

99

図3 モータ・ドライブ基板の回路

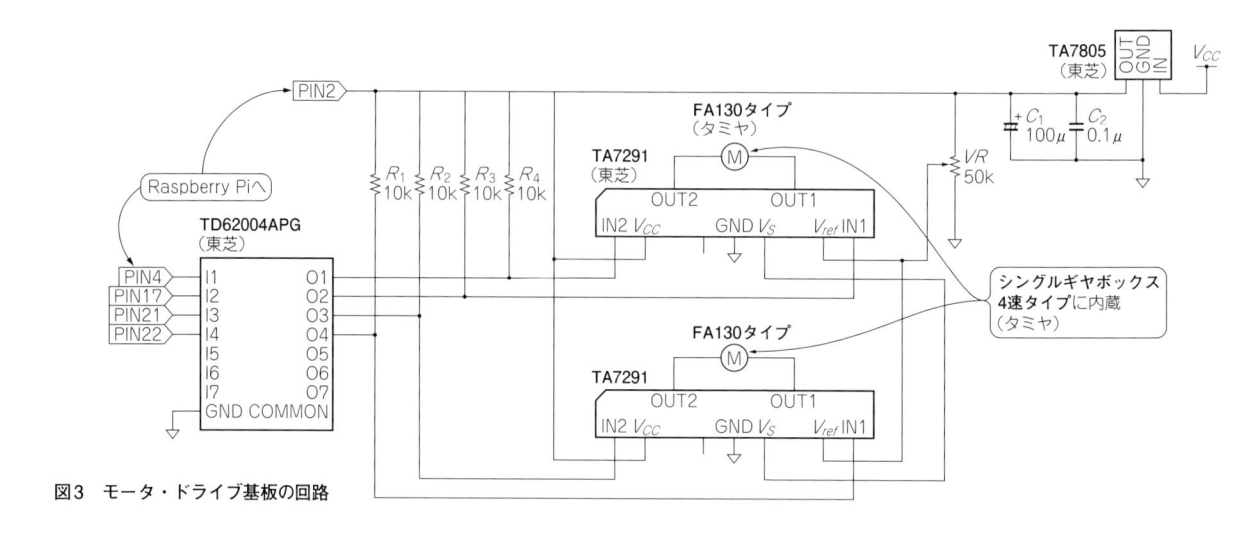

ストールを行います．
（1）無線LANドライバ
（2）動画配信ソフトウェア
（3）GPIO制御用ライブラリ

● **無線LANドライバをインストール**

今回，使う無線LANアダプタに搭載されているチップは，RTL8188CU（Realtek）です．

本来なら，Linuxのカーネル・ソースとドライバ・ソースを入手してコンパイルする必要がありますが，今回は，Raspberry Piのウェブ・フォーラムで公開されているスクリプトを使って，無線LANドライバをRaspberry Piにインストールします．手順は次のとおりです．

① Raspberry Piをインターネットに接続し，② コマンドを打ち込み，③ 暗号化の種類，接続するアクセス・ポイント，パスワードをスクリプトに従って入力する．

②のコマンドは，次のとおりです．

```
wget http://dl.dropbox.com/u/80256631/
                      install-rtl8188cus.sh
sudo mv install-rtl8188cus.sh /boot
sudo ./boot/install-rtl8188cus.sh
```

● **動画配信ソフトウェアをインストール**

Linuxで使える定番の動画配信ソフトウェアには，ffmpeg，motion，MJPG-streamerなどがあります．今回は，導入が簡単なMJPG-streamerを使います．

次の手順でコマンドをシェル（コンソール）に打ち込むことで，MJPG-streamerのRaspberry Piへの導入が完了します．

① 必要なライブラリとパッケージのインストールを行います．

```
sudo apt-get install subversion
                    libjpeg-dev imagemagick
```

② パッケージ管理ソフトで必要なソース・コードを取得し，コンパイルとインストールを行います．

```
svn co https://mjpg-streamer.svn.
sourceforge.net/svnroot/
        mjpg-streamer mjpg-streamer
cd mjpg-streamer/mjpg-streamer
make
make install
```

▶ **動画配信ソフトの動作テスト…ウェブ・ブラウザからRaspberry Piにアクセスしてカメラ画像を取得**

最初に，ウェブ・カメラをセルフ・パワー対応のUSBハブに接続します．

次に，コンパイルを行ったディレクトリに移動し，以下のコマンド（改行なし）をシェルに打ち込むことで，MJPG-streamerを起動します．

```
sudo ./mjpg_streamer -i "./input_uvc.so
-f 10 -r 320x240 -d /dev/video0" -o "./
output_http.so -w ./www -p 8080"
```

このとき，次のようなメッセージが表示されます．

```
MJPG Streamer Version: svn rev: 3:160
 i: Using V4L2 device.: /dev/video0
```

第11章 スマホでササッ！動画中継ラジコン・カーの製作

表1 GPIOのON/OFFとモータ動作の対応

	PIN4	PIN17	PIN21	PIN22
前進	OFF	ON	OFF	ON
後進	ON	OFF	ON	OFF
右旋回	OFF	ON	OFF	OFF
左旋回	OFF	OFF	OFF	ON
停止	ON	ON	ON	ON

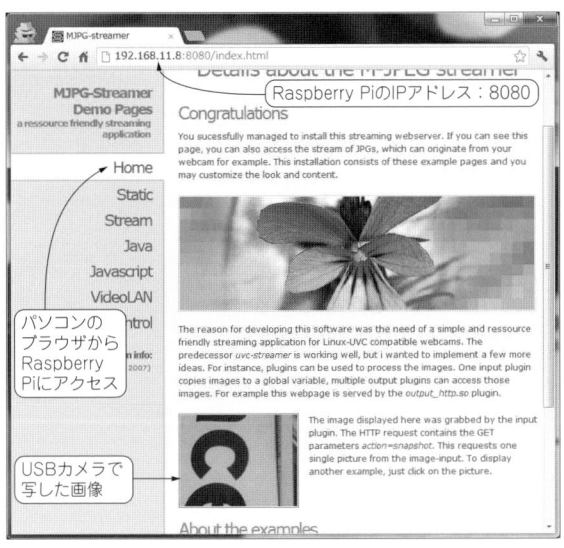

図4 Linuxで使える動画配信ソフトウェアMJPG-streamerの動作テスト

```
i: Desired Resolution: 320 x 240
i: Frames Per Second.: 10
i: Format............: MJPEG
o: www-folder-path...: ./www/
o: HTTP TCP port.....: 8080
o: username:password.: disabled
o: commands..........: enabled
```

ウェブ・ブラウザを開き，Raspberry Piのポート8080にアクセスすることによって，図4のような画面にアクセスできます．

ここでカメラの画像が取得できていれば，正常にソフトウェアは動作しています．

● GPIO制御用ライブラリのインストール

Raspberry PiのGPIOを制御するためのライブラリは，さまざまな言語で作成されています．

今回，スマートフォンからラジコン・カーを制御するプログラムをPythonで記述します．Pythonを選択した理由は，次の三つです．

① 簡単に導入できるライブラリが公開されていた
② CGIサーバ用のライブラリが標準ライブラリに付属していた
③ Raspianに標準でインストールされていた

次のように，Python用のGPIOライブラリをRaspberry Piに導入します．

① パッケージ管理ソフトmercurialとPython用の開発パッケージpython-devをインストールします．

```
sudo apt-get install mercurial python-dev
```

② 必要なGPIO制御ライブラリをインストールします．先ほどインストールしたパッケージ管理ソフトmercurialを使って，次のコマンドを打ち込みます．

```
hg clone https://code.google.com/p/raspberry-gpio-python/
cd raspberry-gpio-python
sudo python setup.py install
```

● GPIOライブラリの動作テスト…モータを動かすプログラムを制作

表1で示した制御表を利用して，回路に接続したモータを動かしてみます．

先ほどインストールしたライブラリを使って，リスト1（motor_test.py）のように，モータの動作検証用のプログラムを作成しました．各GPIOを出力ポートとして設定し，モータの正転と反転を切り替えるように設定しています．

GPIOへのアクセスは管理者権限が必要なため，次のようにコンソールへ入力してプログラムを起動します．

```
sudo python motor_test.py
```

このプログラムの実行によって，各モータが5秒ずつ動作します．

ラジコン・カー制御用プログラムの作成

ラジコン・カーをスマートフォンのブラウザから動かすプログラムを作成します．

作成するプログラムは，ブラウザからメッセージを受け取ってモータを制御する制御プログラムと，ラジコン・カーを操作するためのインターフェース・プログラムです．モータ制御部分はPythonで作成し，インターフェース部分はHTMLとJavaScriptで作成します．

101

第3部 ラズベリー・パイでハードウェア制御に挑戦！

リスト1 モータの動作検証用のプログラム (motor_test.py)

```python
# -*- coding:utf-8 -*-
import RPi.GPIO as GPIO
import time
import sys

WAIT_TIME=5

GPIO.setmode(GPIO.BCM)
GPIO.setup(4, GPIO.OUT)
GPIO.setup(17, GPIO.OUT)
GPIO.setup(21, GPIO.OUT)
GPIO.setup(22, GPIO.OUT)

#ロボット後退
GPIO.output( 4, True )
GPIO.output( 17, False )
GPIO.output( 21, True )
GPIO.output( 22, False )
time.sleep(WAIT_TIME)

# ロボット右旋回
GPIO.output( 4, False )
GPIO.output( 17, True )
GPIO.output( 21, False )
GPIO.output( 22, False )
time.sleep(WAIT_TIME)

#ロボット左旋回
GPIO.output( 4, False )
GPIO.output( 17, False )
GPIO.output( 21, False )
GPIO.output( 22, True )
time.sleep(WAIT_TIME)

#ロボット前進
GPIO.output( 4, False )
GPIO.output( 17, True )
GPIO.output( 21, False )
GPIO.output( 22, True )
time.sleep(WAIT_TIME)

#ロボット停止
GPIO.output( 4, True )
GPIO.output( 17, True )
GPIO.output( 21, True )
GPIO.output( 22, True )

GPIO.cleanup()
```

図5 中継成功！スマートフォンの操作画面に表示された動画

リスト2 ブラウザからPOSTリクエストを受け取る (server_motor.py)

```python
# -*- coding:utf-8 -*-
import cgi
import RPi.GPIO as GPIO
from BaseHTTPServer import HTTPServer
from SimpleHTTPServer import SimpleHTTPRequestHandler

class MyHandler(SimpleHTTPRequestHandler):
    def do_POST(self):
        if self.path == '/serial':
            form = cgi.FieldStorage(fp=self.rfile,
                                   headers=self.headers,
                    environ={'REQUEST_METHOD':'POST'})
            code = form['code'].value
            print code

            # 右旋回
            if code == "right":
                GPIO.output( 4, False )
                GPIO.output( 17, True )
                GPIO.output( 21, False )
                GPIO.output( 22, False )
            # 左旋回
            elif code == "left":
                GPIO.output( 4, False )
                GPIO.output( 17, False )
                GPIO.output( 21, False )
                GPIO.output( 22, True )
            # 前進
            elif code == "front":
                GPIO.output( 4, False )
                GPIO.output( 17, True )
                GPIO.output( 21, False )
                GPIO.output( 22, True )
            # 前進
            elif code == "back":
                GPIO.output( 4, True )
                GPIO.output( 17, False )
                GPIO.output( 21, True )
                GPIO.output( 22, False )
            # 停止
            elif code == "stop":
                GPIO.output( 4, True )
                GPIO.output( 17, True )
                GPIO.output( 21, True )
                GPIO.output( 22, True )

            self.send_response(100)
            self.send_header('Content-type',
                                          'text/html')
            return
        return self.do_GET()

# 使用するGPIOピンを出力に設定する
GPIO.setmode( GPIO.BCM )
GPIO.setup(4, GPIO.OUT)
GPIO.setup(17, GPIO.OUT)
GPIO.setup(21, GPIO.OUT)
GPIO.setup(22, GPIO.OUT)
GPIO.output( 4, False )
GPIO.output( 17, False )
GPIO.output( 21, False )
GPIO.output( 22, False )

# CGI起動
server = HTTPServer(('', 8081), MyHandler)
                                .serve_forever()
```

● モータ制御プログラム

　モータ制御プログラムでのブラウザとの通信は，Pythonの簡易CGIサーバ・モジュール（CGIHTTPServer）で制作したウェブ・サーバを使います．

　インターフェース・プログラムからのメッセージをウェブ・サーバで受け取ります．ウェブ・サーバに受け取ったメッセージに合った出力をGPIOピンから出力する機能を組み込むことで，ブラウザからロボットを制御します．

▶ブラウザからPOSTリクエストを受け取る

　本プログラムでは，ブラウザからのPOSTリクエストを処理するために，ハンドラ・クラスを定義します．

　作成したウェブ・サーバに対して動作指令をクエリとしてもたせたPOSTリクエストが送信されてサーバが受信したとき，定義したハンドラ・クラス内のdo_POSTメソッド

第11章　スマホでササッ！動画中継ラジコン・カーの製作

リスト3　ロボット制御インターフェース（index.html）

```
<html>
    <head>
        <meta charset="UTF-8">
        <title>Robot Controller</title>
    </head>
    <body>
        <!-- mjpg-streamerからの出力をここに表示 -->
        <img src="http://192.168.11.8:8080
                            /?action=stream" />
        <br>
        <!-- ボタン定義 -->
        <input type="button" value="right"
                    onClick="button('right')">
        <input type="button" value="front"
                    onClick="button('front')">
        <input type="button" value="back"
                    onClick="button('back')">
        <input type="button" value="left"
                    onClick="button('left')">
        <input type="button" value="stop"
                    onClick="button('stop')">

        <script type="text/javascript">
            function button(value) {
                // XMLHTTPRequest (非同期通信用)の作成
                var request = false;
                if( window.XMLHttpRequest ) {
                    request = new
XMLHttpRequest();
                }
                else if( window.ActiveXObject ) {
                    try {
                        request = new ActiveXObject
                                    ("Msxml2.XMLHTTP");
                    } catch( e ) {
                        request = new  ActiveXObject
                                    ("Msxml.XMLHTTP");
                    }
                }
                // XMLHttpRequest作成失敗
                if( !request ) {
                    alert("XMLHttpRequest
                                    非対応ブラウザです");
                    return false;
                }
                // 送信するクエリを追加
                var send = 'code=' + value;
                request.open('POST','/serial',true);
                // HTMLヘッダ作成
                request.setRequestHeader('Content-Type',
                        'application/x-www-form-urlencoded');
                request.setRequestHeader
                            ('Content-Length', send.length);
                request.setRequestHeader
                            ('Connection', 'close');
                request.send(send);
            }
        </script>
    </body>
</html>
```

（吹き出し）Raspberry PiのIP：(mjpg-streamerのポート番号)．
（吹き出し）公開するポート番号

リスト4　起動のためのスクリプト（stream.sh）

```
#!/usr/bin
# モーター制御用のプログラムを起動
sudo python server_motor.py &
# 動画配信用のプログラム起動
sudo mjpg_streamer -i "/usr/local/lib/input_uvc.so -f 10 -r 320x240 -d /dev/video0" \
            -o "/usr/local/lib/output_http.so -w . -p 8080"
```

が呼び出されます．

呼び出されたメソッド内で，送られたクエリの取得と分析を行うために，`FieldStorage`メソッドを使っています．

ここで解析したメッセージを使用し，GPIOテスト・プログラムと同じようにGPIOへの出力を行います．実際に，この手法を用いて作成したプログラムを**リスト2**に示します．

● ラジコン制御インターフェース

ロボットの制御用インターフェースは，HTMLとJavaScriptを使って作成します．

今回は，簡単なロボットの操作ボタンを5個（前進，後進，右旋回，左旋回，停止）用意しました，これらのボタンが押されたとき，非同期通信によってサーバに適切なPOSTリクエストを送信することでロボットを制御します．

さらに，MJPG-streamerから配信される画像を表示します．Raspberry PiのIPアドレスとストリーミングが配信されているポート番号を組み合わせることによって，指定位置にストリーミング画像を表示しています（本章内でのRaspberry PiのIPアドレスは192.168.11.8）．作成したプログラムを**リスト3**に示します．

● ソフトウェアの起動

作成したプログラム二つを同時に起動することで，カメラのストリーミング画像を見ながらロボットを操作できます．

起動のために，**リスト4**のようなスクリプトを作成しました．作成したプログラムと起動スクリプトを同じディレクトリに置き，起動スクリプトを実行します．スクリプトの実行は，次のように行います．

```
sudo sh stream.sh
```

これを実行後，ブラウザ経由で"(Raspberry PiのIPアドレス)：8081"にアクセスすることで，**図5**のようなインターフェースでロボットを操作できます．

ちく・たけし

第4部 ラズベリー・パイ以外の定番ARMコンピュータでI/O

第12章

クラウド・サーバを介したデータ収集&リモート制御

コンパクト&拡張自在！
Cortex-A8搭載BeagleBone

水野 正博

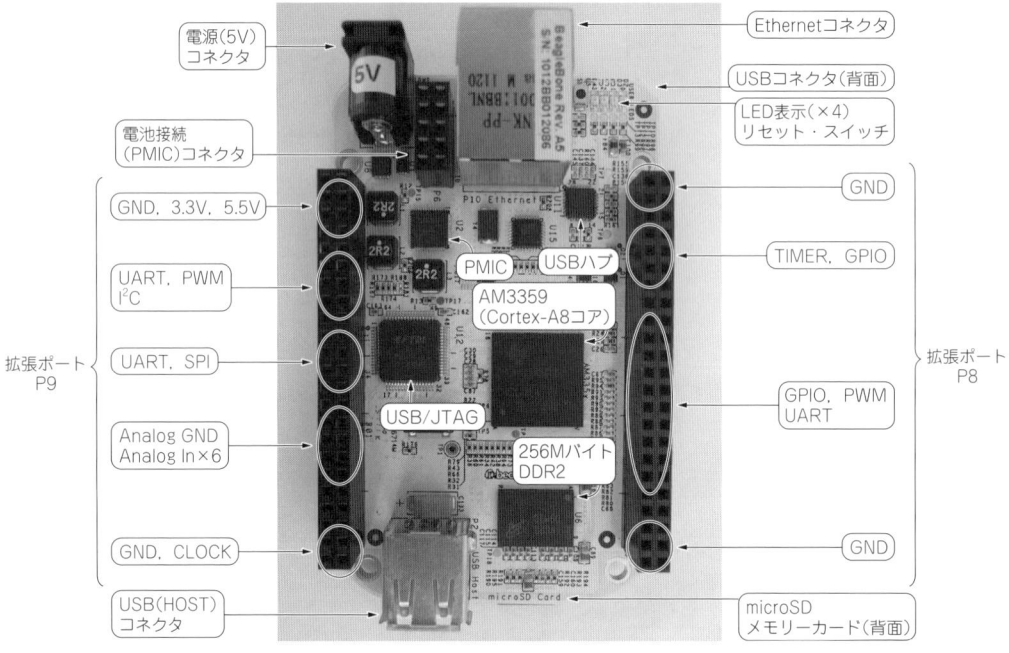

写真1 ARM Cortex-A8（720MHz）とメモリ256Mバイトを搭載し拡張ボード用インターフェースを備えたBeagleBone

本章では，ボード自体がシンプルで拡張インターフェースも公開されていて任意に拡張できるようになっている**写真1**のARMコンピュータBeagleBoneを紹介します．BeagleBoneは，720MHzで動作するARM Cortex-A8，メモリ256Mバイトを搭載し，46ピンの拡張コネクタを2個持っています．サイズは85×48mmで，価格は$89です．2011年末に発表されました．OSは，Linuxディストリビューションの一つ，Ångström（オングストローム）です．付属SDメモリーカードにインストールされています．

本章では，図1に示すようにBeagleBoneが備える豊富なI/Oを利用して，クラウド・サーバ（WebDAV）に測定データと制御データを記憶し，HTTPプロトコルで交換する方法で，リモート・アクセスします．

環境構築やビルドなどの面倒な手続きが不要なので，ウェブ・フロントエンドのプログラマでも構築できます．

BeagleBoneとは

● 主なARMコンピュータの中での位置づけ

図2に，BeagleBoneおよびBeagleBoard，PandaBoard，Raspberry Piの比較を示します．

いずれもインターネット経由で簡単に入手できます．

● 拡張インターフェースが公開されていて機能を拡張しやすい

BeagleBoneにはEthernetのコネクタがありますが，その左右に5V電源プラグとUSBのミニプラグがあり，どち

第12章　コンパクト＆拡張自在！ Cortex-A8搭載 BeagleBone

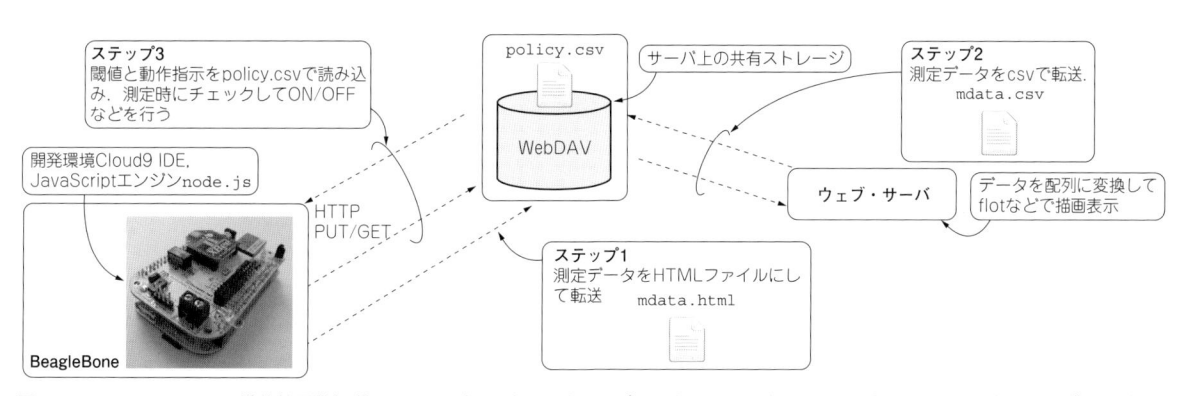

図1　BeagleBone＋センサ搭載拡張基板（「ちょいモニ」Cape）で測定したデータをHTML形式にしてクラウド・サーバに保存し，ブラウザに表示できる
ブラウザからの制御もOK

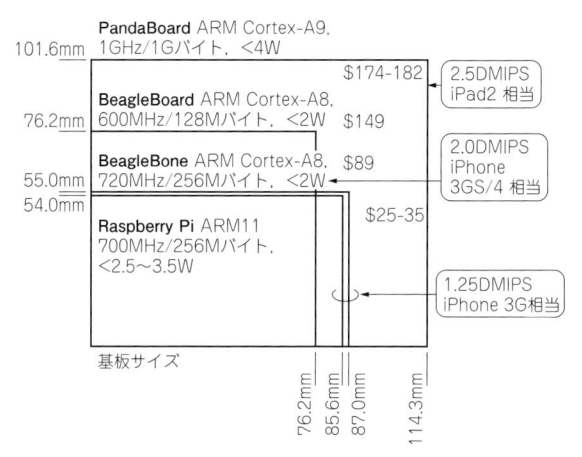

図2　BeagleBoneは周辺機能を外付けするコンパクト・タイプ

らからでも給電ができます．前部には，USBのコネクタとOSを格納するSDメモリーカードのソケットがあります．USBコネクタに取り付けられる小型のWi-Fiアダプタも市販されていますので無線化も容易です．

46ピンの拡張コネクタに接続できる拡張ボードは，「Cape」と呼ばれます．これはBeagle（犬）がケープ（マント）を着替えていろいろな能力を発揮することを表しています．基板の左右の46ピンの拡張用コネクタを使い，GPIOに加えタイマ，PWM，UART，SPI，I²CがCape上で利用できます．

製作した拡張基板…センサ＆制御信号出力回路

● 機能

今回は，図3のように部屋に置いておくと色々と気の利

いたこと，例えば環境の監視や，ちょっとした機器の制御を自動運転させたり携帯からのリモート制御も簡単にできる，いわゆるホーム・オートメーション用基板「ちょいモニ（ちょいっとモニタリング）」を製作しました．写真2に回路図と外観を示します．

組み込みエンジニアでなくとも，フロントエンドのプログラム（HTML＋JavaScriptを少々）をかじったことがあれば，組み込み開発ができるというプラットホームです．

温度，湿度，光，気圧の各センサや，汎用アナログ入力端子，フォトカプラの絶縁出力端子，赤外線送受信端子があります．スイッチ類は，アドレス設定などができる4ビットのDIPスイッチ，動作の起動などに使えるプッシュ・スイッチがあります．

インターフェースとしては，拡張コネクタに用意された，UART，SPI，I²C，PWM端子，タイマ端子，汎用ポートがあります．拡張コネクタを使った例として，3軸加速度センサMMA7455L（フリースケール・セミコンダクタ）を小型の基板に載せました．UARTで送受信の制御ができる無線モジュールXBeeの接続端子もあります．

● アナログ入力回路

BeagleBoneには，アナログ端子が6本ついています．そのうちの4本を使い，温度，湿度，光センサの三つのセンサと汎用のアナログ端子を接続しました．

アナログの入力電圧制限は1.8Vなので，測定値は抵抗で1/2に分圧して，ボルテージ・フォロワ回路経由で端子に入力されるようにしています．

アナログ出力のセンサが載っている部分の基板は，電源

第4部 ラズベリー・パイ以外の定番ARMコンピュータでI/O

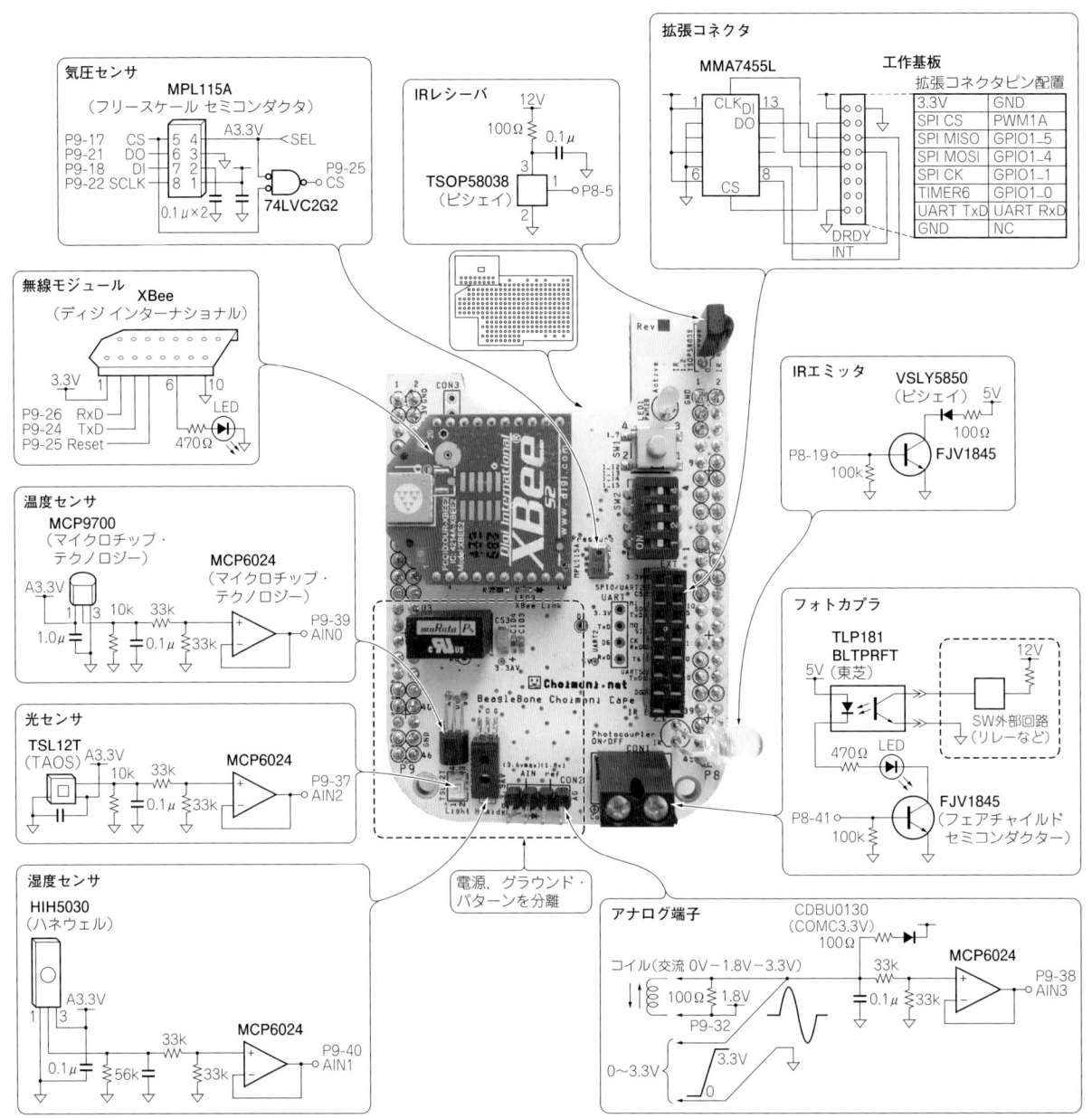

写真2 製作したBeagleBone拡張基板「ちょいモニ」Cape
センサ&制御信号出力回路を搭載している

とグラウンドをディジタル部分とは分離したパターンにしています．アナログ・グラウンド・パターンには，P9-34のGNDA-ADCを接続，アナログ電源は絶縁型のDC-DCコンバータNKE0303（村田製作所）を経由して供給しています．

主なセンサの回路と動作プログラムについて，それぞれ簡単に説明していきます．

▶ 温度センサ MCP9700

100℃で1.5V，0℃で0.5Vの出力になるので，次式により，電圧を温度に換算します．

$$T_{sense} = (V_{sense} - 0.5) \times 100$$

第12章 コンパクト＆拡張自在！Cortex-A8搭載BeagleBone

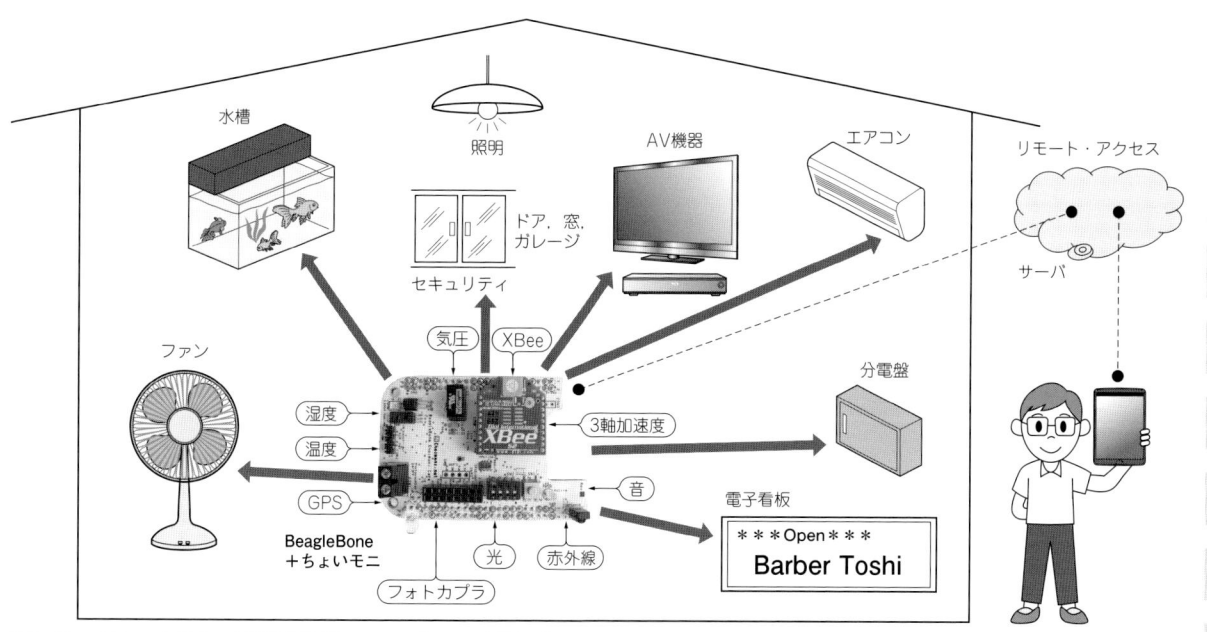

図3 BeagleBoneと製作した拡張基板「ちょいモニ」Capeを使えばホーム・オートメーションができる

ソースは次のとおりです．

```
var AIN0     = bone.P9_39;// pin定義
var mVAIN0   = Math.round(analogRead(AIN0)
               *100000)/100;// 電圧変換[mV]
var valTEMP  = Math.round(((mVAIN0*2 - 500)
               /10)*10)/10;// 温度変換 (V - 0.5) × 100
```

▶ 湿度センサ HIH5030

50%で1.5V，0%で0.5Vの出力になるので，次式で電圧から湿度に換算します．数値は，素子のばらつきによって調整します．

$$RH_{sense} = (V_{sense} - 0.5) \times 50$$

▶ 光センサ TSL12T

96mV/[μW/cm^2]から出力電圧を正規化して，色にして画面に表示してみます．

▶ 汎用アナログ端子

1.8Vの基準電圧端子を利用して，電流測定用のコイルが接続できるようにしています．

測定対象をグラウンド-入力端子間に接続すれば0〜3.6Vの測定，基準電圧-入力端子間に接続すると1.8Vを基準にした交流を測ることができ，電流値の測定も可能です．また，入力電圧が3.6Vを超えた場合のために，入力保護用に抵抗とダイオードをつけています．

● 制御端子

▶ フォトカプラ出力

フォトカプラTLP181BLTPRFTで絶縁することにより，定格で80V，50mAの外部機器を接続できます．例えば，交流電源をスイッチするリレーなどを接続できます．

ソースは次のとおりです．

```
var PSWout = bone.P8_41;  // pin定義
setup = function() { pinMode(PSWout,
                     OUTPUT); };// 出力に設定
digitalWrite(PSWout, 1);  // フォトカプラON
```

▶ UART/SPI/I^{2}C

さらにUART/SPI/I^{2}Cがあるので，次のように活用しています．

・無線（ZigBee）モジュール XBee

UARTのTxD/RxDの2本の信号で通信します．

・気圧計 MPL115A

SPIの4本の信号を接続しています．CSラインをDIPスイッチ（3ビット）か，気圧センサと拡張コネクタをGPIOで切り替えて利用できます．

・赤外線センサ TSOP58038

107

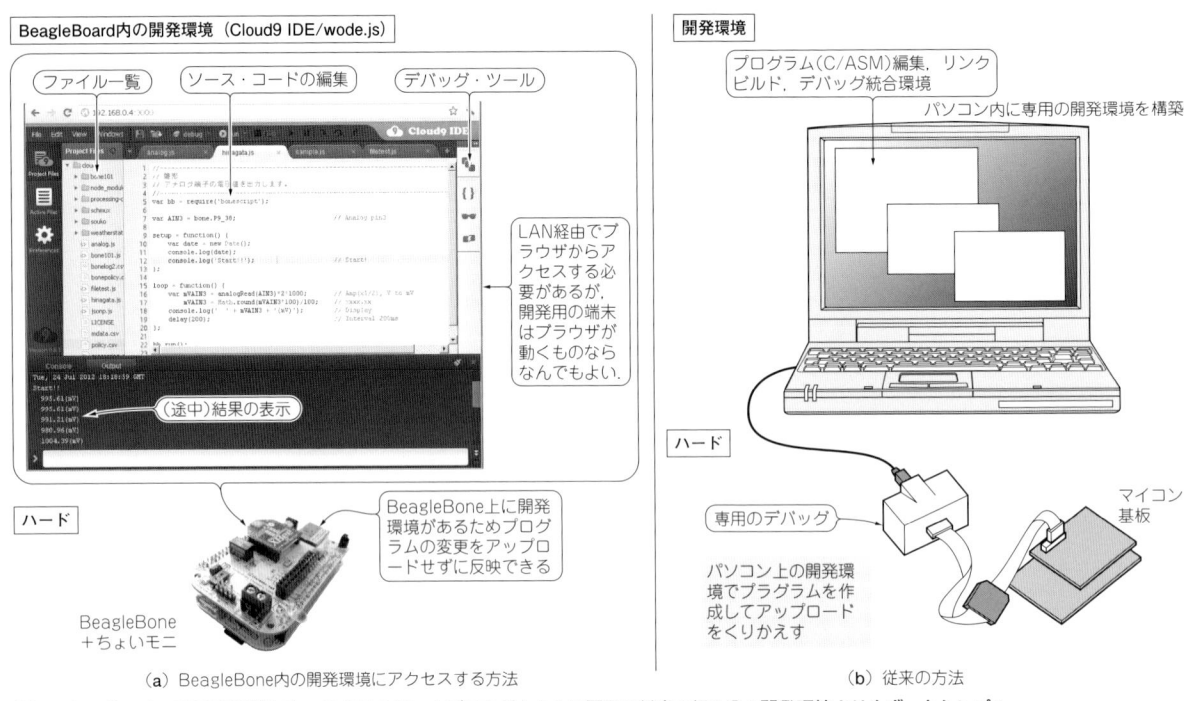

図4 ウェブ・ベースの開発環境Cloud9 IDEを使ったブラウザ上からの開発は従来の組み込み開発環境よりもずっとシンプル

(a) BeagleBone内の開発環境にアクセスする方法
(b) 従来の方法

38kHzで変調を加える必要があるので，GPIOのPWM端子を接続しています．
・赤外線出力VSLY5850
GPIOのPWM端子を接続しています．

ソフトウェアの開発環境
…ブラウザだけあればOK！

BeagleBoneを選んだのには，拡張性のほかにも理由がありました．「誰でもさわれる」ことを実現するため，BeagleBoneにあらかじめ導入されている，サーバ用JavaScriptエンジンnode.js（単にnodeとも呼ばれる）とウェブ・ベースの開発環境Cloud9 IDEを使いたかったためです．構成は，図1に示したとおりです．

● ネットワーク上で開発＆書き込み

BeagleBone上でCloud9 IDE/node.jsを動作させて，シンプルな開発環境を構築します．図4(a)に示すように，LANにEthernetケーブルを使って接続し，ブラウザから，http://192.168.0.04:3000/（192.168.0.04はLAN上のIPアドレス）と入力するだけでプログラム作成環境がブラウザ上に開きます．

Cloud9 IDEの画面が表示されたら，ファイル一覧からソース・コードを開いて，編集します．編集の途中でも，[RUN]をクリックすると実行させることができるので，ちょこっと書き足して動作確認を繰り返す，というスタイルで作業ができます．

一般に，組み込み用のプログラムを作るには，図4(b)に示す次のような手順になります．
①パソコンにターゲットと一致させた開発環境をインストール
②ソース・コードを記述
③コンパイルなど（リンク／ビルド他）
④パソコンと専用ケーブルをつないでプログラムを転送，
⑤動作確認
⑥問題があればソースを修正して，③コンパイルに戻り再転送

Cloud9 IDE/node.jsを使う場合は，ブラウザだけがあればよく，環境を構築する作業／実行のためのビルド／ターゲットへの転送の作業などが不要なので，カウチでiPadを使って十分作業ができます．

第12章　コンパクト＆拡張自在！ Cortex-A8搭載 BeagleBone

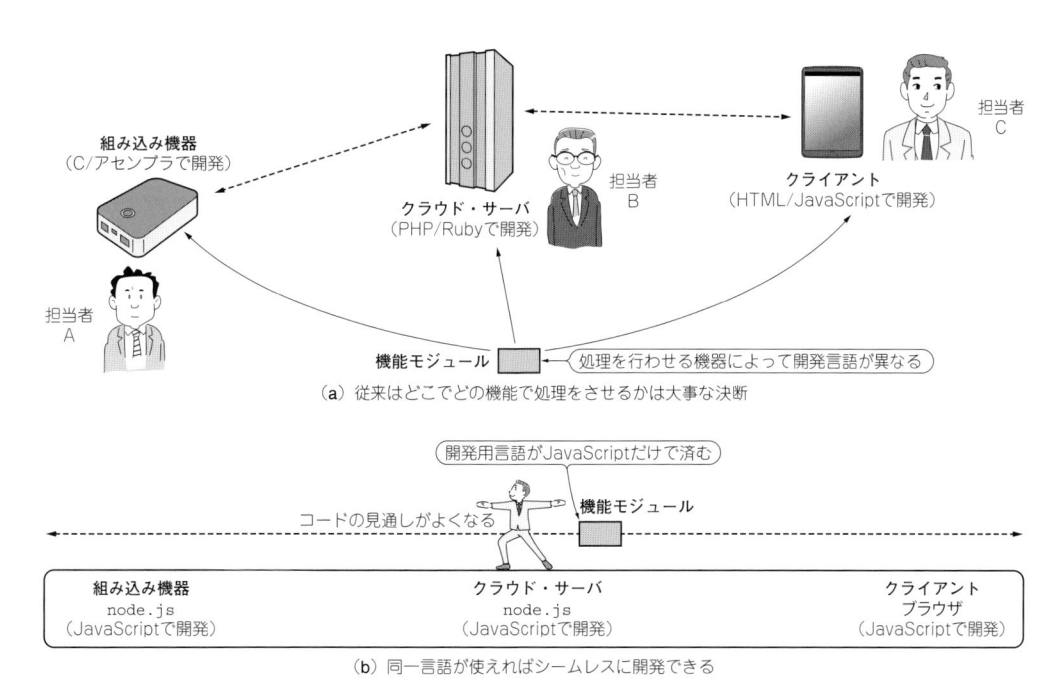

図5 ネットワークに接続するシステムの場合，開発言語をJavaScriptだけにすれば，後からどのハードウェアで処理させるかを変更するのが簡単

(a) 従来はどこでどの機能で処理をさせるかは大事な決断

(b) 同一言語が使えればシームレスに開発できる

● BeagleBoneサーバ用JavaScriptエンジンを使う

node.jsは，サーバ用のJavaScriptエンジンです．JavaScriptは，もともとブラウザで動作するように作られたものですが，画面のクリックや動画の埋め込みなどのインタラクティブでリアルタイムな動きができるように進化してきました．それにI/Oの機能を充実させ，ブラウザではなく（サーバ上で動作するPHPやRubyのように）サーバ側で動くようにしたのがnode.jsです．

ウェブ・サーバなどのC10K問題（1万クライアントが接続したときの性能をどうやって維持するのか）の解決策としても，以下の理由で注目されています．

1) シングル・スレッドでメモリの消費量が小さい
2) 非同期の並列処理の（ノンブロッキングな）プログラムを簡単に書ける

これは，メモリなどのリソースが限られており，ネットワークI/O処理を並列に動作させてリアルタイム性が求められる組み込み用途にもぴったりです．

● JavaScriptに一本化して従来の開発言語の枠組みを無くす

開発中でも，また一度リリースした後でも，サービスの中身やユーザの嗜好などの要素によっていろいろと構造を変えたい場合もあると思います．アップルの製品やアマゾンのkindleのような，ハードウェアとソフトウェア，サービスが一体となった製品（垂直統合型製品と呼ばれる）を開発するときに大事なのは，自由度だと思います．もし，システム全体が自由に処理の構造を変更できるしくみになっていたらどうでしょう．

図5(a)に示す従来のシステムでは，なにか特定の処理機能を，ハードウェア上でやるのか，クラウド上でやるのか，クライアントのブラウザ上でやるのかを決めることはとても大事な決断です．言い換えると，組み込みのCで実行するのか，クラウド上のPHPやRubyで実行するのか，ブラウザ上のJavaScriptで実行するのか，ということになります．一度作ってしまったら，それぞれの担当を全員集めて調整するのはなかなか骨が折れそうです．

しかし，図5(b)のように，どれも同一の言語で書かれていたらどうでしょう．その機能の担当者がそのモジュールを持って，ハードかクラウドかブラウザに移動できます．

ちょっとしたウェブ・サイトを，HTMLとJavaScriptで記述する経験をした人はたくさんいるのではないでしょう

109

第4部 ラズベリー・パイ以外の定番ARMコンピュータでI/O

リスト1 ピンと動作の定義をした最小構成の測定用プログラム (Hinagata.js)

```
var bb = require('bonescript');
var AIN3 = bone.P9_38;
                            // アナログ・ピン(AIN3)の定義
setup = function () {
   var date = new Date(); //時計定義
};
loop = function () {                    ①
   var mVAIN3 = analogRead(AIN3)*2*1000;
                            // 増幅率(2倍)を入れてmVに変換
   mVAIN3 = Math.round(mVAIN3*100)/100;
                            // 小数点以下2けたに調整
   console.log(' ' + mVAIN0 + '(mV) ' + date);
                            // 時間と値を表示
   delay(5000);             // 5秒の待ち
};
bb.run();
```

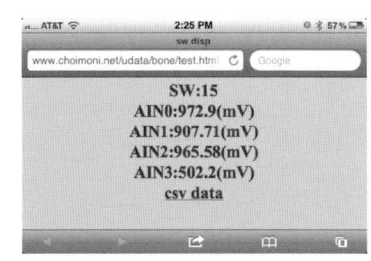

図6 ステップ1でBeagleBoneによる測定データをHTML形式に整形してブラウザから開いたようす

か，みんながシステムを見通せる簡単なプラットホームを使ったシームレスな開発環境．なんだかうまくいきそうな予感がしませんか？

インターネット経由のリモート・アクセスと自動運転

図1のステップを追って，BeagleBone＋ちょいモニCapeにインターネット経由でアクセスしてみます．

以下の3ステップで，順に動かしていきます．

- ステップ1　測定結果mdataをHTMLにして転送する．ブラウザから値を観測
- ステップ2　測定結果mdataをCSVにして転送する．ブラウザにグラフを表示
- ステップ3　動作条件を記述したファイルpolicy.csvを取得して，自動運転

● 準備

インターネット上に，データの中継点としてWebDAV(Web Distributed Authoring and Versioning)でストレージ領域を用意します(BeagleBone＋ちょいモニCape専用の領域と，CSVを送るとグラフに表示する標準のユーザ・インターフェースが用意されている)．

BeagleBone＋ちょいモニCapeは，測定データをHTMLファイル(ウェブ・コンテンツ)，あるいはCSVファイル(表データ)として，HTTPで数秒ごとに中継ストレージのWebDAVに転送(PUT)します．HTMLファイルであれば直接ブラウザで表示できますし，CSVファイルはデータを加工してグラフなどに表示させられます．

同じように，制御用のデータ(policy.csv)を中継ストレージにおき，機器がそれを定期的にHTTPプロトコルで読み込み(GET)，その内容(例えば，設定温度30℃以上でスイッチをONするなど)に従って処理を実行します．

▶ コードはコードの共有SNS「Github」にある

Git(ギット)は，Linuxのソース・コード管理用のバージョン管理のしくみなのですが，それを使ってネット上にソフトウェアを共有できるSNSにしたのが，GitHub(ギットハブ)です．

各種のBeagleBoneの制御ソフトをGitHubを通して必要なものを探しだしたり，自分で作ったものを登録したりして共有ができます(BoneScirpt, http://github.com/jadonk/bonescript)．

次に示す本稿のプログラムも，アップロードしてあります．

- Hinagata.js：ピンの定義と動作の定義をした最小構成(リスト1)
- Sample.js：複数のピンをそれぞれ定義して，測定データを繰り返し測定表示する
- Filetest.js：測定結果をhtmlファイルにして転送する(リスト2)
- Analog.js：アナログ・ピンの測定データをＣＳＶファイルにして転送する．専用ウェブ・ページ上でのグラフ表示や，動作条件を設定するポリシ・ファイルの受け取り，測定値に応じた動作などをさせる

(http://github.com/choimoni/beaglebone-chimoni-cape).

nodeのパッケージ管理であるnpm (node package manager)のサイトからも必要なライブラリを見つけて追加していけるので，開発者は，実現方法の考察に時間をとられずに「何を実現したいか」の考察に集中できます．

第12章 コンパクト＆拡張自在！Cortex-A8搭載BeagleBone

リスト2　測定結果をHTMLファイルにしてサーバ上の共有ストレージ(WebDAV)に転送する(`filetest.js`)

```javascript
//------------------------------------------------
// Put measurement result on html file.
//------------------------------------------------
var bb = require('bonescript');
var Seq  = 0;                    // Sequence Number
var AIN0 = bone.P9_39;           // AIN0 Temp
var AIN1 = bone.P9_40;           // AIN1 Humid
var AIN2 = bone.P9_37;           // AIN2 Light
var AIN3 = bone.P9_38;           // AIN3 External
var PushSW  = bone.P8_3;         // PushSW
var DipSW0  = bone.P8_12;        // DipSW bit0
var DipSW1  = bone.P8_11;        // DipSW bit1
var DipSW2  = bone.P8_16;        // DipSW bit2
var DipSW3  = bone.P8_15;        // DipSW bit3
var UsrLED1 = bone.USR1;         // User LED1
var ActLED  = bone.P8_13;        // Active LED
var PSWout  = bone.P8_41;        // Photocoupler Out

setup = function() {
    // PIN MODE SETTING -------------
    pinMode(ActLED,  OUTPUT);    // User LED1
    pinMode(UsrLED1, OUTPUT);    // User LED1
    pinMode(PushSW, INPUT);      // Push Switch
    pinMode(DipSW0, INPUT);      // Dip Switch bit0
    pinMode(DipSW1, INPUT);      // Dip Switch bit1
    pinMode(DipSW2, INPUT);      // Dip Switch bit2
    pinMode(DipSW3, INPUT);      // Dip Switch bit3
    pinMode(PSWout, OUTPUT);     // Photocoupler SW out

    // INITIALIZE ------------------
    digitalWrite(UsrLED1, LOW); // Led1 Init "Off"
    digitalWrite(ActLED,  LOW); // Led3 Init "Off"
    digitalWrite(PSWout,  LOW); // Photocoupler "Off"
    console.log('Start filetest.js');
};
loop = function() {
    // TIME STAMP -------------------
    var date = new Date();
    console.log('(' + Seq + ')' + date);    Seq++;
    // CHECK SWITCH STATUS1 -------------
    var valPSW = digitalRead(PushSW);
                            // Push Switch Status ON/OFF
    if(valPSW < 1) {    PSW = 'ON';     }
                                         // change mode
    else {              PSW = 'OFF';    }
    // CHECK SWITCH STATUS2 -------------
    var valDSW0 = digitalRead(DipSW0);
                            // bit0: Cape Address 0
    var valDSW1 = digitalRead(DipSW1);
                            // bit1: Cape Address 1
    var valDSW2 = digitalRead(DipSW2);
            // bit2: XBee mode "Cordinator/End device"
    var valDSW3 = digitalRead(DipSW3);
            // bit3: Select SPI "Internal/Extention"
    var DIP4bit = 15-(valDSW3*0x08
        | valDSW2*0x04 | valDSW1*0x02 | valDSW0*0x01);
    //console.log('Push SW['+ PSW + '] /
                            Dip SW['+ DIP4bit + ']');

    // MEASURE ANALOG INIPUT -----------
    var mVAIN0 = Math.round(analogRead(AIN0)
                                    *100000)/100;   //
    var mVAIN1 = Math.round(analogRead(AIN1)
                                    *100000)/100;   //
    var mVAIN2 = Math.round(analogRead(AIN2)
                                    *100000)/100;   //
    var mVAIN3 = Math.round(analogRead(AIN3)
                                    *100000)/100;   //
    //console.log('AIN0['+ mVAIN0 +'(mV]
                    AIN1['+ mVAIN1 +'(mV)] AIN2['+
    //mVAIN2 +'(mV)] AIN3['+ mVAIN3 + '(mV)]');

    // DISP DATA ------------------------
    var htmldata = '<html><head>
        <title>sw disp</title>
        <meta http-equiv="refresh" content="5">
        </head>' + '<body bgcolor="pink">'
        + '<p><center><B><font size="32"
        color="blue">' +
        'SW:' + DIP4bit + '</br>AIN0:' + mVAIN0
        + '(mV)' + '</br>AIN1:' + mVAIN1
        + '(mV)' + '</br>AIN2:' + mVAIN2 + '(mV)'
        + '</br>AIN3:' + mVAIN3 + '(mV)<br>' +
    //'<a href="http://www.choimoni.net/
        udata/bone001/mdata.csv">csv data</a>' +
        '</font></B></center></p></body></html>';

    // HTTP ACCESS --------------------
    var http = require('http'), url =
                require('url'), fs = require('fs'),
                util = require('util');
    var urlStr = 'http://www.choimoni.net/udata/
                                    bone001/mdata.html';
    var u = url.parse(urlStr);
    //console.log(u);
    var client = http.createClient(u.port ||
                                    80, u.hostname);
    //console.log(client);

    var request = client.request('GET', u.pathname,
            { host: u.hostname });;?@     for GET(1/1)
    var request = client.request('PUT',
            u.pathname, { host: u.hostname });
    for PUT(1/2)
    var wrequest = request.write(htmldata,
                encoding='utf8');  for PUT(2/2)
    request.end();           //console.log(request);

    request.on('response', function(response){
                    console.log(response.statusCode);
    ?@for(var i in response.headers){
        //console.log(i + ": " + response.headers[i]);
    }
    response.setEncoding('utf8');
    response.on('data', function(chunk){
        util.print(chunk);
    });
    response.on('end', function(){
                                //console.log('');
    });
    });
    // DISPLAY CONTROL --------------------
    digitalWrite(UsrLED1, HIGH); delay(1500);
    digitalWrite(UsrLED1, LOW);  delay(1500);
                                // LED1 blink
};
bb.run();
```

① ② ③

● 基本の形

アナログ・ピンを定期的に測定する基本のコードをリスト1に示します．これを実行すると，5秒ごとにアナログ端子の電圧を測定して，タイム・スタンプをつけて表示します．

①の`Loop = function() { };`の中に，順に各種処理（測定動作の追加，測定値の加工，ファイルへの転送，ファイルの取得，出力制御）を加えていきます．

● ステップ1：測定結果をHTMLで表示

測定結果をHTML形式にしてWebDAVにHTTPで転送するプログラムを，リスト2に示します．ブラウザで開くと，図6のように測定結果が画面に表示されます（`filetest.jp`）．

111

第4部 ラズベリー・パイ以外の定番ARMコンピュータでI/O

▶ 送信データの生成

測定値をhtmlデータへ埋め込みます(**リスト2の①**). 先頭には，5秒おきに再読み込みされるように再読み込み用のタグを入れています.

▶ 送信

データをHTTPでインターネット上の中継ストレージWebDAVに転送します(**リスト2の②**).

▶ 応答受信

送信動作は非同期に行われるので，書き込み完了の応答は次のようにキャッチします. 書き込みが完了すると，204というステータス・コードが送られてきます(**リスト2の③**).

これで，測定された値をモバイル機器からリモート・アクセスができるようになります.

● ステップ2：測定結果をCSVファイルに貯めて表示する

その時点の値を表示するだけでなく，ある程度まとまったデータを時系列にまとめてファイルにして転送します(Analog.js).

▶ CSVデータの生成

変換されたCSVデータは，次のとおりです.

```
date,temp,humid,light,ext,
Wed Jul 18 2012 00:49:23 GMT+0000
(UTC),24.23,45.32,72.02,490.48,
 Wed Jul 18 2012 00:49:24 GMT+0000
(UTC),24.81,45.12,72.21,502.2,
:
:
 Wed Jul 18 2012 00:49:34 GMT+0000
(UTC),29.64,52.64,56.58,501.95,
```

時間は，世界標準時(UTC)です. このままflotなどのグラフで表示させる場合，それぞれのブラウザが自分のローカル・タイムに変換して時刻表示してくれます.

▶ flotによるグラフの表示例

ブラウザ上でグラフにするために，グラフ画面ライブラリflot(http://code.google.com/p/flot/)を使いました.

次のように，時間と測定値の配列を作るグラフを表示してくれます(**図7**).

```
$.plot(
$("#placeholder"), [
    {data: sokutedata,lines: { show:true
          },label:"tani" }    // 配列をグラフに
],{ xaxis: { mode: "time",  },yaxis: {
    autoscaleMargin: 1.0 }  }    // 軸の設定
);
```

▶ Processingによる明るさ表示例

グラフィカルに表示するためにビジュアル表現用のオープン・ソース・プログラミング言語＆開発環境Processing (http://processing.org/)を使ってみました.

光センサで得た値をブラウザ上で色として表示してみます(**図8**). 暗ければ黒，明るくなればグレーから白，さらに黄色に変化していく表示方法は次のとおりです.

```
var = hikari;
void setup () { size(110, 60); frameRate
                                 (20);  }
void draw () {
  var R = 0;   var B = 0;
  if(hikari < 80) { R = hikari*255/80; B = R; }
                  // 黒から白
  else {  R = 255; B = 255-(hikari-80)*255/30; }
                  // 白から黄
  background (R, R, B);
```

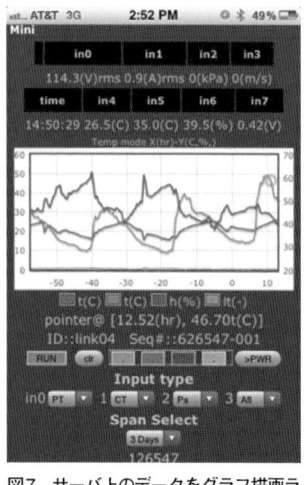

図7 サーバ上のデータをグラフ描画ライブラリflotを使って表示したようす

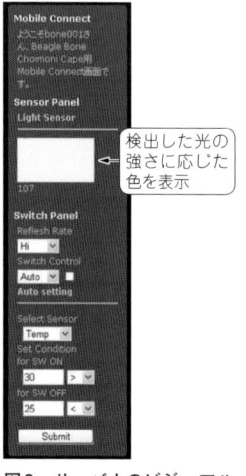

図8 サーバ上のビジュアル表現用プログラミング言語＆開発環境Processingを使って光センサの検出値を色で表示したようす

```
            // 色表示
}
```

● **ステップ３：動作条件を設定して自動運転**

温度が設定値を超えたらフォトカプラの出力を反転させて，そこにつながっているスイッチを切り替え，電源を入れてファンを回転させるような動作をさせてみます．

▶ **ポリシ・データの設定**

この機能を実現するためには，設定の条件をネットのストレージ上のファイル上に書き込みます（Analog.js）．装置側は，定期的にそのファイルを読み込み，その内容に従って端子の設定を変更します．ポリシ設定のソースは，次のとおりです．

```
Mode,Rate,Item,Onvalue,Oncond,Offvalue,Offcond
Auto,10,Temp,30,>,25,<,
```

`Rate`は測定頻度を設定し，`Mode`はON/OFF/Autoの三つから選べるようにしてみました．

ONまたはOFFで，それぞれの値をフォトカプラに設定します．

Autoでは，以下の動作をします．

① `Item`は，Temp/Humid/Light/Extのどの値を判断に使うかを選択する

② `OnValue,>` では，フォトカプラをONする条件を設定する

③ `OffValue,<` では，同じようにOFFする条件を設定する

上記の例では，10秒おきに測定し，温度が30℃以上になるとスイッチをON，25℃以下でスイッチをOFFする設定になっています．

▶ **ポリシ・データの読み込み**

装置側が定期的にデータを読み込むためのコードは，次のとおりです．

```
var request = client.request('GET',
u.pathname, { host: u.hostname });
                          // Get発行
request.end();            // 応答を待つ
```

▶ **実行**

ブラウザから，ON/OFFの操作はもちろんのこと，温度が規定値を超えた場合にファンやエアコンのスイッチを自動的に入れるなどの設定もできます．

＊　　　＊　　　＊

組み込みエンジニアが，その機器を使ったサービスも併せて発想し，実現させていくのと同時に，ウェブ・サービス・プログラマも，自分のサービスを実現するために必要なハードウェアも併せて発想することができるようになれば，より便利で面白いものがどんどん生まれそうです．

高性能なARMプロセッサとLinuxを組み合わせたARMコンピュータの組み込み市場への参入が，進みつつあります．チップ・メーカであるテキサス・インスツルメンツ，フリースケール・セミコンダクタ，Intelなどの関連企業が，開発ツールやオープン・ソース/オープン・ハードを充実させる環境を作り，LinaroやYoctoといったLinuxのコミュニティを作るなどして，市場を拡大させようとしています．

みずの・まさひろ

第4部 ラズベリー・パイ以外の定番ARMコンピュータでI/O

第13章

ウェブ経由で天気予報をゲットして表示

実験！BeagleBoneとAndroidでネット接続

兵頭 健

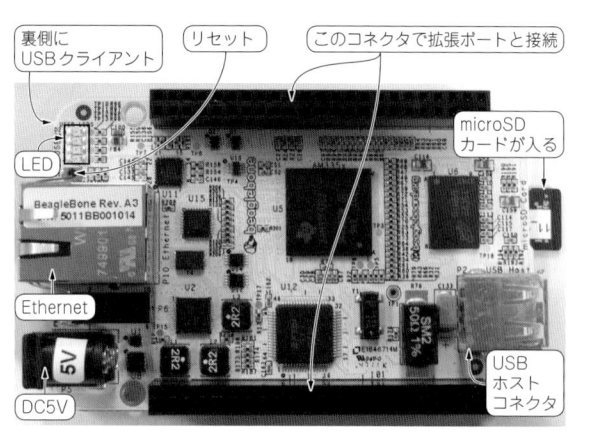

写真1 Androidが使えるARMマイコン基板「BeagleBone」
外形寸法は約8.6cm×5.5cm

図1 ネットに接続して天気予報データを取得し画面に表示する

インターネット接続に使う「HTTP」で天気予報アプリを作る

　本章では，マイコン基板BeagleBone（約8000円）と画像出力用の拡張ボードを接続し，ディスプレイに表示して，TCP/IPの上位プロトコル「HTTP」でWebサーバとWebブラウザとの通信を行います．Java版のソケットでHTTP通信を行い，Web上のデータを自分のプログラムで利用できる「WebAPI」を試してみます．

　ソケットを用いてWebAPIから天気予報を取得し，図1のような画面上に表示するGUIアプリケーションを作成します．筆者が日ごろ，ほんの少しだけ煩わしいと思っている「天気はどう？」という妻からの問いに対して，私の代わりにマイコン基板「BeagleBone（写真1）」に回答してもらいます．

　作成したアプリケーションのソース・コードは，本書のWebサイトからダウンロードできます．

● WebサーバとWebブラウザとの通信を行うHTTP

　HTTPは，WebサーバとWebブラウザとの通信を行うことを想定して定義されたプロトコルです．HTTPのデータは，TCP/IPを使って送受信します．クライアントがサーバに対してHTTPリクエストを送信し，サーバがリクエストの内容を解析してクライアントに応答するというシンプルな通信方法です．このHTTPを利用して，インターネット上でテキストや画像，音声，動画などのデータがWebサー

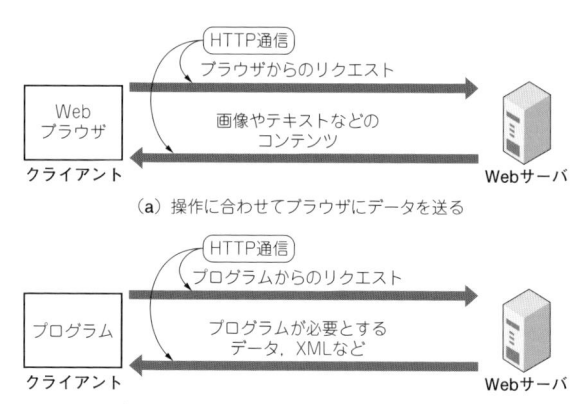

図2 ウェブ・ブラウザもマイコン・プログラムもインターネット通信にはHTTPを使う

第13章 実験！BeagleBoneとAndroidでネット接続

表1 BeagleBoneの概要
詳細な情報については公式ページhttp://beagleboard.org/boneを参照

項　目	説　明
プロセッサ	AM3359 最大動作周波数720MHz[注]
メモリ	256Mバイトの DDR2（400MHz）
電源	DC 5VまたはUSBバス・パワー駆動
インターフェース	Ethernet，USB，microSDカード，SPI，I²C，GPIOなど
大きさ	3.4インチ×2.1インチ（約8.6cm×5.5cm）
重さ	1.4オンス（約40g）

注：DC電源使用時．USB電源使用時は500MHz

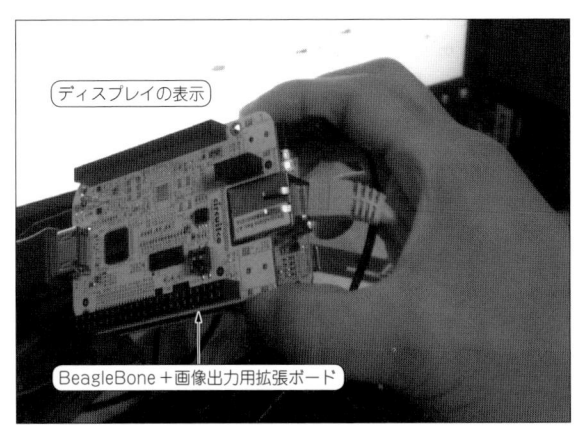

写真2　マイコン基板とディスプレイを接続

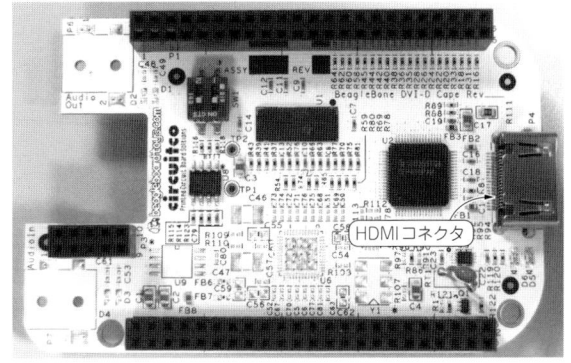

写真3　約50ドルで購入できるディスプレイ用拡張基板 BeagleBone DVI-D Cape で BeagleBone から画面出力を行う

バとWebブラウザの間で通信されています〔図2（a）〕．

● Webブラウザと同じように処理が行えるWebAPI

　WebAPIはHTTPを利用してクライアント・プログラムからサーバにパラメータをリクエストとして送り，サーバが処理を実施してから，HTTPレスポンスとしてXML[注1]などでクライアント・プログラムに応答します〔図2（b）〕．

ハードウェアとOSの準備

● BeagleBoneとディスプレイ出力ボードを用意する

　使用するハードウェアは，写真2に示すように，マイコン基板「BeagleBone」，および同ボード専用の拡張基板「BeagleBone DVI-D Cape」，DVI-DをHDMIに変換するケーブル，DVI-Dで表示できるディスプレイ，そして開発用のLinux（64ビット版Ubuntu 10.04）搭載パソコンです．

　BeagleBoneは89ドルで購入でき，さまざまなLinuxディストリビューションを利用できます．ハードウェア概要を表1に示します．このBeagleBone単体では，画面出力を簡単に行えないので，DVI-D出力ができる専用拡張ボード BeagleBone DVI-D Cape（写真3）を利用します．この拡張ボードにはHDMI端子がついていますが，DVI-Dの信号しか出ていないため，DVI-DとHDMIの変換ケーブルでディスプレイと接続する必要があります．

● Androidをインストールする

　BeagleBoneは，さまざまなLinuxのディストリビューションが用意されていると述べましたが，今回は，Javaのソケットを利用したアプリケーションを作成することが目的であることと，GUIアプリケーションの作成が比較的簡単であることを理由に，Androidを選択しました．

　筆者は，wikiページ[注2]で紹介されている下記の手順で，Ubuntu 10.04（64ビット版）のパソコンを使ってAndroidをインストールしました．Windowsへのインストール方法は，同サイトにも記載されています．

▶Ubuntuでのインストール手順

ステップ1：Texas Instruments社のページ[注3]にBeagleBone用のAndroidバージョン2.3.4のビルド済みイメージ・ファイルがあるのでダウンロードします．

ステップ2：ダウンロードしたファイルをtarコマンドで解凍・展開します．

ステップ3：microSDカード（2Gバイト・Class4以上）をカード・リーダに挿して，SDカードのデバイス名を

注1：文書やデータの意味や構造を記述するための言語．
注2：http://processors.wiki.ti.com/index.php/BeagleBone-Android-DevKit_Guide
注3：http://software-dl.ti.com/dsps/dsps_public_sw/sdo_tii/TI_Android_DevKit/TI_Android_GingerBread_2_3_4_DevKit_2_1_1/index_FDS.html

第4部 ラズベリー・パイ以外の定番ARMコンピュータでI/O

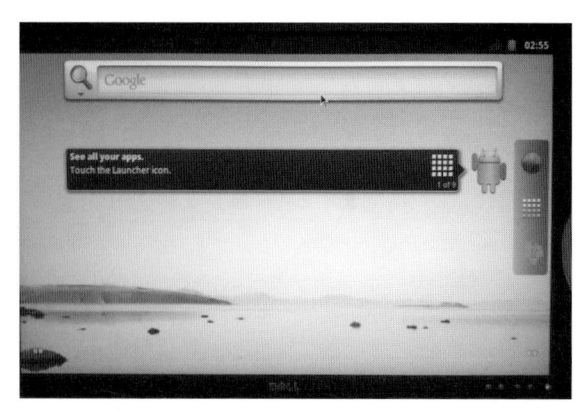

図3 起動直後の画面．無事にAndroidが起動した

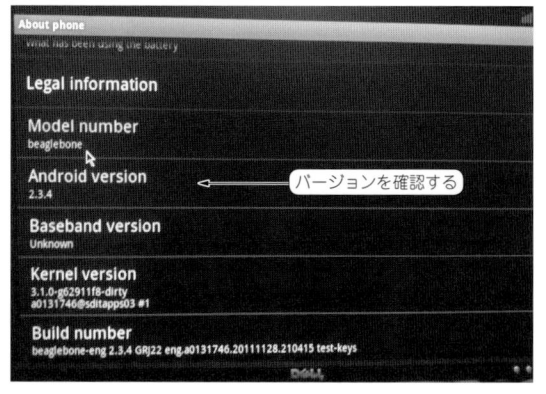

図4 Androidのバージョン（2.3.4）を確認する

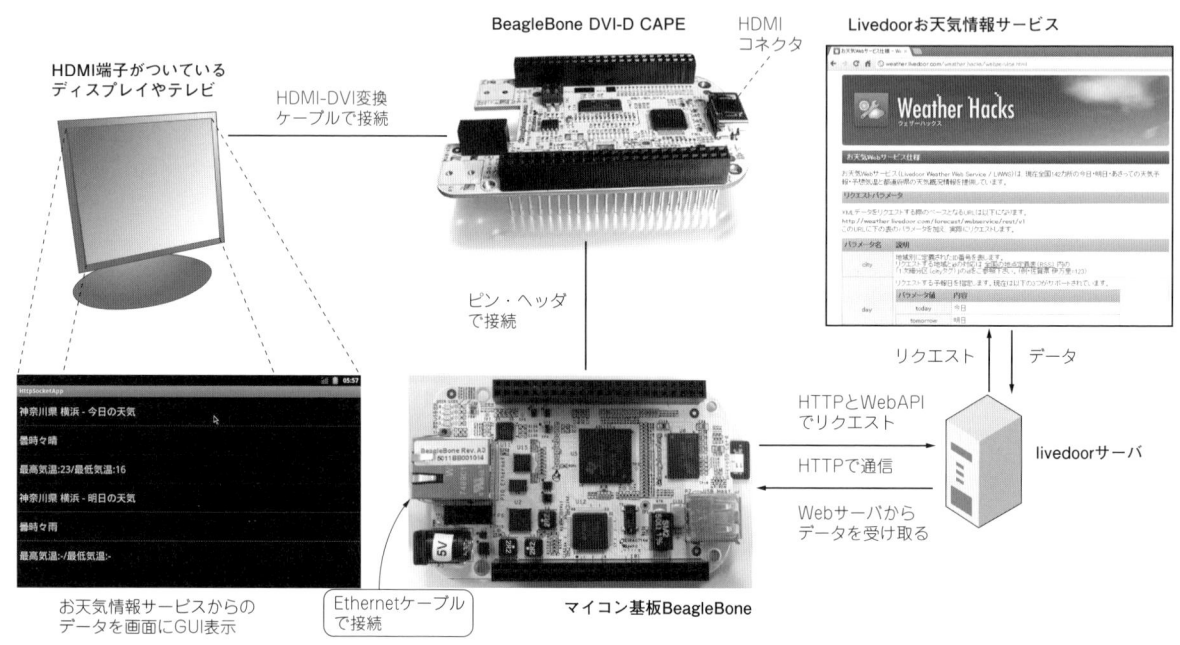

図5 天気予報アプリケーションの構成

<device>に指定し，ステップ2でできたディレクトリBeagleBone配下のmkmmc-android.shを実行します．

ステップ4：成功するとカード上に三つのパーティション（boot, rootfs, data）が作成されます．

ステップ5：microSDカードをBeagleBoneに挿し，HDMIケーブル・Ethernetケーブル・電源ケーブル（またはパソコンからのUSB給電）を接続します．

ステップ6：しばらくすると，アンディ君（ドロイド君）のロゴが表示された後にAndroidのロゴが表示され，数分でAndroidが起動します（図3）．念のために，Androidのバージョンも確認しておきます（図4）．

● Androidの開発環境の準備も必要

Androidの開発環境も必要ですが，誌面の都合上，手順は割愛します．以下は，JDK6（Java Development Kit）もしくはJDK7，Android SDK，Eclipse，ADTプラグインがインストールされ，pathが正しく設定されていることを前提とします．

Androidの開発環境の構築については，http://

第13章 実験！BeagleBoneとAndroidでネット接続

表2 livedoorお天気情報WEBサービスのGETパラメータ

パラメータ名	備考
city	地域別に定義されたID番号を表す．リクエストする地域とidの対応は http://weather.livedoor.com/forecast/rss/forecastmap.xml の「1次細分区（cityタグ）」のidを参照．
day	リクエストする予報日を指定する．引数はtoday（今日），tomorrow（明日），dayaftertomorrow（明後日）

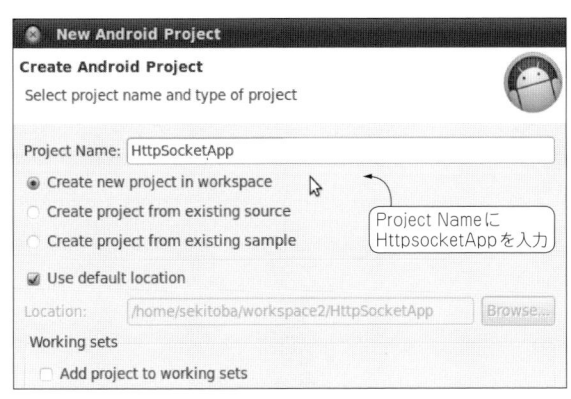

図6 新規プロジェクトの設定画面その1：Project Nameを入力する
筆者は英語版のEclipseを使用している

developer.android.com/sdk/installing/ などを参照してください．

天気予報アプリケーションの構成

アプリケーションの構成について解説します．本アプリケーションは，起動すると定期的にソケット通信を行い，livedoorお天気情報WEBサービスから，今日・明日の天気予報を取得して画面上に表示するものです（図5）．画面操作などはなく，起動しておくだけの仕様とします．

● WebAPIでリクエストして情報を取得

情報の取得は，livedoorお天気情報WEBサービスのWebAPIを利用します．メイン・プログラムから，お天気情報サービスのURLに対して，地域別に定義されたIDと取得したい予報日をパラメータに指定することにより，該当する天気予報の情報を取得します．

▶WebAPIが返すのはXML形式のメッセージ

livedoorお天気情報WEBサービスに，必要なパラメータを設定してHTTPリクエストを送信すると，リスト1に示すXML形式のメッセージが応答されます．今回は，四角で囲んだ部分を天気予報情報として画面に表示します．

リスト1 livedoorお天気情報WEBサービスにHTTPリクエストをするとXMLメッセージが返される

```
<lwws?version="livedoor Weather Web Service 1.0">
<author>livedoor Weather Team.</author>
<location?area="関東"?pref="神奈川県"?city="横浜"/>
<title>神奈川県 横浜 - 明日の天気</title>
<link>http://weather.livedoor.com/area/14/70.
html?v=1</link>
<forecastday>tomorrow</forecastday>
<day>Tuesday</day>
<forecastdate>Tue, 26 Jun 2012 00:00:00 +0900</
forecastdate>
<publictime>Mon, 25 Jun 2012 17:00:00 +0900</
publictime>
<telop>曇時々晴</telop>
<description>
オホーツク海に中心を持つ高気圧が東日本に張り出しています．また，梅雨前
線が九州を通って日本の南海上に停滞しています．  現在，神奈川県は，おおむ
ね曇りと...<br/>[PR]<a href="http://weather.livedoor.
com/indexes/cloth_wash/?r=rest_pr">きょうは洗濯できるかな？
</a>
</description>
<image>
    <title>曇時々晴</title>
    <link>http://weather.livedoor.com/area/14/70.
html?v=1
                                                 </link>
    <url>http://image.weather.livedoor.com/img/icon/9.
gif
                                                  </url>
    <width>50</width>
    <height>31</height>
</image>
<temperature>
    <max>
        <celsius>22</celsius>
        <fahrenheit>71.6</fahrenheit>
    </max>
    <min>
        <celsius>16</celsius>
        <fahrenheit>60.8</fahrenheit>
    </min>
</temperature>
…（以下略）…
```

livedoorのお天気情報WEBサービスの仕様は，http://weather.livedoor.com/weather_hacks/webservice.html に記載されており，http://weather.livedoor.com/forecast/webservice/rest/v1 に対して，表2に示すパラメータを次のように指定して，HTTPリクエストを行って天気予報の情報を取得します．

http://weather.livedoor.com/forecast/
webservice/rest/v1?city=70&day=tomorrow

レスポンス・フィールドのXMLの詳細も，上記の仕様を記載したサイトに解説されています．

アプリのプログラミング

ステップ1…新規プロジェクトを用意する

まず，Eclipseを起動し，File→New→Android Projectを選択し，New Android Project（新規プロジェクト）画面

117

第4部 ラズベリー・パイ以外の定番ARMコンピュータでI/O

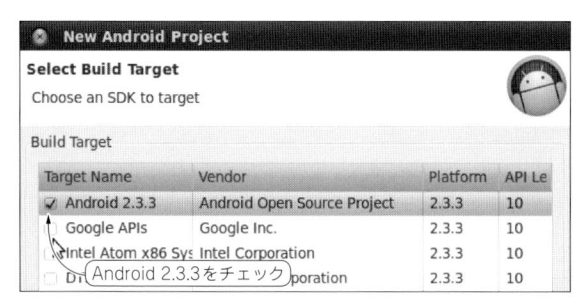

図7 新規プロジェクトの設定画面その2：ビルド・ターゲットを選ぶ．今回はAndroid 2.3.3を選択

図8 新規プロジェクトの設定画面その3：Package Nameを入力する．今回はjp.sekitoba.httpsockとした

を開きます．Project NameにHttpSocketAppと入力し，[Next]ボタンをクリックします（図6）．すると，図7の画面になるのでAndroid 2.3.3を選択し，[Next]ボタンを押します．最後に，図8の画面になるので任意のPackage Name（今回はjp.sekitoba.httpsock）を入力して[Finish]をクリックしてください．

プロジェクトの新規作成が完了すると，必要なファイルが図9のように自動生成されます．アプリケーション作成で編集が必要なファイルは，以下の3種類です．

- `AndroidManifest.xml`（アプリケーションに関する情報を記載したファイル）
- `main.xml`（画面のレイアウトを定義したファイル）
- `HttpSocketAppActivity.java`（アプリケーション本体）

ステップ2…インターネットにアクセスする権限を追加

`AndroidManifest.xml`は，アプリケーションに関する情報を記載するファイルです．天気情報を取得するため，インターネットにアクセスします．そのためには，アプリケーションがインターネットにアクセスする権限の許可が必要です．これをリスト2のように追記します．

ステップ3…天気予報を画面に表示する部品を追加

`main.xml`は，レイアウトを定義するファイルです．天気予報を画面上に表示するために，リスト表示を行う部品「ListView」をリスト3のように追加します．

このレイアウト定義ファイルは，アプリケーション本体である`HttpSocketAppActivity`から利用されます．

ステップ4…メイン・プログラムで天気情報を取得し，画面表示を行う

`HttpSocketAppActivity.java`がアプリケーション

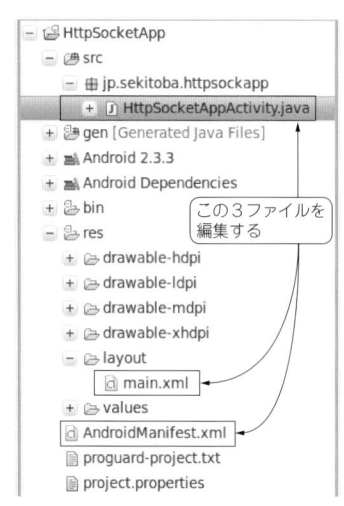

図9 ベースとなる新規プロジェクトを作成する

リスト2 AndroidManifest.xmlにインターネット接続権限の許可を追加

```xml
<?xml version="1.0" encoding="utf-8"?>
<manifest xmlns:android="http://schemas.android.com/apk/res/android"
    package="jp.sekitoba.httpsockapp"
    android:versionCode="1"
    android:versionName="1.0" >

    <uses-sdk android:minSdkVersion="4" />

    <application
        android:icon="@drawable/ic_launcher"
        android:label="@string/app_name" >
        <activity
            android:name=".HttpSocketAppActivity"
            android:label="@string/app_name" >
            <intent-filter>
                <action android:name="android.intent.action.MAIN" />

                <category android:name="android.intent.category.LAUNCHER" />
            </intent-filter>
        </activity>
    </application>
    <uses-permission android:name="android.permission.INTERNET"/>
</manifest>
```
（追加）

第13章 実験！BeagleBoneとAndroidでネット接続

リスト3 天気予報を画面上に表示する「ListView」をmain.xmlに追加する

```xml
<?xml version="1.0" encoding="utf-8"?>
<LinearLayout xmlns:android="http://schemas.android.
com/apk/
                                         res/android"
    android:layout_width="fill_parent"
    android:layout_height="fill_parent"
    android:orientation="vertical" >

    <ListView
        android:id="@+id/listView1"
        android:layout_width="match_parent"
        android:layout_height="wrap_content" >
    </ListView>

</LinearLayout>
```
←この行を追加

表3 HttpSocketAppActivityのメソッド一覧

メソッド名	処理の概要	説明
onCreate	Activity初期化	本アプリケーション起動時に呼び出され，画面の初期化を行う
checkWeatherPeriodically	定期処理	定期的にgetResponseを呼び出して天気予報を取得し，getTagValueを呼び出して必要な情報を抽出し，画面に表示を行う
getTagValue	XMLの解析	引数に指定されたタグの要素（TEXT）を取得して返す．今回はXMLを解析するためにorg.xmlpull.v1.XmlPullParserを利用する
getResponse	HTTPソケット通信	1. 通信を行うためのソケットおよびソケットに対する読み書きを行うReaer/Writerのインスタンス生成を行う 2. HTTPリクエスト（GET）を作成・送信し，whileブロックでレスポンスが最終行となるまで読み込みを行う 3. ヘッダとボディの区切りである空行を検出判定を行い，検出された場合は，リスト4の①にてボディ部フラグを設定する．②でボディ部フラグが設定されている場合は，③でボディ部として返り値文字列に追加する

のメインの処理を行うプログラムです．このプログラムには，表3に示す四つのメソッドがあります．onCreateでActivityの初期化を行い，checkWeatherPeriodicallyで定期的に天気予報を取得し，画面表示を行います．getTagValueで必要な情報を抽出し，getResponseでHTTPソケット通信を行います．リスト4に，HttpSocketAppActivity.javaを示します．

実行してみよう！

アプリケーションを作成したら，BeagleBoneにアプリケーションを転送して実行させます．今回は，開発用パソコンとBeagleBoneをUSBケーブルで接続し，BeagleBoneにアプリケーションの転送・実行を行います．

---

column　HTTP…WebサーバとWebブラウザの通信を行う手順を決めたもの

今回の実験で使ったHTTPについて詳しく述べておきましょう．
HTTPは，WebサーバとWebブラウザとの通信を行うことを想定して定義されたプロトコルです．クライアントがサーバに対してHTTPリクエストを送信し，サーバがリクエストの内容を解析してクライアントに応答するというシンプルな通信方法です．

●HTTPリクエスト
クライアントは，サーバのリソース（HTMLファイルや画像ファイルなど）にアクセスする際にHTTPリクエストを行います．通信にはTCP/IPを利用し，デフォルトでポート80を利用します．サーバのリソースへのアクセスは，先頭に文字列"http://"を付与したURLを利用して指定します．また，リクエストを行う際にどのような要求かをサーバに通知するためのヘッダを含めて送信します．
HTTPリクエストは，リクエスト行，ヘッダ，空行，メッセージ・ボディから構成されますが，今回の実験ではリクエスト行のみを使用しています．リクエスト行には，指定したリソースに対してどのような操作を行うかのメソッドを指定します．

リストA　HTTPリクエストの例．この文字列をTCP/IPで送信する

```
GET http://weather.livedoor.com/forecast/webservice/
            rest/v1?city=70&day=tomorrow HTTP/1.0
```
←リクエスト行

実験では，リストAのGET（リソースの取得）を利用していますが，本メソッドはURLの末尾に"?"を追加した後に"パラメータ名＝値"の文字列を連結することでサーバに対してパラメータを渡します．複数パラメータがある場合は，文字列"&"でパラメータ間を連結します．

●HTTPレスポンス
サーバはクライアントからリクエストがあると，そのリクエストの内容を解析し，要求に応じた応答メッセージをクライアントに返します．HTTPレスポンスは，レスポンス行＋ヘッダ＋空行＋メッセージ・ボディ（応答データ）で構成されます（リストB）．

リストB　HTTPレスポンスの例

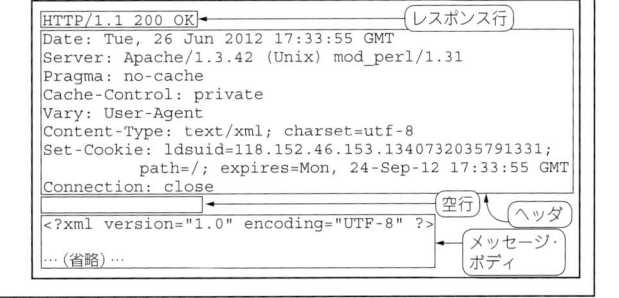

```
HTTP/1.1 200 OK         ←レスポンス行
Date: Tue, 26 Jun 2012 17:33:55 GMT
Server: Apache/1.3.42 (Unix) mod_perl/1.31
Pragma: no-cache
Cache-Control: private
Vary: User-Agent
Content-Type: text/xml; charset=utf-8
Set-Cookie: ldsuid=118.152.46.153.1340732035791331;
     path=/; expires=Mon, 24-Sep-12 17:33:55 GMT
Connection: close
                                        ←空行　←ヘッダ
<?xml version="1.0" encoding="UTF-8" ?>
…（省略）…       ←メッセージ・ボディ
```

第4部 ラズベリー・パイ以外の定番ARMコンピュータでI/O

リスト4 ネットワーク通信部分は50行ていど！メイン・プログラムHttpSocketAppActivity.javaの構成

```
package jp.sekitoba.httpsockapp;

import java.io.BufferedReader;
import java.io.BufferedWriter;
import java.io.IOException;
import java.io.InputStreamReader;
import java.io.OutputStreamWriter;
import java.io.StringReader;
import java.net.Socket;
import java.net.UnknownHostException;
import java.text.SimpleDateFormat;
import java.util.Date;
import java.util.Timer;
import java.util.TimerTask;

import org.xmlpull.v1.XmlPullParser;
import org.xmlpull.v1.XmlPullParserException;

import android.app.Activity;
import android.os.Bundle;
import android.os.Handler;
import android.util.Xml;
import android.widget.ArrayAdapter;
import android.widget.ListView;

public class HttpSocketAppActivity extends Activity {
  // ホスト名
  private final String HOST = "weather.livedoor.com";
  // APIパス
  private final String PATH = "/forecast/webservice/rest/v1";
  // HTTPリクエスト・ポート
  private final int HTTP_PORT = 80;
  // データ取得用パラメータ（リクエストする予報日）
  private final String[] DAYS = { "today", "tomorrow"
};
  // データ取得用パラメータ（地域別に定義されたID番号．
                     本サンプルでは神奈川県横浜市のID:70を利用）
  private final String CITY = "70";
  // データ更新間隔(ms)
  private final int INTERVAL = 1000 * 60 * 30; // 30分
  // XML解析用
  private final XmlPullParser mPullParser = Xml.
                                  newPullParser();
  // 画面に表示を行うためのアダプタ
  private ArrayAdapter<String> mAdapter;
  // 定期更新用タイマ
  private Timer mTimer = null;
  // UIスレッドへのpost用ハンドラ
  private Handler mHandler = new Handler();
  // 日付フォーマット
  private SimpleDateFormat mSdf = new SimpleDateFormat(
                             "yyyy/MM/dd hh:mm");

  /* Activityが生成されるときに呼び出される */
  @Override
  public void onCreate(Bundle savedInstanceState) {
    super.onCreate(savedInstanceState);
    setContentView(R.layout.main);
    // リスト表示に設定するリスト表示用アダプタのインスタンスを作成
    mAdapter = new ArrayAdapter<String>(this,
        android.R.layout.simple_list_item_1);
    // リスト表示のインスタンスを取得
    ListView listView = (ListView) findViewById(R.
                                          id.listView1);
    //リスト表示用アダプタ設定
    listView.setAdapter(mAdapter);
    // 定期的に天気予報をチェックする
    checkWeatherPeriodically();
  }

  /*天気予報を定期的にチェックし，リスト表示を行う．*/
  private void checkWeatherPeriodically() {
    if (mTimer == null) {
      // タイマが未生成の場合，タイマを生成する
      mTimer = new Timer(true);
      // タイマに対してスケジュールを行う
      mTimer.schedule(new TimerTask() {
        @Override
        public void run() {
          // mHandlerを通じてUIスレッドへ処理をキューイング
          mHandler.post(new Runnable() {
            public void run() {
              mAdapter.clear();
              // WEBサービスにアクセスし，今日・明日分の天気予報の
                                               取得を行う
              for (int i = 0; i < DAYS.length; i++) {
                // パラメータを指定し，Webサービスから
                              HTTPレスポンス（ボディ）を取得
                String str = getResponse(PATH + "?city="
                    + CITY+ "&day=" + DAYS[i]);
                try {
                  // パーサにHTTPレスポンス（ボディ）を設定
                  mPullParser.setInput(new
                                     StringReader(str));
                } catch (XmlPullParserException e) {
                  e.printStackTrace();
                }
                // HTTPレスポンスから指定したタグのTEXTを
                                        取得してアダプタに設定
                mAdapter.add(getTagValue("title"));
                mAdapter.add(getTagValue("telop"));
                String max = getTagValue("celsius");
                if (max == null) {
                  max = "-";
                }
                String min = getTagValue("celsius");
                if (min == null) {
```

```
$ sudo vi /etc/udev/rules.d/51-android.rules
```
（a）51-android.rulesを編集

```
SUBSYSTEM=="usb", SYSFS{idVendor}=="0x18d1",
MODE="0666"
```
（b）追加する行

```
$ sudo chmod a+r /etc/udev/rules.d/51-android.rules
$ sudo /etc/init.d/udev restart
```
（c）ファイルのモード変更およびudev再起動

図10 64ビット版Ubuntu10.04でAndroidをデバッグするために行う設定

図11 実行アイコンをクリックする
（このアイコンをクリック）

▶ 64ビット版Ubuntuで開発する場合の注意

ここで，注意が必要です．筆者が開発に利用した64ビット版Ubuntu 10.04では，開発機とBeagleBoneをUSBケーブルで接続しただけでは，Androidのデバッグをするための ADB（Android Debug Bridge）からはデバイスとして認識されません．ADB可能なデバイス一覧を表示するadb

第13章 実験！BeagleBoneとAndroidでネット接続

```
                                min = "-";
                            }
                            mAdapter.add("最高気温:" + max +
                                                   "/最低気温:" + min);
                    }
                    mAdapter.add("最終更新日時:" + mSdf.format(
                                                   new Date()));
                }
            });
        }
    }, 0, INTERVAL);
}

/* XMLを解析し，引数で指定されたタグの要素(Text)を取得する
 *
 * @param tag
 * @return 指定されたタグの要素(Text)
 */
private String getTagValue(String tag) {
    // イベント種別
    int evtType;
    try {
        // ドキュメント終了までXMLを読み込む
        while ((evtType = mPullParser.next()) !=
                        XmlPullParser.END_DOCUMENT) {
            // タグ名を取得
            String name = mPullParser.getName();
            if (evtType == XmlPullParser.START_TAG) {
                // 開始タグの場合
                if (tag.equals(name)) {
                    // 指定されたタグの場合，要素(Text)を取得して返す
                    mPullParser.next();
                    return mPullParser.getText();
                }
            }
        }
    } catch (XmlPullParserException e) {
        e.printStackTrace();
    } catch (IOException e) {
        e.printStackTrace();
    }
    return null;
}

/* 引数で指定したパスにアクセスし，レスポンスを取得する
 *
 * @param path
 * @return HTTPレスポンス・ボディ部
 */
public String getResponse(String path) {
    // ソケット
    Socket sock;
    // ソケットから読み込みを行うReader
    BufferedReader reader;
    // ソケットに対して書き込みを行うWriter
    BufferedWriter writer;
    // HTTPレスポンス格納用変数
    String retStr = "";
    try {
        // ソケットの作成                        ①準備
        sock = new Socket(HOST, HTTP_PORT);      ②接続
        // Writerの作成
        writer = new BufferedWriter(new
                                    OutputStreamWriter(
            sock.getOutputStream()));

        // レスポンス読み込み用BufferedReader
        reader = new BufferedReader(new
                                    InputStreamReader(
            sock.getInputStream(), "UTF-8"));

        // HTTPリクエストをWriterに対して書き込む   ③通信
        writer.write("GET http://" + HOST + path
                                + " HTTP/1.0\r\n");
        writer.write("\r\n");
        writer.flush();

        String line;
        boolean bodyFlg = false;
        // レスポンスを一行ずつ最終行まで読み込む
        while ((line = reader.readLine()) != null) {
            // 空行検出判定
            if ("".equals(line)) {
                // 空行が検出された場合はHTTPボディ部フラグを設定
                bodyFlg = true;
            }
            // HTTPボディ部判定
            if (bodyFlg) {
                // HTTPボディ部の場合はレスポンス文字列に追加する
                retStr += line;
            }
        }
        // Readerをクローズ                      ④切断
        reader.close();
        // writerをクローズ
        writer.close();
        // ソケットをクローズ
        sock.close();
    } catch (UnknownHostException e) {
        e.printStackTrace();
    } catch (IOException e) {
        e.printStackTrace();
    }
    return retStr;
}
```

ネットワーク通信部分は50行程度で済む

devicesコマンドを実行すると，BeagleBoneが「??????????no permission」と表示してしまいます．そのため，ADBとして認識させるために，図10の手順で/etc/rules.d/51-android.rulesに，BeagleBoard-xM（BeagleBoneの姉妹ボード）のベンダIDである0x18d1を記述してください．

● アプリケーションを実行！

以上が完了したら，BeagleBoneとパソコンをUSBケーブルで接続して，EclipseのPackageExplorerに表示されているHttpSockAppプロジェクトを選択し，アイコン・メニューに表示されている実行ボタン（図11）をクリックします．

初回の起動時にはRunAsダイアログが表示されるので，AndroidApplicationを選択して，［OK］ボタンをクリックします．すると，デバイス選択画面が表示されるので，BeagleBoneに該当する行を選択して［OK］ボタンを押します．アプリケーションが起動すると，図1の天気予報アプリケーション画面が表示されます．

ひょうどう・たけし

第4部 ラズベリー・パイ以外の定番ARMコンピュータでI/O

第14章 はじめやすい！Lチカまでならすぐ！ネットに情報が満載！ ARMコンピュータの先駆け的存在！Cortex-A8搭載BeagleBoard

永原 柊

BeagleBoard（写真1）は，マルチメディア用SoC（System on a Chip）であるOMAP3530（テキサス・インスツルメンツ）を使った，ARMコンピュータの先駆け的存在といえるボードで，初代は2008年に発売されました．

本章では，BeagleBoard Rev C4と，GPIO端子のコントロール例を紹介します．

BeagleBoardの特徴

図1にBeagleBoardの機能ブロック図を，表1に仕様を示します．

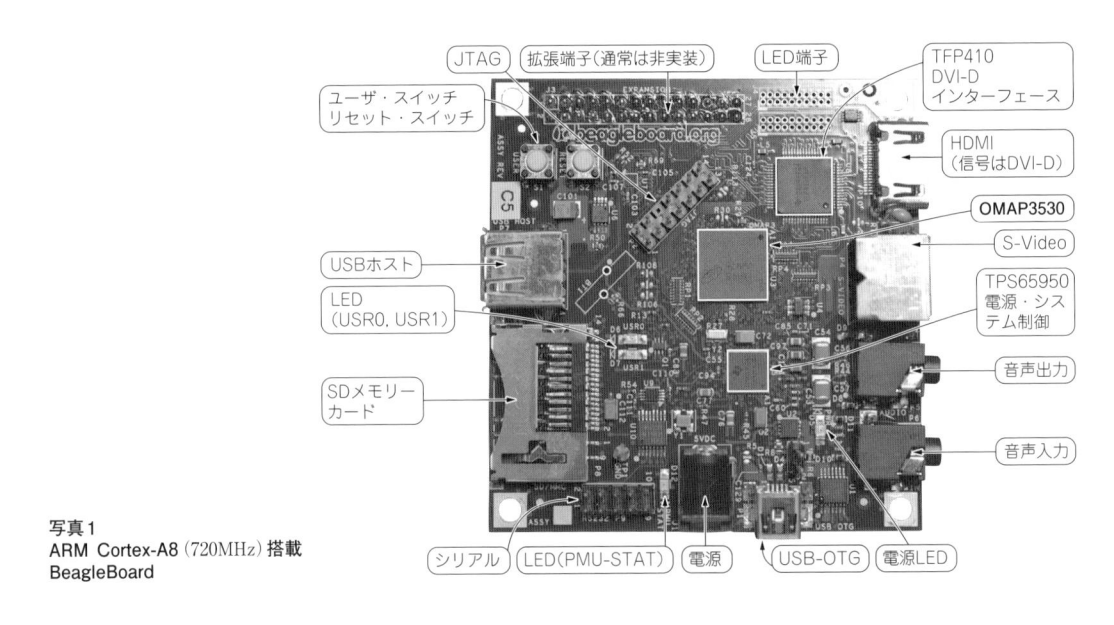

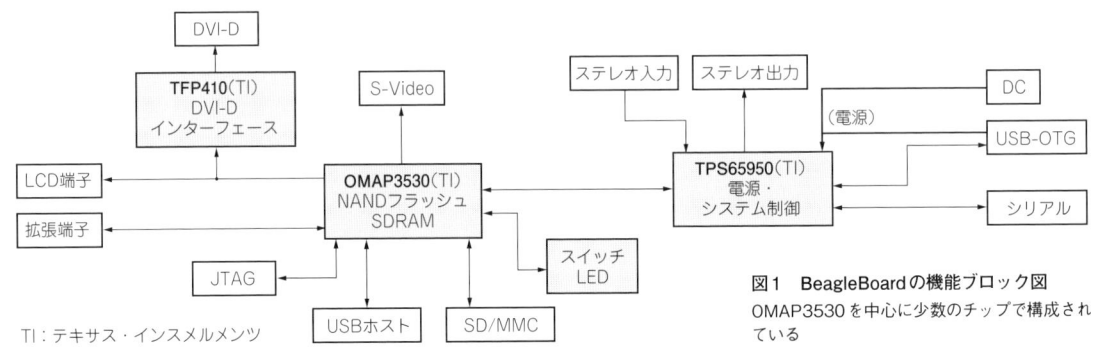

写真1
ARM Cortex-A8（720MHz）搭載 BeagleBoard

図1 BeagleBoardの機能ブロック図
OMAP3530を中心に少数のチップで構成されている

TI：テキサス・インスツルメンツ

第14章 ARMコンピュータの先駆け的存在！Cortex-A8搭載BeagleBoard

● ウェブで情報交換しながらみんなで使いこなす

　USB給電で動作し低価格，そしてファンレスで小型の高性能ARMマイコンを搭載した基板です．

　回路図，基板設計情報，部品表などが，オープン・ソースの考えに基づくオープン・ハードウェアとして公開されているので，その情報を使って，BeagleBoard互換のボードも開発されています．

　BeagleBoardのバージョンによって，動作周波数やOMAP3530に内蔵されたフラッシュROMに格納された内容は異なるようです．最新版ではLinuxが書き込まれており，電源を投入するだけで利用できます．

　SDメモリーカードからもブートできるので，使いたいソフトウェアをSDメモリーカードに書き込んで使えます．

　このBeagleBoardに関する有志の情報サイト（http://beagleboard.org/）には，各種Linux，Android，QNX，SymbianなどをBeagleBoardで動かすプロジェクトへのリンクが多数あります．このサイトから，BeagleBoardのリファレンス・マニュアルや回路図といった，技術情報もダ

表1　BeagleBoard（Rev C4）の仕様

価 格		$125
SoC	型 名	OMAP3530
	CPU	ARM Cortex-A8 720MHz
	GPU	High Performance Image, Video, Audio (IVA2.2) Operation Accelerator
		PowerVR SGX Graphics Accelerator
	DSP	TMS320C64x+ Core
	内蔵メモリ	112KバイトROM
		64KバイトSRAM
	PoPメモリ（*1）	NANDフラッシュ 512Mバイト
		SDRAM 256Mバイト
コネクタ	USB	OTG 1個
		ホスト1個
	ビデオ出力	DVI-D出力（コネクタはHDMI）
		S-Video
	オーディオ入力	3.5mmジャック，ステレオ
	オーディオ出力	3.5mmジャック，ステレオ
	シリアル	10ピン・ヘッダ1個（レベル・コンバータ付き）
	JTAG	14ピン・ヘッダ1個
	ストレージ	SD/MMCカード・スロット（SDHCカード対応）
	LED	電源1個，TPS65950経由1個，OMAP3530直結2個
	スイッチ	リセット1個，ユーザ1個
	拡張端子	パターンあり
	LCD端子	パターンあり
電源供給		5V，OTG-USBまたはDCジャック
外 形		78.74 × 76.20mm

（*1）：PoPはPackage-On-Packageの略で同一パッケージ内にCPUチップとメモリ・チップが積層して実装されている．

表2　拡張端子の信号割り当て

X：信号が割り当てられていない組み合わせ，Z：セーフ・モード（ハイ・インピーダンス），*：信号は割り当てられているが，拡張端子の信号だけでは意味のある使い方ができない

端子番号	割り当て 0	1	2	3	4	5	6	7
1	VIO_1V8（電源 DC1.8V）							
2	DC_5V							
3	MMC2_DAT7	*	*	*	GPIO_139	*	*	Z
4	UART2_CTS	McBSP3_DX	GPT9_PWMEVT	X	GPIO_144	X	X	Z
5	MMC2_DAT6	*	*	*	GPIO_138	*	*	Z
6	UART2_TX	McBSP3_CLKX	GPT11_PWMEVT	X	GPIO_146	X	X	Z
7	MMC2_DAT5	*	*	*	GPIO_137	*	*	Z
8	McBSP3_FSX	UART2_RX	X	X	GPIO_143	*	X	Z
9	MMC2_DAT4	*	*	*	GPIO_136	*	*	Z
10	UART2_RTS	McBSP3_DR	GPT10_PWMEVT	X	GPIO_145	X	X	Z
11	MMC2_DAT3	McSPI3_CS0	X	X	GPIO_135	X	X	Z
12	McBSP1_DX	McSPI4_SIMO	McBSP3_DX	X	GPIO_158	X	X	Z
13	MMC2_DAT2	McSPI3_CS1	X	X	GPIO_134	X	X	Z
14	McBSP1_CLKX	X	McBSP3_CLKX	X	GPIO_162	X	X	Z
15	MMC2_DAT1	X	X	X	GPIO_133	X	X	Z
16	McBSP1_FSX	McSPI4_CS0	McBSP3_FSX	X	GPIO_161	X	X	Z
17	MMC2_DAT0	McSPI3_SOMI	X	X	GPIO_132	X	X	Z
18	McBSP1_DR	McSPI4_SOMI	McBSP3_DR	X	GPIO_159	X	X	Z
19	MMC2_CMD	McSPI3_SIMO	X	X	GPIO_131	X	X	Z
20	McBSP1_CLKR	McSPI4_CLK	X	X	GPIO_156	X	X	Z
21	MMC2_CLKO	McSPI3_CLK	X	X	GPIO_130	X	X	Z
22	McBSP1_FSR	X	*	Z	GPIO_157	X	X	Z
23	I2C2_SDA	X	X	X	GPIO_183	X	X	Z
24	I2C2_SCL	X	X	X	GPIO_168	X	X	Z
25	REGEN							
26	nRESET							
27	GND							
28	GND							

第4部 ラズベリー・パイ以外の定番ARMコンピュータでI/O

ウンロードできます．

● OMAP3530チップがほとんどの機能を実現
▶ 搭載チップ OMAP3530

BeagleBoardに搭載されているOMAP3530は，プロセッサであるARM Cortex-A8に加えて，DSP，ビデオ・コントローラ，USBやSDメモリーカード，カメラなどのインターフェース機能とメモリ・コントローラを内蔵しています．メモリはPoP（Package-On-Package）実装で，同一チップに内蔵されています．

OMAP3530のバリエーションのうち，BeagleBoardに搭載されているものは，256MバイトのSDRAM，512MバイトのフラッシュROMを1チップに内蔵しています．

OMAP3530の技術情報は，以下のURLで公開されています．ここからデータ・シート，テクニカル・リファレンス・マニュアル（なんと3487ページ），などの技術情報をダウンロードできます（http://www.tij.co.jp/product/jp/omap3530）．

▶ OMAP用の多機能電源IC TPS65950

TPS65950はOMAPといっしょに使うために開発されたチップで，電源供給や，オーディオ入出力やUSBなどの接続を行っています．

BeagleBoardでは，9系統の電源，3系統のクロックをOMAP3530に供給します．TPS65950は，電源投入時に9系統の電源を，OMAP3530が必要とするタイミングで供給できます．また，A-Dコンバータを内蔵しており，消費電流の測定もできます．

● 拡張端子の信号

BeagleBoardの拡張端子に割り当てられた信号を，表2に示します．多くのマイコンと同じように，OMAP3530も一つのピンに複数の機能が割り当てられています．どの機能を選ぶかは，ピンごとに設定できます．

注意すべき点として，各信号は1.8Vで"H"になります．それ以上の電圧を加えると，OMAP3530が破壊されます．

起動と動作確認

BeagleBoard上に実装された3個のLEDやスイッチを使って，BeagleBoardの動作確認を行います．

● ディスプレイを接続する

筆者が持っているディスプレイは，ディスプレイ・ケーブルでBeagleBoardと接続しても表示されなかったので，シリアル接続で操作していきます．

BeagleBoardには，シリアル接続のための10ピンのピン・ヘッダが用意されています．ここに，D-Subコネクタとの変換ケーブルを接続します（写真2）．

注意すべき点は，このD-Subコネクタとパソコンの間は，クロス・ケーブルでつなぐ必要があることです．

最近のパソコンにはシリアル・コネクタがないので，その場合はシリアル-USB変換器が必要になります．BeagleBoardそのものは小さいのですが，パソコンと接続するケーブルが非常にかさばる印象です．BeagleBoard-xMでは，この点はもっとスマートになっているようです（コラム参照）．

● 起動する

BeagleBoardを電源に接続すると，Linuxが起動します（BeagleBoardのバージョンによって，ブートローダで止ま

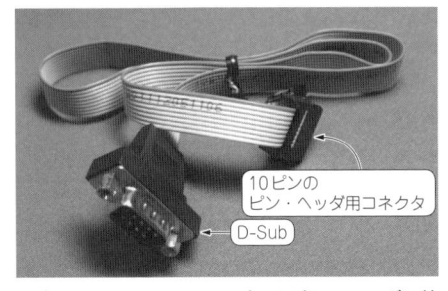

写真2 BeagleBoardの10ピンのピン・ヘッダに接続するシリアル・ケーブル

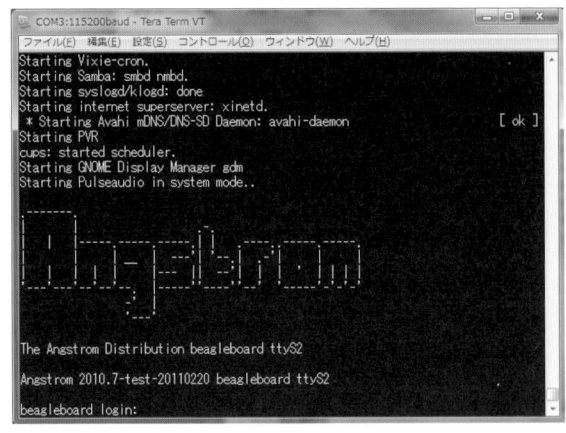

図2 BeagleBoard起動時のログイン画面
ユーザ名：root，パスワードなしでログインできる．ディスプレイはシリアル接続

第14章 ARMコンピュータの先駆け的存在！Cortex-A8搭載BeagleBoard

るものもある）．

ターミナル・ソフトを起動して（筆者はTeraTermを使用），通信速度を115.2kbpsに設定してしばらく待つと，図2の画面が表示されてログイン待ち状態になります．

ユーザ名はroot，パスワードなしでログインできます．

Linuxが起動すると，USR0と書かれたLEDが点滅しているはずです．

● BeagleBoard上のLEDをチカチカ

BeagleBoard上のLEDを操作してみましょう．コマンド・ラインからファイル操作することで，LEDを操作できます．

▶ LEDの点灯と消灯

最近のLinuxには，LEDを操作する機能が組み込まれています．そこで，その機能を使ってLEDを操作します．

リスト1に，コマンド・ラインからLEDを操作するようすを示します．

まず，/sys/class/ledsディレクトリに移動します．このディレクトリには，3個のLEDそれぞれに対応した，三つのディレクトリが用意されています．beagleboard::pmu_statは，TPS65950に接続されたLEDであるPMU_STATに対応するディレクトリであり，残りの二つのディレクトリはOMAP3530に接続された二つのLEDであるUSR0，USR1に対応します．

ここでは，USR1 LEDに対応したbeagleboard::usr1ディレクトリに移動しています．移動先のディレクトリには，LEDを操作するための仮想的なファイルが用意されています．LEDを点灯させるには，brightnessという仮想的なファイルに'1'を書き込みます．逆に，消灯するには，同じファイルに'0'を書き込みます．

▶ LEDの点滅

次に，triggerという仮想的なファイルに文字列heartbeatという値を書き込むと，USR1 LEDはUSR0 LEDと同じように点滅を始めます．また，noneという値をtriggerに書き込むと，点滅を終了します．実は，USR0 LEDが点滅しているのは，Linuxが起動したときにこの操作が行われているからです．

このように，ファイルに値を書き込むことでLEDを制御できるので，プログラムを作らなくても，ファイル操作をすればLEDを操作できます．

プログラムを作る場合でも，大半のプログラミング言語ではファイル操作ができるので，採用したプログラミング言語にハードウェア制御に適した機能がなくても，LED操作というハードウェアの制御が行えます．

▶ ボード上の電源制御デバイスでLEDをチカチカ

beagleboard::pmu_statディレクトリで同じ操作を行ってみると，電源制御デバイスTPS65950に接続されたLEDは，同じ振る舞いをすることが分かります．実は，このLEDは，ハード的にはI²Cで操作する必要があります．しかし，操作すると分かるように，brightnessというファイルに'1'を書き込むだけで，ハード的にI²C接続されていることを気にせずに，LEDを点灯できます．

このように，ファイル・システムを使ってハードを仮想化することにより，Linux上で容易にLEDを操作できるようになっています．

● スイッチ入力を検出

今度は，スイッチ入力を試してみましょう．スイッチにはLEDのような専用の機能はないので，GPIOによって状

リスト1 コマンド・ラインからBeagleBoard上のLEDを操作しているようす

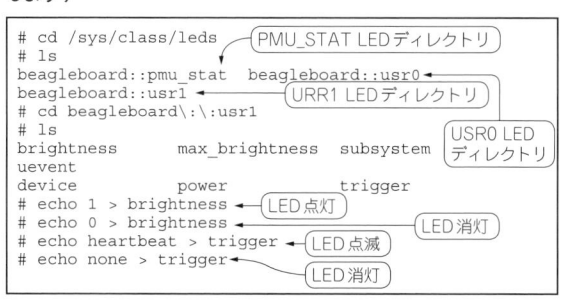

```
# cd /sys/class/leds          ← PMU_STAT LEDディレクトリ
# ls
beagleboard::pmu_stat    beagleboard::usr0
beagleboard::usr1              ← URR1 LEDディレクトリ
# cd beagleboard\:\:usr1
# ls                                      ← USR0 LEDディレクトリ
brightness      max_brightness    subsystem
uevent
device          power             trigger
# echo 1 > brightness    ← LED点灯
# echo 0 > brightness    ← LED消灯
# echo heartbeat > trigger  ← LED点滅
# echo none > trigger    ← LED消灯
```

---

column 性能／機能が強化された兄弟ボードBeagleBoard-xM

BeagleBoardが好評を博したので，その強化版としてBeagleBoard-xMが開発されました．BeagleBoardと比べると次のような違いがあります．
- プロセッサのクロックが1GHzまで向上
- RAMの容量が512Mバイトに増加
- Ethernetインターフェースが追加
- USBホストのポート数が1個から4個に増加
- シリアル用のD-Subコネクタを搭載
- OMAPチップのPoPフラッシュ・メモリをなくして，マイクロSDメモリーカードに置き換え
- カメラ・インターフェースを追加

態を読み取ることになります．

コマンド・ラインからスイッチの状態を読み取っているようすをリスト2に示します．

▶ GPIOのポートに対応するディレクトリを作る

LEDの場合は，個々のLEDに対応するディレクトリが用意されていますが，GPIOは数が多いので，必要なときに必要なポートに対応するディレクトリを作成します．

例えば，ディレクトリ/sys/class/gpioにある，ファイル exportにポート番号を書き込むと，そのポートに対応するディレクトリが作成されます．BeagleBoardのユーザ・スイッチは，GPIOのポート7に接続されているので，exportファイルに7を書き込みます．すると，gpio7というディレクトリが作成され，その中にGPIOのポート7を操作するためのファイルが用意されます．

表3に，スイッチとLEDのGPIOポート番号をまとめます．

二つのLEDは，この表のGPIOポートに接続されていますが，これらのLEDはすでに述べた機能で使われているので，GPIOとして使えません．

▶ GPIOから読み取る

GPIOのポート7から読み取ってみます．

まず，ポートを入力にします．そのためには，ポートの入出力を設定するファイルdirectionに，入力を表すinを書き込みます．これで，ポートの値を読み取れるようになりました．値は，ファイルvalueで表されます．スイッ

チを押しながらvalueの値を読み取った場合と，スイッチを離して読み取った場合で，読み取れる値が変化することを確認してください．

▶ 使い終わったらディレクトリを消す

ポートを使い終わったら，unexportファイルを使ってディレクトリを消します．操作方法は，exportのときと同様です．

● ポートから出力する

ポートから入力する方法を説明してきましたが，ポートから出力することも同じようにできます．directionファイルに文字列outを書き込むと，ポートが出力に切り替わります．valueに値を書き込むと，その値がポートから出力されます．

用意されている拡張基板を動かしてみる

BeagleBoardの拡張端子の仕様に合わせて，いくつかの拡張基板が作られています．今回は，BeagleBoardの応用として，BeagleBoardの拡張端子に直結できる7セグメン

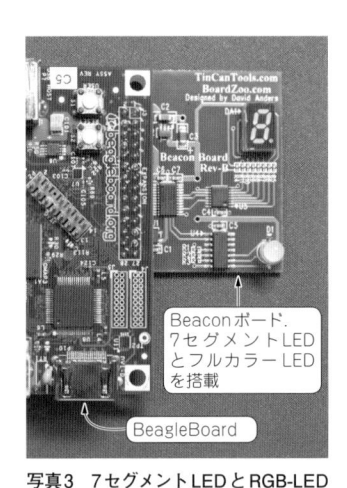

リスト2 コマンド・ラインからGPIOのポート7につながったスイッチの値を読み取る

```
# cd /sys/class/gpio/
# ls
export         gpiochip128   gpiochip192   gpiochip64
unexportgpiochip0
               gpiochip160   gpiochip32    gpiochip96
# echo 7 > export
# ls                ← exportに7を書くとgpio7が新規に作成された
export         gpiochip0     gpiochip160   gpiochip32
gpiochip96
gpio7 ←
               gpiochip128   gpiochip192   gpiochip64
unexport
# cd gpio7
# ls
direction      edge          power         subsystem    uevent
value
# echo in > direction   ← 入力ポートとして設定
# cat value  ←         スイッチを押さずにポートか
0                       ら読み込むと'0'が読める
# cat value  ←         スイッチを押してポートから読み込むと'1'が読める
1
# cd ..
# echo 7 > unexport
# ls                    ← unexportに7を書くとgpio7が削除された
export         gpiochip128   gpiochip192   gpiochip64
unexport
gpiochip0      gpiochip160   gpiochip32    gpiochip96
```

写真3 7セグメントLEDとRGB-LEDを搭載されたBeaconボードをBeagleBoardに接続して使ってみる
BeagleBoardにいくつか用意されている拡張基板の一つ．Tin Can Toolsのウェブ・サイトから$20で購入できる

表3 BeagleBoard上のLEDとスイッチのGPIOポート番号

GPIO番号	I/O	信号名	接続先
GPIO_149	O	LED_GPIO149	USR0 LED
GPIO_150	O	LED_GPIO149	USR1 LED
GPIO_7	I	SYSBOOT_5	ユーザ・スイッチ

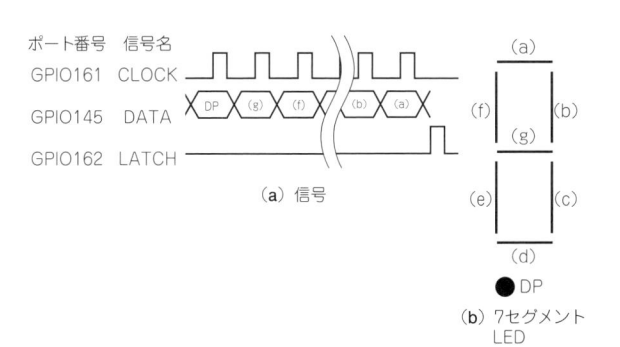

第14章　ARMコンピュータの先駆け的存在！Cortex-A8搭載 BeagleBoard

図3　7セグメントLEDの制御タイミング

(a) 信号
(b) 7セグメントLED

リスト3　Beaconボードの7セグメントLED制御スクリプト

```sh
#!/bin/sh
echo 145 > /sys/class/gpio/export          ┐クロック, データ,
echo 161 > /sys/class/gpio/export          │ラッチのGPIOポー
echo 162 > /sys/class/gpio/export          ┘トを準備

echo 0 > /sys/class/gpio/gpio145/value     ┐各ポートの
echo 0 > /sys/class/gpio/gpio161/value     │出力値を'0'
echo 0 > /sys/class/gpio/gpio162/value     ┘に初期化

echo out > /sys/class/gpio/gpio145/direction
echo out > /sys/class/gpio/gpio161/direction   各ポートを
echo out > /sys/class/gpio/gpio162/direction   出力に設定

echo 1 > /sys/class/gpio/gpio145/value
echo 1 > /sys/class/gpio/gpio161/value
echo 0 > /sys/class/gpio/gpio161/value

echo 0 > /sys/class/gpio/gpio145/value
echo 1 > /sys/class/gpio/gpio161/value
echo 0 > /sys/class/gpio/gpio161/value

echo 1 > /sys/class/gpio/gpio145/value
echo 1 > /sys/class/gpio/gpio161/value
echo 0 > /sys/class/gpio/gpio161/value

echo 0 > /sys/class/gpio/gpio145/value
echo 1 > /sys/class/gpio/gpio161/value
echo 0 > /sys/class/gpio/gpio161/value

echo 1 > /sys/class/gpio/gpio145/value     ┐LED表示デー
echo 1 > /sys/class/gpio/gpio161/value     │タをセグメン
echo 0 > /sys/class/gpio/gpio161/value     ┘トごとに出力

echo 1 > /sys/class/gpio/gpio145/value
echo 1 > /sys/class/gpio/gpio161/value
echo 0 > /sys/class/gpio/gpio161/value

echo 1 > /sys/class/gpio/gpio145/value
echo 1 > /sys/class/gpio/gpio161/value
echo 0 > /sys/class/gpio/gpio161/value

echo 1 > /sys/class/gpio/gpio145/value
echo 1 > /sys/class/gpio/gpio161/value
echo 0 > /sys/class/gpio/gpio161/value

echo 1 > /sys/class/gpio/gpio162/value     ┐ラッチを出力
echo 0 > /sys/class/gpio/gpio162/value     ┘すると, LED
                                             に表示される

echo 145 > /sys/class/gpio/unexport         ┐
echo 161 > /sys/class/gpio/unexport         │終了処理
echo 162 > /sys/class/gpio/unexport         ┘
```

ト LED & フルカラー LED 拡張基板 Beacon ボード（Tin Can Tools）を使ってみます．

● LEDの制御内容

写真3に示すBeaconボードには，7セグメントLEDとRGB-LEDの2種類のLEDと，それぞれのLEDドライバ，1.8-3.3Vレベル・コンバータ，EEPROM，3.3Vレギュレータが搭載されています．7セグメントLEDドライバにはシフト・レジスタが用いられ，RGB-LEDドライバにはPWM駆動機能が用意されています．次のURLに，詳細が掲載されています（http://elinux.org/BeaconBoard）．

ここでは，7セグメントLEDを使ってみます．7セグメントLEDの制御は，図3のように行います．制御には，BeagleBoardのGPIOのポートを三つ使います．7セグメントLEDに表示するパターンはポート145で与え，ポート161のクロックの立ち上がりでシフト・レジスタに取り込まれます．全部のデータを与え終われば，ポート162のラッチ信号を与えると，与えたデータがLEDに表示されます．

● LED制御プログラム

図3の7セグメントLEDの制御タイミングを実現するコードをリスト3に示します．コードが長いので，コマンド・ラインから入力するのではなく，シェル・スクリプトにしています．同じことの繰り返しで長いスクリプトになっていますが，1行1行の内容は，BeagleBoard上で行った内容と同様です．

7セグメントLEDではありますが，このLEDの操作はOSに組み込まれていないので，先に述べたLED操作方法ではなく，汎用的なGPIOの操作方法を使います．

まず，exportに，クロック，データ，ラッチのポート番号を書き込むことで，それらのポートを使用できるようにします．

次に，ポートの値を'0'に初期化しておいて，各ポートを出力に設定します．

その後，7セグメントLEDの各セグメントに対応するデータを出力します．具体的には，データ・ポートに表示データを出力した後，クロック・ポートに'1'，'0'の順に出力することでクロックを出力します．

データ出力が終われば，ラッチ信号を出力することで，データが7セグメントLEDに表示されます．

ながはら・しゅう

第4部 ラズベリー・パイ以外の定番ARMコンピュータでI/O

第15章

フルHD画像処理可能な
高性能オールインワン・チップを試せる

ほとんどパソコン！？
Cortex-A9搭載PandaBoard ES

丹下 昌彦

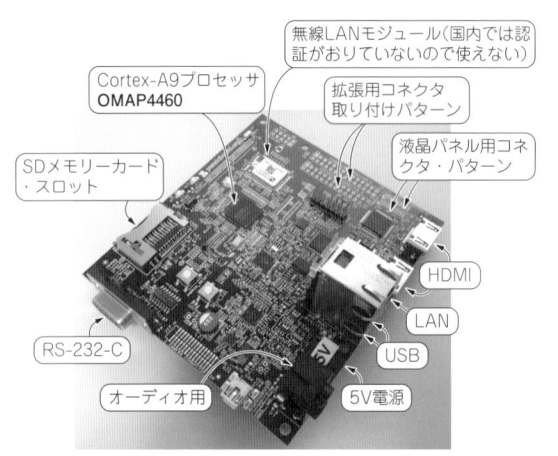

写真1 ARM Cortex-A9 Dual Core（1.2GHz）搭載PandaBoard ES

図1 ササッと作ったネットワーク・クロック付きディジタル・フォトフレームの画面

　PandaBoard ES（以降，PandaBoard）は，オープン・ソース・コミュニティにより開発されたプラットホームで，Cortex-A9プロセッサOMAP4460（テキサス・インスツルメンツ）のほとんどの機能を手軽に使えるように作られたボードです（写真1）．この小さなボードに，パソコン並みの機能が凝縮されています．ユーザが拡張できるコネクタ類も多数あり，自作のハードウェアを接続することも簡単にできます．

　今回は，これを使って図1のようなネットワーク時計付きフォトフレームを作ったり，GPIOの制御をしてみます．

　PandaBoardの中心となるのは，OMAP4460です．このチップは一つに見えますが，上側が1GバイトのLPDDR2メモリ，下側が1.2GHz Cortex-A9 Dual Coreプロセッサ＋各種インターフェースという構成です．そのため，ボード上を探してもメモリ・チップは見当たりません．そのほかのチップは，オーディオなどのアナログ入出力や電源制御などの機能を持つものやLANコントローラなどです．ボード上には，Wi-FiとBluetoothの無線モジュールが載っていま

すが，国内では認定を取っていないので今回は使いません．

● メイン・デバイスOMAP4460はスマートフォン用のオールインワン・チップ

　OMAP4460は，スマートフォン・タブレットで35％ものシェアを持つチップで，1.2GHz Dualコアの高性能ARMプロセッサに加え，GPIO（汎用入出力ポート），カメラ，オーディオ，LCD，HDMI，SD/MMC，ストレージ・メモリなど，必要と思われるものはすべて入っています．

　携帯機器用に作られているため，ピン間隔0.4mmピッチ576ピンの高密度パッケージです．OMAP4460はチップの上にメモリを実装する構造になっているため，ちょっと実験に使ってみたいと思っても簡単に使えるものではありません．しかし，PandaBoardを使えば簡単に試せます．

準備

● 入手方法

　PandaBoardは，インターネット通販で簡単に購入できます．筆者は，Digi-Keyという電子部品のインターネット商社から購入しました．拠点はアメリカですが，日本語の

第15章 ほとんどパソコン！？ Cortex-A9搭載PandaBoard ES

ページもあり，電話やメールによる日本語のサポートもあるので安心です．

● **必要なもの**

PandaBoardは，購入時には中身はボードだけで，付属品は何も入っていません．動作させるためには，下記のものが必要です．

▶ **ACアダプタ**

5V出力で，内径2.1・外径5.5mmのプラグがついたACアダプタが必要です（極性は中心電極が＋）．

筆者は，手持ちで3Aのものを使いましたが，USBから電流を供給することなどを考慮すると，メーカ推奨の4Aのものを使った方が安心です．

▶ **シリアル・ポート**

ボードは，起動時のメッセージなどをすべてシリアル・ポートに出力します．

パソコンにシリアル・ポートがあれば良いのですが，最近のパソコンにはほとんど搭載されていないので，USB-シリアル変換ケーブルを使うと簡単です．

▶ **HDMIケーブル**

PandaBoardのビデオ出力は，HDMIだけです．アナログのVGAなどは出力できません．最近の地デジ・テレビはほとんどHDMI入力を持っているので，それを使うのが簡単です．パソコン用のモニタで，DVI入力がある場合はHDMI-DVI変換ケーブルを使えばそれらを利用できます．筆者は，手持ちの地デジ・テレビを使いました．

▶ **SDメモリーカード**

PandaBoardは，SDメモリーカードを使って起動します．容量は，4Gバイトもあれば十分ですが，8Gバイトのものを使いました．

▶ **パソコン**

SDメモリーカードに，PandaBoardを起動させるのに必要なデータを書き込むのにパソコンを使用します．

単に書き込むだけであれば，Windowsパソコンでも可能だと思いますが，今後の開発環境の構築などのために，Linux（筆者はUbuntu）環境を用意してください．

専用にパソコンを購入しなくても，Windowsパソコンに VMwareなどの仮想環境を構築してもかまいません．最終的には，SDメモリーカードに書き込みを行う必要があるので，SDメモリーカードのリーダ/ライタを用意しておいてください．

とりあえず動かしてみる

● **テスト用SDメモリーカードの作成**

まずは，ボードのテストも兼ねて，すでに用意されている起動イメージを利用して動作させてみることをお勧めします．ボードや接続のテストにもなります．

基本的には，Ubuntuのサイトからイメージをダウンロードして，SDメモリーカードに書き込めば良いのですが，ファイルとしてではなく，物理的に（セクタ単位で）書き込む必要があります．

パソコンのLinux環境で，起動に必要なデータをSDメモリーカードに書き込みます．とりあえず，この作業を行うだけならハード・ディスクにはインストールせずにUbuntu，ISOイメージを書き込んだCD-ROMから起動する方法（Live CD）もあるので，簡単です．

次のUbuntuのウェブ・サイト（http://http://www.ubuntulinux.jp/download/ja-remix-cd）から「ubuntu-ja-12.04-desktop-i386.iso」をダウンロードし，ISOイメージをCD-ROMに書き込みます．

次に，CD-ROMを起動すると現れる，[Ubuntuを試す]を選択すると，Ubuntuが立ち上がります．terminalを開いて，次のように入力します．

```
> sudo dd bs=4M if=validation-19102011.img of=/dev/sde
> sync
```

/dev/sdeの部分は，使っているSDメモリーカードのリーダ/ライタによって異なります．間違ってパソコンのハード・ディスクを指定すると，ディスクの内容が壊れて起動しなくなります．

ここまで完了したら，起動SDメモリーカードは完成です．それをPandaBoardに挿入して，電源を入れます．

起動時のメッセージの出力と，コマンドの入力はすべてRS-232-Cから行われるので，パソコンなどをあらかじめRS-232-Cポートに接続しておいてください．ディスプレイにテスト・パターンが現れます．後から接続してもうまくいきません．

● **動作チェック**

RS-232-Cから，次のようなメッセージが出ます．

```
Texas Instruments X-Loader 1.41 (Sep 29
```

129

```
2011 - 10:43:53)
OMAP4460: 1.2 GHz capable SOM
mmc read: Invalid size
Starting OS Bootloader from MMC/SD1 ...
・・・・(省略)・・・・・
starting pid 1401, tty '/dev/tty02': '/
bin/sh'
```

ここまでが終わったら，Linuxが起動していますので，下記を入力します．

```
# cd bin
# ./panda-test.sh
Framebuffer random data: Done
```

写真2に示すように，画面にテスト・パターンが出力されます．

```
Framebuffer pattern test: Done
・・・・・(省略)・・・・・
```

ヘッドホン端子から正弦波やホワイト・ノイズが出力されたり，ボード上のLEDが点滅したりして，一通りのテストを終わります．

Linuxをインストールする

PandaBoardを本格的に活用するためには，OS（オペレーティング・システム）のサポートが不可欠です．確かに，ARM CPUを搭載したマイコン・ボードですから，マニュアルを見ながら一からプログラムを書くことも不可能ではありません．しかし，PandaBoardに搭載されるOMAP4460に内蔵されるデバイスとその機能は膨大です．しかも，それぞれのデバイス自体がかなり高機能なので，動作させるだけでも大変で，機能を使いこなすにはかなりの時間がかかってしまいます．

PandaBoardには専用のLinuxが開発されており，無償で利用できます．今回はそれを使って，PandaBoardのネットワークやグラフィックを動作させてみます．

組み込みボードらしい機能として，GPIO（汎用入出力）端子がついているので，これを簡単に動作させる実験も行いたいと思います．

● 用意されているLinuxの一つUbuntuを使う

PandaBoardには，Linuxディストリビューションの一つであるUbuntu（ウブントゥ）がバイナリで提供されており，コンパイルなどをすることなしに動作させられます．現時点（2012年9月5日）では，12.04.1版最新の正式版となっているようです（12.04.10のβもありますが，今回は使っていない）．

それ以前の11版のときは，インストール中にいろいろと問題が出たようですが，12.04.1では何の問題もなくインストールできました．

● インストール用SDメモリーカードの準備

前項の「とりあえず動かしてみる」で行ったのと同じ方法で，パソコン上のLinux（Ubuntu）で作業を行います．

Ubuntuが立ち上がったら，Ubuntu 12.04.1 LTS（Precise Pangolin）のページ（http://cdimage.ubuntu.com/releases/12.04.1/release/）からイメージをダウンロードします．

サイトが開いたら，次のファイルをダウンロードします．「Ubuntu-12.04-preinstalLED-desktop-armhf+omap4.img.gz」

ダウンロードが終わったら，図2のようにターミナル画面を開いて，SDメモリーカードへの書き込みを行います．このときに，Linuxのパイプ機能"|"を使ってファイルを展開しながら書き込んでいますが，そうしないとディスクが足りなくなってしまいます（この場合，LinuxはRAMディスクで動いている）．

展開後のイメージは，2Gバイト程度あります．ネットワークや使用する書き込み環境，SDメモリーカードなどによりますが，ダウンロードしてから書き込みまで10〜20分

写真2 ひとまずテスト・プログラムを走らせて基板が正常であることを確認

第15章　ほとんどパソコン！？ Cortex-A9搭載PandaBoard ES

図2　Ubuntuで動作させているパソコンからPandaBoard用のUbuntuをSDメモリーカードにコピー

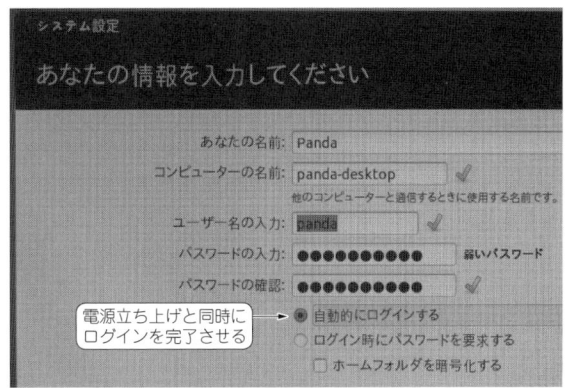

図3　パソコンではなく組み込み基板として使いたいので起動時に自動でログインを完了させるように設定する

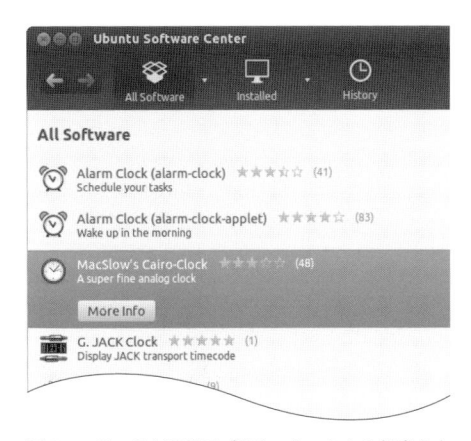

図4　いろいろな時計アプリケーションから任意のものを選ぶ

程度で終わります．この作業が終われば，インストールを開始する準備は完了です．

● インストール

　SDメモリーカードが準備できたら，いよいよPandaBoardでのインストールです．といっても，SDメモリーカードをPandaBoardに差し込んで，電源を入れるだけです．途中で，言語の選択や時間帯，キーボードの設定といったいくつかの質問に答えれば，自動的に作業が終わります．

　図3のログイン・ユーザの登録では，Linuxなのでマルチユーザ環境を構築できます．しかし，今回はパソコンとして使うわけではなく，電源を立ち上げたときに毎回ログイン操作を行うのも面倒なので，「自動的にログインする」としています．パスワードを登録しておくと，電源立ち上げと同時にログインが完了し，画面が立ち上がります．

　ここまでで設定は完了するので，後は自動的に作業が行われ，デスクトップ画面が表示されます．

　若干動作が重いのですが，パソコンと変わらない状態になります．ネットワークも自動的につながっています．環境がDHCP（Dynamic Host Configuration Protocol）ではない場合は，手動で設定が必要です．

　インストールでは，SDメモリーカードに相性と思われる問題が出ることがあります．8GバイトのClass6のものを使いましたが，16GバイトClass10のものでは途中でファイル・システムの問題が出ているようで立ち上がりませんでした．

いつも正確なネットワーク・クロック付きフォトフレームをササッと作る

　Linuxをインストールした段階で，すでにPandaBoardには写真画像表示，ビデオ/オーディオ・プレーヤ（別途CODECのダウンロードが必要）などのアプリケーションがインストールされています．また，ネットワークも接続されており，ウェブ・ブラウザも使用できます．

　ここでは，簡単にフォトフレーム＆時計として試してみました．フルハイビジョン表示が可能なので，余っているテレビやディスプレイを活用できます．なお，時計はすでにNTP（Network Time Protocol）が動作しているので，ネットワーク経由で校正されたものです．鉄筋の建物で電波時計の電波が届かないところでもネットワークでいつも正しい時間を表示します．

● ネットワーク・クロック

　デスクトップ画面の右上には時計が表示されていますが，デザインの良い時計アプリケーションをダウンロードして

131

インストールしました．

サイド・メニューから「Ubuntu Software Center」を開いて「clock」で検索すると，いろいろなアプリケーションが出てきます．ここでは，図4に示すように「MacSlow's Cairo Clock」を選びました．これをクリックし，[Install]ボタンを押すだけです．パスワードの入力を要求されるので，インストール時に設定したものを入力します．

● 写真を壁紙として表示してフォトフレームにする

今回，壁紙を自動的に更新し，フォトフレームとして使いたかったので，壁紙を自動更新するアプリケーション「wallch」も，さきほどのネットワーク・クロックと同じようにインストールしておきます．

パソコンであればこれで良いのでしょうが，実用的には電源ONですべての機能（アプリケーション）が立ち上がってくれないと困ります．

図5のように，「Startup Applications」のメニューを開いて，自動的に立ち上げたいアプリケーションを設定します．

[Add]ボタンを押して，Add Startup Programsの画面で，起動するプログラムを設定します．アプリケーション・プログラムは，/usr/binのフォルダにあります．

アプリケーションによっては，引数が必要な場合があるので，それも一緒に登録しないと期待した動作をしないものがあります．今回は，時計は単に，

/usr/bin/cairo-clock

だけで良いのですが，壁紙更新（フォトフレーム）は起動時に以下の引数，

/usr/bin/wallch -constant

を登録しないと，自動的に壁紙の更新が開始されません．

いったんシャットダウンして，再度起動（電源OFF/ON）すると動作が始まります（図1）．

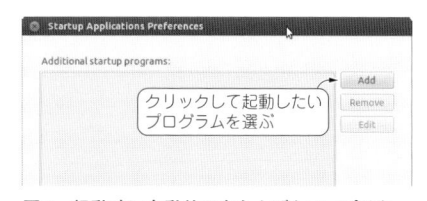

図5 起動時に自動的に立ち上げたいアプリケーションを設定する
今回は時計/usr/bin/cairo-clockと壁紙を自動的に変えるwallchとその引数/usr/bin/wallch -constantを選択する

お約束のI/O制御でLEDチカチカ

● 搭載されている拡張用コネクタ

PandaBoardには，機能拡張のためのコネクタがいくつかあります．これらは基板上にパターンだけがあり，コネクタは取り付けられていません．主なものとしては，以下のものがあります．

▶ Display Expansion Connectors (J_1, J_4)

パラレル接続のディスプレイ（多くのLCDパネルがこれに当たる）を接続できるコネクタです．このコネクタの信号は，ボード上のP1（DVI-D）コネクタと同じ内容の画像が出力されます．

▶ DSI Display Expansion Connector (J_7)

主に携帯機器などで使用されている，DSI（Display Serial Interface，MIPIで仕様が決められている）仕様のコネクタです．

▶ Generic Expansion Connectors (J_3, J_6)

SDメモリーカード，シリアル，USB，汎用入出力（GPIO）などの拡張端子が出ているコネクタです．

▶ Camera Board Connector (J_{17})

CSI（Camera Serial Interface）と呼ばれる仕様のカメラ・モジュールを接続するコネクタです．一部のピンには，汎用入出力（GPIO）も出ています．

今回は，簡単に使えそうな，汎用入出力（GPIO）を使ってLEDを制御してみます．

● Linuxのハードウェア・アクセスのメカニズム

通常のマイコン用リアルタイムOSでは，直接I/Oのレジスタ・アドレスを操作すると，ピンに設定した値が出力されます．Linuxでは，すべてのアドレスのデータは保護されており，一般的には直接値を書くことができません．

これはLinuxが仮想メモリという考え方でメモリの割り当てを行う機構を持っているためです．そのおかげで複数のプログラムに効率よくメモリを割り当てることが可能になっています．メモリ割り当てと同時にメモリの保護も行っており，システムの信頼性向上にも大きく役立っています．ただし，I/Oもメモリ空間にあるため，I/Oを操作する際にもこの保護・割り当て機構を考慮してアクセスする必要があります．

このことがアプリケーション・プログラムの移植性に大

第15章 ほとんどパソコン!? Cortex-A9搭載PandaBoard ES

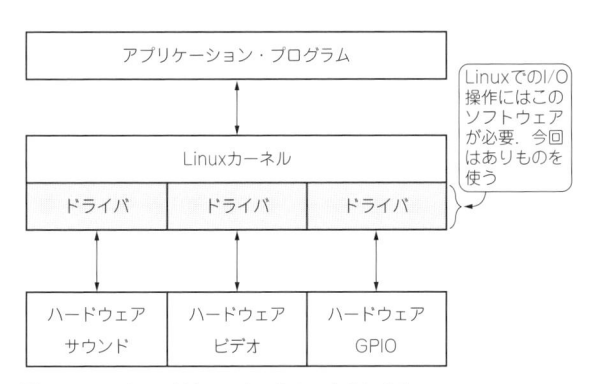

図6 Linuxでハードウェアをアクセスするしくみ

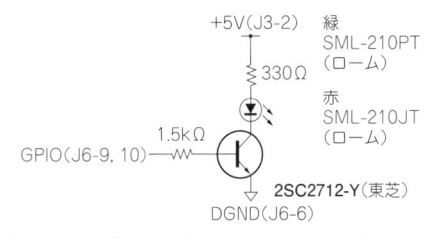

図7 I/O制御の実験用のLEDを点滅させる回路

写真3 拡張用コネクタの取り付けパターンにピン・ヘッダを実装してLED回路を搭載した

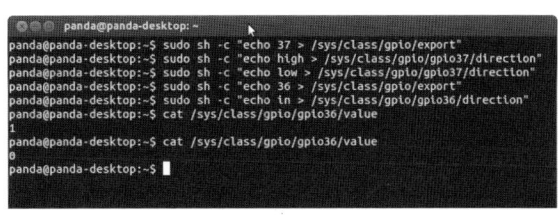

図8 シェルからGPIO_37とGPIO_36の"H/L"を操作しているようす

きく役立っているのですが，LinuxでI/Oを扱う場合は専用の「デバイス・ドライバ」というソフトウェアを作成しなければならず，簡単にテストするといった場合は面倒です（**図6**）．

今回使ったPandaBoardのUbuntuでは，GPIOを操作するドライバがあらかじめ実装されており，単純なI/O操作を行うだけならデバイス・ドライバの開発は必要ありません．そこで，これを使って実験してみます．

● GPIOピンについて

今回は，GPIOとしてJ_6の9番ピンGPIO_38と，10番ピンGPIO_37を使います．

▶ ハードウェア

PandaBoardのGPIOピンは1.8Vで，最大5mAしか流せません．LEDを点灯させるために，**図7**のようにトランジスタを接続しました．**写真3**のように，ユニバーサル基板上で作り，コネクタに接続しました．

▶ ソフトウェア

今回使用したUbuntuには，GPIOを簡単に制御できるドライバがすでに組み込まれています．**図8**のように，コマンドを入力してI/Oを操作します．

GPIO_37を使うためには，以下の操作を行います．

```
echo 37 > /sys/class/gpio/export
```

これで，/sys/class/gpio/gpio37という名前のフォルダが自動的に作られ，制御する準備ができました．

次のようにして，文字列highまたはlowを書き込むことにより，GPIO出力を制御できます．

```
echo high > /sys/class/gpio/gpio37/direction
```
…GPIO37を"H"(1)にする
```
echo low > /sys/class/gpio/gpio37/direction
```
…GPIO37を"L"(0)にする

書き込む値をinにすると，GPIOは入力となり，値を読み出せます．GPIO_36を入力にするには，次のように入力します．

```
echo 36 > /sys/class/gpio/export
echo in > /sys/class/gpio/gpio36/direction
```

GPIO_36の状態に応じて，"0"または"1"の値を読み出せます．値を読み出すには，次のようにします．

```
cat /sys/class/gpio/gpio36/value
```

たんげ・まさひこ

索　引

■A～Z■
Android ···································· 115
ARM11 ······································ 13
BCM2835 ···································· 13
BeagleBoard ······························ 122
BeagleBoard-xM ························ 125
BeagleBone ······················· 104, 114
CGI ·· 65
Cloud9 IDE ······························· 108
Cortex-A ···································· 18
Cortex-M ···································· 18
Debian ······································ 17
GNU/Linux ································· 40
GPIOアクセス ······························ 46
GPIOデバイス・ドライバ ·················· 51
GPIOドライバ ······························· 69
GPIO関連レジスタ ························ 55
GPIO端子 ··································· 48
HTMLファイル ······························ 65
HTTP ······································ 114
Linux ·································· 15, 39
malloc ······································ 56
node.js ···································· 108
OMAP3530 ························ 122, 124
OMAP4460 ······························· 128
PandaBoard ES ························· 128
Processing ······························· 112
Raspberry Pi ······························· 13
Raspbian ··································· 17
raspi-config ································ 25
Ruby ·································· 46, 61
SSH ··· 34
sudo ··· 28
swig ··· 61
TeraTerm ··································· 34
Ubuntu ······························· 115, 130
USBメモリ ·································· 36
WebAPI ··································· 114
WebDAV ·································· 104
WEBrick ····································· 66
WinSCP ····································· 35
X Window System ······················· 31

■あ・ア行■
ウェブ・サーバ ····························· 66
ウェブ・ブラウザ ··························· 65
エディタ ····································· 46

■か・カ行■
キャラクタ型デバイス ····················· 76

■さ・サ行■
作業ディレクトリ ··························· 46
シェル ······································· 45
シェル・スクリプト ························ 50
スーパユーザ ······························ 28
スペシャル・ファイル ····················· 76
セマフォ ····································· 82

■た・タ行■
タイマ ······································· 82
定周期ポーリング ························ 82
デバイス・ドライバ ················· 51, 80
デバイス・ファイル ························ 76

■は・ハ行■
ブロック型デバイス ······················· 76

■ま・マ行■
マウント ····································· 37
無線LAN ··································· 98
モータ・ドライバ ·························· 98
モジュール ································· 70

■ら・ラ行■
ラズベリー・パイ ·························· 13
レジスタ ····································· 51
ローダブル・カーネル・モジュール ···· 70

参考文献

■第1章
(1) Raspberry Pi Build Options/PCB layout instructions（http://www.raspberrypi.org/wp-content/uploads/2012/04/Raspberry-Pi-Schematics-R1.0.pdf）

■第8章
(1) LINUX Foundation；Linux Device Drivers, Third Edition（http://lwn.net/Kernel/LDD3/）
(2) Jonathan Corbet，Alessandro Rubini，Greg Kroah-Hartman；Linuxデバイスドライバ 第3版，オライリージャパン．

■第8章 Appendix
(1) Linuxデバイスドライバプログラミング；平田 豊，SoftBank Creative．
(2) Linuxデバイス・ドライバ 第3版；Jonathan Corbet，オライリージャパン．

■第9章
(1) LINUX Foundation；Linux Device Drivers, Third Edition（http://lwn.net/Kernel/LDD3/）
※タイマについてはCHAPTER 7.4に，セマフォについてはCHAPTER 5に記載されている．

■第13章
(1) BeagleBone System Reference Manual RevA5.0.0（http://beagleboard.org/static/BONESRM_latest.pdf）
(2) CircuitCoのBeagleBone Capesのページ（http://circuitco.com/support/index.php?title=BeagleBone_Capes）
(3) Node.js（http://nodejs.org/）
(4) Node Packaged Modules（https://npmjs.org/）
(5) 基礎から学ぶNode.js（http://gihyo.jp/dev/serial/01/nodejs/0001），技術評論社
(6) Github（https://github.com/jadonk/bonescript）
(7) Linaro（http://www.linaro.org/）
(8) Yoct（http://www.yoctoproject.org/）
(9) MCP9700データシート（http://ww1.microchip.com/downloads/en/DeviceDoc/21942e.pdf），マイクロチップ・テクノロジ．
(10) HIH5030のデータシート（http://sensing.honeywell.com/index.php?ci_id=49692），ハネウェル．
(11) TSL12Tのデータシート（http://www.parallax.com/Portals/0/Downloads/docs/prod/sens/28380-TSL12T-TSL13T-D.pdf），TAOS．
(12) FJV1845のデータシート（http://www.fairchildsemi.com/ds/FJ/FJV1845.pdf），フェアチャイルドセミコンダクター．

著者略歴

桑野 雅彦（くわの まさひこ）
1984年：早稲田大学 理工学部卒．東京芝浦電気（株）［現（株）東芝］入社．
1998年：開発・設計を行う個人事業主として独立．
現在：パステルマジック（http://www.pastelmagic.com/）代表
主な著書　改訂 はじめてのPSoCマイコン（CQ出版社），ARMマイコン パーフェクト学習基板（CQ出版社），ほか多数．

羽鳥 元康（はとり もとやす）
名古屋工業大学大学院　電気情報工学専攻．卒業後，半導体大手の日本法人に入社．さまざまなプロセッサ関連の業務に従事．
現在は，ARMコア搭載デバイスのフィールド・アプリケーション・エンジニアとして活躍中．

永原 柊（ながはら しゅう）
幼少のころ，電気店の店頭でTK-80を見て以来，さまざまなマイコンに育ててもらった似非技術者．最近はプレゼン・ソフトや表計算ソフトに向き合う時間が長くなり，また小さい文字を読むのが面倒になり，似非といえども技術者と自称するのが難しくなりつつあることを自覚する日々．

中村 憲一（なかむら けんいち）
1996年：三菱スペース・ソフトウエア（株）入社．海上自衛隊イージス艦向けシステムの設計・開発に従事．
2000年：レッドハット（株）入社．リアルタイムOSや組み込みLinuxシステムの設計・開発に従事．
現在：アップウィンドテクノロジー・インコーポレイテッド 代表取締役社長

畑 雅之（はた まさゆき）
1988年：北海道教育大学教育学部旭川分校小学校教員養成課程保健体育科卒．
2010年：公立はこだて未来大学大学院博士課程後期満期退学．
TK-80，8001，8801，8801SR/MR，9801VM2とN社マシンをいじりすぎ，体育教師の道を断念．N社系ソフト開発会社入社．ハード・ソフト間の抽象化設計，画像処理，認識研究に従事．
現在：トライポッドワークス株式会社 札幌研究センター長

知久 健（ちく たけし）
2008年：豊田工業高等専門学校 電気電子システム工学科卒．高専ロボコン，ロボカップ小型機リーグに参加
2010年：豊橋技術科学大学　情報工学科卒
2012年：同 大学院工学研究科修士課程修了．ロボットの自律走行に関する研究に従事．ロボカップ小型機リーグのOBチームOP-Ampに参加．
2012年：株式会社セックに入社．ロボット用ミドルウェアの開発に従事．

水野 正博（みずの まさひろ）
電気メーカで磁気ディスク装置の開発に15年，その後商社で海外製品を扱った関係で米国シリコンバレーに移住して12年になる．セキュリティ・ソフトウェア・スタートアップの起業などを経て，最近はモバイルやネット接続型の組み込み機器の開発をしている．この間，環境は随分変わったが，モノを創って動かす楽しさは変わらない．

兵頭 健（ひょうどう たけし）
小学生の頃父親の趣味に付き合わされる形でアマチュア無線の4級を取得し，息子の教育目的で家庭内稟議を通した（と思われる）MSXで遊んだのがきっかけで現在に至る．Androidを利用して今までなかったものやサービスを作れないか，いつも考えている．

丹下 昌彦（たんげ まさひこ）
1984年：同志社大学 電気工学科卒．同年，大手電機メーカ勤務．
1986年：ソフトウェア/通信機器開発会社勤務．
2001年：株式会社エアフォルク設立．FPGAを中心とした信号処理/オーディオ機器企画・開発に携わる．

本書で解説している各種サンプル・プログラムは，本書サポート・ページからダウンロードできます．
URL は以下の通りです．

http://www.cqpub.co.jp/interface/download/rpi/

ダウンロード・ファイルは zip アーカイブ形式です．

- ●**本書記載の社名，製品名について** ── 本書に記載されている社名および製品名は，一般に開発メーカーの登録商標です．なお，本文中では ™，®，© の各表示を明記していません．
- ●**本書掲載記事の利用についてのご注意** ── 本書掲載記事は著作権法により保護され，また産業財産権が確立されている場合があります．したがって，記事として掲載された技術情報をもとに製品化をするには，著作権者および産業財産権者の許可が必要です．また，掲載された技術情報を利用することにより発生した損害などに関して，CQ 出版社および著作権者ならびに産業財産権者は責任を負いかねますのでご了承ください．
- ●**本書に関するご質問について** ── 文章，数式などの記述上の不明点についてのご質問は，必ず往復はがきか返信用封筒を同封した封書でお願いいたします．勝手ながら，電話での質問にはお答えできません．ご質問は著者に回送し直接回答していただきますので，多少時間がかかります．また，本書の記載範囲を越えるご質問には応じられませんので，ご了承ください．
- ●**本書の複製等について** ── 本書のコピー，スキャン，デジタル化等の無断複製は著作権法上での例外を除き禁じられています．本書を代行業者等の第三者に依頼してスキャンやデジタル化することは，たとえ個人や家庭内の利用でも認められておりません．

JCOPY 〈(社)出版者著作権管理機構委託出版物〉
本書の全部または一部を無断で複写複製（コピー）することは，著作権法上での例外を除き，禁じられています．本書からの複製を希望される場合は，(社)出版者著作権管理機構 (TEL：03-3513-6969) にご連絡ください．

インターフェース SPECIAL
お手軽 ARM コンピュータ ラズベリー・パイで I/O

2013 年 4 月 15 日　初版発行　　　　　　　　　　　　　　　　　　　　　©CQ 出版㈱　2013
2014 年 8 月　1 日　第 2 版発行　　　　　　　　　　　　　　　　　　　　（無断転載を禁じます）

　　　　　　　　　　　　　　　　　編　集　インターフェース編集部
　　　　　　　　　　　　　　　　　発行人　寺　前　裕　司
　　　　　　　　　　　　　　　　　発行所　ＣＱ出版株式会社
　　　　　　　　　　　　　　　　　（〒170-8461）東京都豊島区巣鴨 1-14-2
　　　　　　　　　　　　　　　　　電話　編集　03-5395-2122
　　　　　　　　　　　　　　　　　　　　広告　03-5395-2131
　　　　　　　　　　　　　　　　　　　　営業　03-5395-2141
　　　　　　　　　　　　　　　　　振替　00100-7-10665

本体価格は表四に表示してあります　　　　　　　　　　　編集担当　五月女祐輔
乱丁，落丁本はお取り替えします　　　　　　　　　　　　DTP　クニメディア株式会社
　　　　　　　　　　　　　　　　　　　　　　　　　　　印刷・製本　大日本印刷株式会社
　　　　　　　　　　　　　　　　　　　　　　　　　　　Printed in Japan